天下‧文化
BELIEVE IN READING

科學文化　A01A

Chaos
Making a New Science

混沌
不測風雲的背後

James Gleick

葛雷易克——著　林和——譯

混沌
不測風雲的背後

導　讀	從蝶翅下賞閱混沌	陳義裕	4
代譯序	遙念勞倫茲	林和	10
前　言	混沌浮現		13

第1章　蝴蝶效應　23

當物理學家談到勞倫茲記載那些方程式的論文，
都會流露著稱羨的眼光讚歎「那篇美妙而神奇的文章」。

第2章　革命　45

戴森曾謂混沌理論在1970年代「就像一次電擊」。
其他人則見證了職業生涯的典範轉移，全盤改變思考方式。

第3章　生活中的起伏　71

晚了三十秒出門，恰好差幾公釐閃過落下的花盆，
隨後卻慘遭卡車輾過。生活中的小擾動可能導致嚴重後果。

第4章　自然的幾何學　95

衛星估計的海岸線長度，比徒步者估測的小，
徒步者的估測又比蝸牛測的更小。海岸線在某種意義下為無限長。

第5章　奇異吸子　133

意外的運動會一晃消逝，縱使讓貓咪玩弄擺錘，
一座時鐘也不至於變成一分鐘有六十二秒。

第6章　普遍性　　　　　　　　　　　　　　　　　　　　169

然而，若要了解人類心靈如何從知覺混沌中理清頭緒，
我們必須了解混沌如何能產生普遍性。

第7章　實驗家　　　　　　　　　　　　　　　　　　　203

流體胞充滿無窮盡的流體粒子。每顆粒子皆代表獨立運動的潛能，
任何粒子都可能成為扭結或渦管的軸心。

第8章　混沌的面貌　　　　　　　　　　　　　　　　　229

當科學創造出新環境，它就存在了，等著掀開面紗。
大自然以簡單物理原則自我構造。以無盡的耐性，遍布星球。

第9章　動力系統集團　　　　　　　　　　　　　　　　255

動力系統集團已經成為名副其實的出版社，
以聯合撰寫著名，快速生產論文。

第10章　內在的韻律　　　　　　　　　　　　　　　　287

活生生的生物擁有驚人的天賦，
能在自身匯聚一條『秩序之流』，而逃脫了墮入原子洪荒的宿命。

第11章　混沌與超越　　　　　　　　　　　　　　　　315

從分子到日常生活的複雜現象，條條大路已通羅馬。
科學家欲知：量子力學能否容許古典力學的混沌現象？

圖片來源　　　　　　　　　　　　　　　　　　　　　332

導讀
從蝶翅下賞閱混沌

陳義裕

　　我念大學時對物理涉獵不廣，連混沌這字眼兒都沒聽說過，直到出國念研究所時，聽了一位教授的演講，才眼界大開，知道混沌竟是一門可以研究的學問，而更有趣的是，連著名的物理學家法拉第都曾做過相關的實驗。數年後，從該教授那裡學得了一點皮毛，便興沖沖的回台灣工作，想把這個新奇的概念引介給國內的年輕學子。

　　可是，走進校園旁的書店一看，才發現自己真是井底之蛙，因為葛雷易克所著的《混沌》這本國外知名的暢銷書，早已翻譯為中文且正在熱賣中，而更令人洩氣的是，翻譯者林和教授還和「蝴蝶效應」的開山祖師勞倫茲教授頗有淵源！可以想見，當時我眼中所看到架上的那串葡萄，說有多酸就有多酸！

　　所幸，沒多久後那串葡萄就轉為甜滋滋的味道，因為我認識了一位讀歷史的女孩。這個女孩徹底破除了我對讀文史女生的刻板印象，因為我很驚訝的在她的書架上發現了《混沌》這書的中譯本！原來早在認識我之前，女孩就因為覺得自己「笨笨的」，所以買了這本書來拓展自己的科學視野。好的科普書，本來就應該能吸引對自然界充滿好奇的一般大眾，女孩挑選本書閱讀，充分說明《混沌》這書的成功。當然，我更感激出版社以及翻譯者的遠見，早幾年就發行此書，使得我可以透過這本書去向女孩吹噓一番。

蝴蝶效應環環相扣

時隔多年，我已經不記得當時是如何大吹大擂的，但若今天有人問我混沌究竟是在說什麼，我可能會直接引用書中的民謠來說：

缺了根釘子，讓蹄鐵鬆脫了；

缺了塊蹄鐵，讓駿馬報銷了；

缺了匹駿馬，讓騎士捐軀了；

缺了位騎士，讓戰爭潰敗了；

缺了場勝仗，讓王國淪陷了！

簡單的說，就是在人、事、時、地、物等等條件適當搭配的情況下，小事會化成大事、大事會化成災難。「需要好幾個條件彼此適當搭配」，這個前提其實是很重要的，若有一個環節產生掣肘的效應，那麼差之毫釐就不一定會失之千里，而令人扼腕的遺憾可能就不會發生。例如，掉了馬蹄鐵的那匹馬若非良駒，則牠早先受指派的工作，可能就不是載人上戰場的工作，當然也不會有騎士去騎牠。正所謂：天下興亡，馬匹無責。在敘述混沌時，我們常常引用著名的**蝴蝶效應**，說北京的一隻蝴蝶搧翅，可能會引起紐約的一場大風暴，但我們其實也必須記得，這是要在許多條件都配合的情況下才容易發生，而於正常的情境下，我猜大部分氣象學家都不會把賭注下在那隻無辜的蝴蝶身上。

可是，混沌就代表事情亂糟糟、毫無頭緒可言嗎？這也不盡然，因為令人驚訝的是，混沌常常是亂中有序，即便剪不斷，但卻理不亂，只要抓到正確角度去觀察，你會看到它出奇美妙的一面。

　　舉個例說，混沌系統在經過很長一段時間後，會「沉澱」到一種最終的運動狀態，正如一顆落入碗內的玻璃珠，最終會因為摩擦力的消耗而停留在碗底、不再改變其運動形式。不同的是，混沌系統的最終狀態比較複雜，它會不斷運動，和燒開水時不斷翻滾的沸水類似。如果我們有很精確的溫度計，能夠每隔一分鐘去測量沸水中特定位置的溫度，那麼在累積足夠的數據量後，我們會見到這些數據的分布開始出現規則性，有些地方相當密，有些地方則很稀疏。把數據密集的地方放大後，我們又會看到數據再一次呈現部分密集以及部分疏離的特性。換言之，這些數據是散布在一種奇怪的幾何結構上，你把其中一個小區域放大，結果看到的形狀和放大前看到的基本上沒啥不同。

自相似性化繁為簡

　　我們把這種特性稱為「自相似性」（也就是書中提及的自我模仿），而具有自相似性的東西則稱為「碎形」。混沌系統在時間演化上看似雜亂無章，但若追蹤它在空間中的表現，則碎形的規律性幾乎無所不在。於這本書中，讀者將有機會看到這樣的普適性究竟是如何產生的，並親自欣賞到一些奇幻、美麗的碎形。

　　由於自然界的一些圖像（例如起伏的山丘以及峽谷地形）或多或少具有自相似性，所以有人便想到，如果能透過數學的分析，計算出一張照片中的哪些區域具有自相似性，然後把此對應關係記錄下來，存成檔案，那麼這筆資訊就等價於原始照片。而由於檔案中記錄的只是數學關係式，所以相較於原始照片的畫素資訊來說，此檔案就比較小，有利於儲存以及網路的傳輸。

　　反過來，我們也可以從一張空白的圖片出發，寫程式要求電腦透過該檔案中記錄的數學關係式，一步步去迭代，使圖片逐漸具有原始照片的自相似性，當大功告成時，自相似性完全重現，建構出來的圖片，看起來就和原始照片沒什麼兩樣。由於在以上重建圖片的過程中，我們只用到數學關係式，所以我們甚至可以更進一步，直接在電腦上稍微修改所用到的數學式，造出真實世界中未曾見過的地形景觀，供電玩業以及電影的製作使用！如此這般，碎形搖身一變，大剌剌的從學術殿堂直接步上大銀幕和小螢幕，直接和我們的生活密切相關。這真是意想不到啊！

　　混沌系統另外一個相關的特性是：只要等上適當的一段時間，一定有機會觀察到系統幾乎又回到原始的狀態。但這種似曾相識的特性，並不代表歷史會重演，因為混沌系統之所以在時間的演化上顯得如此混亂、不可預測，正在於差之毫釐後可能失之千里。混沌系統看似不斷重複「回家」，其實每一次回來都帶有獨特的歷練與滄桑，所以回來時的狀態略有不同。而這個小小的差異，接下來就會因為時間的演化而迅速放大，導致這一次「離家」所走的路徑和前一次「離家」所走的路徑差異極大。

從加密系統到心律調整器

　　雖然混沌蘊含著混亂，但這不代表它就沒有什麼利用價值。例如，在電腦上玩射擊遊戲時，敵人冷不防從右前方牆角竄出，直接把你狙擊出局。吃了一次悶虧的你，重新來過時，當然會緊盯著右前方，避免重蹈覆轍。此時，遊戲的設計師為了增加可玩性以及緊張度，可能就會透過「亂數產生器」，讓敵人改從你意想不到的地

方冒出來。雖然數學家及工程師早就發展出一些很好用的亂數產生器，但我們也可利用混沌系統來製造出另類的亂數產生器，提供多一種的選擇。事實上，因為亂數產生器還可以用來把訊息加密，因此，也有學者探討所謂的混沌加密系統的可能性。

　　此外，如何透過適當的回饋機制去控制混沌系統，使它能按照我們的意旨隨時間運行，也是多年來科學家極有興趣的研究課題，而其中一個明顯可能的應用就是生醫，例如我們都期望能做出性能絕佳的心律調整器，來壓抑住心臟病發作時產生的混沌運動。作者在這點上也完全沒有偏廢，利用了一整章的篇幅描述科學家在這方面的早期研究。

回首混沌歷久彌新

　　事實上，混沌發展初期的各路先鋒，在本書作者生花妙筆的敘述下，在在展現出非常人性化的一面。讀著他們的故事，令人彷彿回到當時，肩並肩與他們一起奮鬥著。這或許並不令人意外，因為作者是透過一對一的方式走訪許多當事人，聆聽他們的親身敘述，然後再憑藉其深厚的文學素養，為我們撰寫出忠實又饒富趣味的報導。

　　經過這些年，當混沌理論與其應用發展已經有了一定的成熟度時，再回頭閱讀《混沌》一書，會發現原作者的選材與敘述真的是歷久彌新，值得推薦給未曾接觸過本書的讀者。而更令我受寵若驚的是，林和教授以及本書的編輯，竟然會考慮由我來寫導讀，和讀者分享我自己的讀書經驗。回想起來，這似乎和前述的混沌現象若合符節：經過適當的一段時間後，歷史似乎又要重複，但卻又不全

然相同。可以想見的，這一次我臉上不會掛著滿滿一串酸葡萄了，因為我終於如願得以和這本好書沾上邊，有此殊榮去為它撰寫導讀！至於那位讀歷史的女孩，她依舊巧笑如昔，也欣然接受我每一次出去喝咖啡的邀約，但物換星移，這些年來她都不再是以女朋友的身分赴約了。

（本文作者為國立台灣大學物理系特聘教授）

代譯序
遙念勞倫茲

林和

「老人家心裡在想什麼？」

還不到四點，天空愈來愈狹窄，雲層逼近港口，從十五樓俯視，街道已隱沒入地平線，到處堆滿白色、黑色、冰凍的和潮溼的雪塊。窗玻璃顫動，大氣深處似乎悸動不安。收音機說，雪暴施虐緬因州。

老人家又忘了開燈、研究室一片闇黑、冷冷淡淡的天光，剪下他的輪廓，很遙遠，像銀河被人遺忘的角落⋯⋯。

也許，他腦海裡飄浮著那隻巴西雨林的蝴蝶。

老人家並不老，至少，清晨時分，那雙比孩子還要澄明的眼睛，還很湛藍。無邪又犀利。但是，當黃昏降臨，一整天過度思索後，老人的臉漸漸乾涸、變皺。惡魔的天空已經吸光他的精力，他像一盆脆弱的植物。

老人家一定很喜歡這主意！身為人，必須和人打交道，這實在是很難以忍受的負擔。老人家極度害羞，七十幾歲的人了，動不動就臉紅，碰上陌生人，低著頭微笑，稚氣十足。

他的沉默很有一些名氣，講完該講的話——老人家的語調又快又密，音域不超過一度半——就此打住，三分鐘、十分鐘的耗下去、微笑、謙虛極了，不止一打著名的學者，被嚇哭了。

老人家很矮很瘦，乍看之下，一張臉醜得漂亮，像巴黎屋簷的

Gargoyle，或者石灣陶的羅漢，跡近冷酷。可是，禁不起笑，一笑就洩底了。笑起來像兔寶寶，門牙閃出一道裂縫，又天真又溫暖。系上籃球隊送給他一件球衣，背後繡著「快足阿迪」（Fast Eddy，迪士尼卡通片裡善跑的兔子），他好得意，穿著走來走去。

海頓以前拉著莫札特的手，沿著維也納街頭散步，逢人就說，莫札特會是歷史上最偉大的音樂家，那時候莫札特還不到十歲。老人家也是如此，當他還很年輕的歲月，就有人做了類似的預測。

據說，預言的人是小伯克霍夫（Birkhoff），倘若傳言是真，小伯克霍夫的眼力委實夠瞧的。劍橋這地方，別的不去說，聰明人倒不少，哪個人不是諾貝爾獎得主呢？（至少也是候選人！）老人家貌不出眾，語不驚人，事實上，比語不驚人還糟糕，從來沒有人聽過他囉嗦什麼。

你必須仔細觀察，好像監視一位外星間諜，也許能看出些許蛛絲馬跡。偶爾，從一言半句，你會猜想，這人挺聰明的，再回味一番，是啊！十分聰明，又過一會兒，你會發現，聰明這樣的字眼並不貼切，他「僅僅」曉得每件事的答案而已！似乎不花費他任何力氣，輕輕巧巧，答案自己會跑出來，最奇怪的是，每次答案都很經用，過了十年、二十年，總會證明是正確的，從來不曾失手過。

有些醫學專家宣稱，自閉症來自特異的腦神經結構。老人家的內在稟賦，顯然和他的人格特質相關，當然，有些人會認為和「非」人格特質相關，這樣想想，一切都得到完滿的解釋，大家也會過得舒服些。

天氣更加惡化，他的臉像一層白蠟。書桌上，出現一行行簡潔的公式，老人家就是那種「逢山開路，遇水造橋」的科學家，不管碰上什麼困難，總會弄出一些辦法解決。別人也幫不上手，老人家

的電腦程式研究生偷偷瞧過，幾千行指令，居然不分段落，不加說明。一副天機難洩的模樣。

終於，滿天風雪傾瀉而下，老人家好像睡著了，他在想什麼呢？或許是這星球上最高的山？老人最喜歡爬山，登上一些人跡罕見的峯頂，有一次，他帶我找到一條冰河，冰面上布滿紅色黴菌。

愛德華‧勞倫茲想使我長成有用的科學家，這是他少數澹淡的失算，但是我常懷念他。

譯本經過兩年半完成，最早，現在就讀普林斯頓大學的陳正達弄出一些初稿，經過宋偉航、蘇白宇、湯麗明修修改改，讓我終於下定決心，從頭到尾逐字逐句的翻譯一遍，其中引用了不少他們的妙文，尤其在第一章正達留下最多痕跡，中間幾章，偉航的貢獻很大，雖然他們的努力可能大部分被我的筆觸所遮蓋，但這些奠基的工作，不斷的刺激，喚醒我對文字新鮮的感覺。中文譯本應該是我們沉默爭辯的結果。

混沌浮現

　　1974 年，在美國新墨西哥州羅沙拉摩斯（Los Alamos）小鎮的警察，常常注意到鎮上的一個人，他總是被人發現在夜裡徘徊，叼著香菸，沿著後街走，紅而熾熱的菸頭在黑暗中飄浮搖曳。他常常這樣走上幾個小時，沒有特定目標，漫步在高地稀薄空氣的星空下。其實並不只是警方注意到這件事情，一些國家實驗室裡工作的物理學家，也覺得他們的新同事好像在過一天有二十六小時的生活，作息時間慢慢和時間脫節，同他們的生活步調若即若離。這種情形即便是在理論部門裡也算得上怪誕的。

　　自從歐本海默（J. Robert Oppenheimer）為了原子彈的計畫，選擇了這個遠離塵囂的新墨西哥州的小地方，三十年以來，羅沙拉摩斯國家實驗室，在這個荒涼的高原上蓬勃迅速發展起來，同時也帶來了粒子加速器、氣體雷射、化學設備、數以千計的科學家、行政人員、技術人員以及世界上最集中的超級電腦群。有些老科學家可能還記得 1940 年代，那些在懸崖邊不斷擴充的木造房子，但對大多數在羅沙拉摩斯衣著隨意的年輕男女而言，那些最初製造原子彈的人已經是過去式了。實驗室最精粹的理論部門是思想中心所在，也稱做 T 部門，就如同 C 部門是計算的地方，而 X 部門負責武器部分一樣。上百個物理學家和數學家在 T 部門內工作，每個人都擁有豐厚收入，並且免除了學校裡教書和刊登論文的壓力，這些科學家經常被別人認為是天才橫溢或特立獨行，很難有什麼事情能讓他們感到驚訝。

　　但費恩鮑（Mitchell Feigenbaum）是個不尋常的例外。他僅僅只有一篇論文刊出過，看起來通常都在做些漫無邊際的研究。有一頭凌亂不整的頭髮，從寬大的額頭向後腦勺梳攏，一副德意志作曲家半身塑像的派頭，眼睛慧黠而熱情，當他用慣常的快速度說話時，

往往會漏掉些冠詞和代名詞，並且帶著一絲中歐腔調，雖然從小生長在紐約布魯克林。而當他做研究的時候，則像個工作狂般認真拚命；當不工作時，就散步和沉思，不管白天或是晚上，而晚上尤其佳妙。一天二十四小時的循環對他而言似乎是種束縛。他也嘗試過率性式的起居週期，導致每隔數天必須要在黃昏時刻起床，後來他發現實在吃不消了而中止實驗。

二十九歲時他已經成為學者中的學者，是位當其他科學家束手無策時，可以求教的特別顧問，當然那是在他們可以找得到他的時候。有天傍晚，他剛到工作崗位上，實驗室的主持人艾格紐（Harold Agnew）正要離開。艾格紐是位大人物。身為歐本海默的嫡傳弟子，曾經陪伴伊諾拉蓋號，在廣島上空拍下實驗室第一件產品的「送貨」過程。

艾格紐向費恩鮑說：「我知道你非常聰明。如果你真的那麼聰明的話，為什麼你不去解決雷射核融（laser fusion）的問題？」

甚至費恩鮑的朋友也懷疑，他是否打算研究出一些自己的成果，他似乎對任何可能有結果的問題都不太起勁，不過卻仍可以對他們提出的問題，提供即席魔術般的回答。他思索氣體及液體中產生的紊流；他思索時間是不是一直向前平順滑過，或是像一張張卡通電影底片一樣分格跳動著？他思索在物理學家所熟知，如量子萬花筒般換檔的宇宙中，人類眼睛觀察前後一致顏色和形狀的能力；他從飛機的窗口或從實驗室上方，思索拖曳的雲朵形跡，直到 1975 年，他的科學飛行特權因為過度使用被正式吊銷為止。

在西部山區，雲朵並不像美國東部充滿了陰暗朦朧的濃霧，瀰漫在低層的空氣中。羅沙拉摩斯位於巨大火山口的背風處，飄過天空的雲朵往往以隨意的方式形成，但也有些並不是隨意的，它們

滯留在天上，就如同大小齊一的花穗一樣，或像大腦皮質的皺褶一般規律起伏著。在山雨欲來，天氣即將變壞的午后，天空微微透著光，同時可以感覺到閃電伴隨而來的震動，雲朵在四十公里外，陽光忽隱忽現，使得整個天空的景象十分壯觀，像是對物理學家欲言又止的責難。雲代表了自然界中，物理學主流研究所忽略的一面，一個有時模糊不清，有時卻歷歷在目，有時結構明確，有時卻又難以預測的部分。費恩鮑正在靜靜思索這樣的事情，並不特別期待有什麼結果。

對一個物理學家來說，製造雷射核融是個恰當的問題；設法解出微小粒子的轉動、顏色和特性是個恰當的問題；尋找宇宙起源的時間也是。而了解雲則是屬於氣象學家的事情。費恩鮑像其他的物理學家一樣，使用一種低調、強硬的語言來衡量這類問題。他會說，一個經由任何熟練之物理學家，以適當思索及計算後，能夠了解的這類可以明顯描敘的工作，並不會博得眾人尊敬或是獲得諾貝爾獎。對那些如果沒有長期觀察宇宙內部，就無法獲得解答的高難度問題，物理學家則保留一些字眼。例如「深奧」。在 1974 年，儘管他的同事中很少人知道，但費恩鮑正為一個深奧的問題而孜孜不倦工作著，這個問題叫做「混沌」（chaos）。

重塑科學面貌

混沌出現，古典的科學便終止了。因為長久以來世界各地的物理學家都在探求自然的秩序，而對於無秩序如大氣、騷動的海洋、野生動物數目的突兀增減，及心臟跳動和腦部的變化，卻都顯得相當無知。這些大自然中不規則的部分，不連續而且無規律，在科學

上一直是個謎，甚至可說是光怪陸離。

　　但是在 1970 年代，美國和歐洲有少數的科學家開始穿越混亂去打開一條出路。包括數學家、物理學家、生物學家及化學家等等，所有的人都在找尋各種不規則間的共相。生理學家從造成神祕猝死的主要原因——人類心臟所產生的混沌中，找到令人訝異不已的秩序。生態學家研究吉卜賽蛾數量的起伏，經濟學家挖出股票價格資料，去嘗試新的分析方式。這些洞察力開始顯現出來，引導我們走向自然世界——雲朵的形狀、閃電路徑、血管微觀的糾結交錯、星系聚集。

　　當費恩鮑在羅沙拉摩斯開始思索混沌現象時，他是那些極稀少且散居各地研究混沌現象的科學家之一，大部分的人都互不相識。加州大學柏克萊分校的一位數學家已經組織了一個小團體，投注於研究新領域「動力系統」。普林斯頓大學一位族群生物學家正要發表一件強烈的呼籲：所有的科學家應該去觀察一些簡單模式中，所隱藏令人驚訝的複雜行為。在 IBM 公司工作的一位幾何學家，也在尋找一組新字句，用來描述鋸齒狀的、混亂的、裂片的、扭曲的、破碎的形狀，他覺得這些形狀在自然界有其形成及構造的法則。一個法國的數學物理學家宣稱，流體現象中的紊流和他稱做「奇異吸子」（strange attractor）的怪異、無盡糾結的抽象事物間，存在一些相關性，引起了不少爭議。

　　十年之後，混沌已經變成一項代表重新塑造科學體系的狂飆運動，四處充斥了為混沌理論而舉行的會議和印行的期刊，政府在預算中將更多的軍事、中央情報局和能源部門研究經費投入探索混沌現象，同時成立特別部門來處理經費的收支。在每一所大學和聯合研究中心裡，理論家視混沌為共同志業，其次才是他們的專長。在

羅沙拉摩斯，一個統合混沌和其他相關問題的非線性研究中心已經成立，類似機構也出現在全國各處校園裡。

混沌創造了使用電腦與處理特殊圖形、在複雜表象下捕捉奇幻與細膩結構圖案的特殊技巧。這支新的科學衍生出它自己的語言，獨具風格的專業用語──碎形、分歧、間歇、週期、摺巾（folded-towel）、微分同相（diffeomorphism）和平滑麵條映象（smooth noodle map）。這些運動的新元素，就像傳統物理學中的夸克、膠子是物質的新元素一般，對有些物理學家而言，混沌是一門進展中的科學而不是成品，是形成而非存在。

混沌現象似乎俯拾皆是：裊繞上升的香菸煙束爆裂成狂亂的煙渦，風中來回擺動的旗幟，水龍頭由穩定的滴漏變成零亂。混沌也出現在天氣變化中，飛機的航道，高速公路上車群的壅塞，地下油管的傳輸流動，不論以什麼做為介質，所有的行為都遵循這條新發現的法則，這種體會也開始改變企業家對保險的決策、天文學家觀測太陽系，及政治學者討論武裝衝突壓力的方式。

混沌跨越了不同科學學門的界線，因為它是各種系統的宏觀共相，它將天南地北各學門的思想家聚集一堂，一位管理科學預算的海軍官員，曾經對一群數學家、生物學家、物理學家和醫生的聽眾陳述：「十五年前，科學正邁入鑽進牛角尖的危機，但這種細密的分工，又戲劇化的因為混沌理論而整合起來了。」混沌理論詰問科學成規，它對複雜現象的普遍行為提出了強烈主張，那些最初的混沌理論學家，從行動中建立訣竅，具備共通的稟賦，他們對形狀獨具慧眼，特別是那些在同一時間中出現不同尺度的事物；他們對混亂和複雜有特殊的品味，如鋸齒狀的邊緣和突然的跳動。混沌理論的信仰者（他們有時自稱信仰者、改宗皈依者或傳道者），從旁觀

決定論、自由意志、演化和良知的天性。他們發覺自己抗拒科學走向化約主義的趨勢，不主張用零散的組件分析——如夸克、染色體或中子來取代系統全貌。他們相信他們正在尋找統一。

新科學推翻決定論

對新科學最熱烈的擁護者認為，二十世紀的科學中傳世之作只有三件：相對論、量子力學和混沌理論。他們主張混沌已經成為這世紀中物理科學發生的第三次大革命，像前兩次革命一樣，混沌理論撕下了牛頓物理中奉為圭臬的信條，就像一位物理學家所表示的：相對論否定了牛頓對絕對空間與時間的描敘；量子理論否定了牛頓對於控制下測量過程的夢想；而混沌理論則粉碎了拉普拉斯（Laplace）對因果決定論可預測度所存幻影。混沌理論的革命適用於我們可以看到、接觸到的世界，在屬於人類的尺度裡產生作用，世界上日常生活的經驗、個人及真實景象已經變成了研究的合適目標，長久以來有種不常公開表達出來的感覺——理論物理學似乎已遠離了人類對世界的直覺，沒有人知道某個新學說會成為結實纍纍的異端，或僅僅是平凡的異端？但是對有些逼入牆角的物理學家而言，混沌理論則是他們的新出路。

混沌理論的研究從原本物理學範疇中落後的部分凸顯了出來。二十世紀中大部分時間，主流是粒子物理學，試圖探究禁錮在更高能量、更小空間及更短時間中的基本物質。除此以外，還有解釋自然界中的基本作用力和宇宙起源的理論，不過有些年輕的科學家對這套顯學並不滿足，進展於是慢了下來，為新粒子命名彷彿變得沒什麼價值，而且理論也顯得雜亂無章。當混沌理論的新發現到來，

年輕的科學家相信他們正面臨物理學改朝換代的序幕，他們覺得物理學這行，讓高能粒子和量子力學這些華麗而抽象的名詞主宰得夠久了。

宇宙學家霍金（Stephen Hawking），身為劍橋大學牛頓講座，當他在 1980 年演講有關自己研究的脈絡時，談到大部分的物理學，其標題便是「是不是理論物理學的結局已經逼近眼前？」

「我們知道物理定律控制了我們日常生活裡所經驗到的一切事物⋯⋯必須要感謝我們在理論物理上的成就，它為我們帶來了龐大無比的機器設備和充沛經費，去進行無法逆料結果的實驗」。

然而霍金也意識到使用粒子物理的術語，來解釋自然法則所受到的限制，除了最簡單的系統外，這些法則對大部分問題幾乎束手無策。以可預測度來說，在雲霧實驗室裡讓兩顆粒子繞著加速器賽跑，然後在盡頭碰撞是一回事，至於在簡單導管裡慢慢移動的流體、地球天氣或者人類腦袋則完全不是同一回事。

霍金擅長的物理常被視為革命，一向順理成章的獲得到諾貝爾獎和實驗計畫所需的巨額經費。曾經數度看好即將抵達科學的終極目標——大一統理論或「萬有理論」。物理學家找尋能量和物質的來龍去脈，除了整個宇宙史中最初的一瞬外。但是戰後所發展的粒子物理學能視為一場革命嗎？或者它僅僅是愛因斯坦、波耳和其他相對論和量子力學長老，建構殿堂後剩餘的一石片瓦？當然，物理學的成就從原子彈到電晶體，已經改變了二十世紀的景觀，不過粒子物理的視野也似乎被窄化了，自從新理論觀點產生，而改變了非專家了解世界的方式，已經經歷了二代的歲月。

霍金所描述的物理學，可以完成它所有的任務而不用觸及任何有關自然的最基本問題：生命是如何開始的？什麼是紊流？而最

重要的是，在一個由熵（entropy）所主宰的宇宙，無情走向更混亂的狀態時，如何讓秩序產生？平常每天能經驗到的物體，如流體、機械系統等，相當基本而平凡，使得物理學家自然而然認為，他們已十分瞭然於胸，但實際上卻並非如此。

當混沌革命繼續進展時，頂尖物理學家發現自己心安理得的回歸到屬於人類尺度的某些現象，他們不只是研究星系，也開始研究雲。他們不只在克雷超級電腦執行大有斬獲的電腦研究，同時也在麥金塔個人電腦上進行。一流期刊上刊載有關球在桌上跳躍的奇異動力，和量子力學的文章平起平坐，最簡單的系統也能夠製造出讓人手忙腳亂的可預測度問題，儘管如此，秩序依舊從這些系統中突然綻現──秩序與混沌共存。只有一種新的科學可以連接微觀；例如一顆水分子、一粒心臟組織的細胞、一隻中子，和宏觀上百萬的物體集體行為之間的深深鴻溝。

觀察瀑布底端兩塊緊鄰的泡沫，你能猜想到它們原來在瀑布頂端時的距離如何？事實上無跡可尋，就像標準的物理學所認為的一樣，彷彿上帝祕密將所有的水分子放在黑盒子裡攪動，通常當物理學家看到這麼複雜的結果，他們便去尋找複雜的原因，當看到進出系統的種種事物之間混亂的關係，他們會認為，必須用人為加入擾動或誤差，而在任何現實可行的理論裡加入隨機因素。開始於 1960 年代的混沌理論近代研究逐漸領悟到，相當簡單的數學方程式，可以形容像瀑布一樣粗暴難料的系統，只要在開頭輸入小小差異，很快就會造成南轅北轍的結果，這個現象稱為「對初始條件的敏感依賴」。例如在天氣現象裡，這可以半開玩笑解釋為眾所皆知的蝴蝶效應──今天北京一隻蝴蝶展翅翩躚對空氣造成擾動，可能觸發下個月紐約的暴風雨。

當混沌理論的探險者開始回想新科學的發展源流時，追溯到許多過去知識領域的襤褸小徑。但是其中之一格外清晰，對於革命旅程的年輕物理學家和數學家而言，蝴蝶效應是他們的共同起點。

|第 1 章|

蝴蝶效應

物理學家總認為你需要著手的只是：
給定如此這般的條件下，會冒出什麼結果？

—— 美國物理學家費曼（Richard P. Feynman）

真理播下了種子

陽光從永遠晴朗的藍天長驅直入。風吹掠過玻璃般光滑平坦的地面，沒有夜晚，秋天不再轉變成隆冬。雨水絕跡。勞倫茲（Edward Lorenz）新電腦中所模擬的天氣，慢慢但確切不疑的變遷，經過盛季乾燥的正午。彷彿世界又回到圓桌武士的凱美洛城（Camelot），或類似特別溫煦的南加州天候。

勞倫茲窗外，可以看見實際的天氣狀況，麻省理工學院的校園裡瀰漫著濃濃的晨霧，建築物上有從大西洋飄來的低雲輕輕掠過。霧和雲並不曾在他的電腦程式中出現過，這架名為皇家馬克比（Royal McBee）、體內塞滿了電線和真空管的機器，占據了勞倫茲研究室中一塊不起眼的角落，不時還發出嚇人一跳和騷擾的聲音，並且不時三、五天來次罷工什麼的，就速度或記憶容量來說，它都不可能模擬實際大氣與海洋的狀態。不過勞倫茲在 1960 年所創造出袖珍玩具般的天氣模式，使得他的同事大為著迷，每一分鐘，機器都在報表紙上印出一行數字，如果你知道如何去讀那些印出來的結果，你也許會看到目前盛行西風移向北方，而後向南、再向北，數值化的氣旋沿著理想化的地球慢慢轉動。當風聲從系裡散開，其他的氣象學家會攏簇一群研究生，為勞倫茲下一步天氣預測，但不論如何，從來沒有任何狀況重複出現。

勞倫茲沉醉於天氣的樂趣裡，儘管那不算是氣象學者的必要條件，他覺得天氣的變幻賞心悅目，喜歡大氣中川流不息的各類天氣形態，熟悉那些乖乖遵守數學定律，但卻永不重複的擾動和氣旋。當觀察雲朵時，他覺得領悟到了其中某種結構，一度他以為研究天氣的科學像是用螺絲起子拆散魔術盒一樣，現在則懷疑科學能否有

一日揭穿魔術？天氣有種特性是不能以平均表達的，麻省劍橋的6月平均溫度是攝氏二十四度，而在沙烏地阿拉伯利雅德每年下雨的平均天數是十天，這些是統計資料，但重要的是大氣形態隨著時間而變，這也就是勞倫茲從皇家馬克比中想要捕捉到的東西。

　　他是這個機器世界的主宰，可以隨意選擇自己有興趣的自然定律，經過嘗試與錯誤的一番苦工，他選擇了十二條方程式，方程式顯示出溫度與壓力、或者壓力與風速之間數值的關係，勞倫茲知道自己正在操作牛頓定律，就像時間之神，創造一套世界，使其運行不息。感謝物理定律的決定論，啟動之後即不需要再操心，那些製造模式的人滿懷信心，藉由運動定律來提供數學肯定性的因果關連。一旦掌握法則，也就等於了解宇宙內涵，這是以電腦模擬天氣背後隱藏的哲學基礎。

　　確實，如果十八世紀的哲學家想像上帝像隱藏在幕後，仁慈而不動聲色的不介入主義者，可以想像勞倫茲就是這類人物。他是一位很絕的氣象學家，有張像新英格蘭鄉下農夫飽經風霜的臉，令人驚奇的明亮眼睛，說不準他是否在笑，而別人總覺得他在開懷大笑。很少談論自己或工作，常常只是傾聽，他往往沉浸在計算狀態或同仁無法思議的夢想中，連他最親近的朋友也覺得大多數時候，勞倫茲飄飄神遊太虛幻境。

　　當勞倫茲還是小男孩時，他就是位天氣迷，看緊了他父母在康乃狄克州西哈特福屋外，懸掛的最高最低溫度計，記錄下每天最高和最低溫度，不過他比觀察溫度計花了更多時間在數學謎題的書本上，有時候父親會和他一起解決書本上的謎題，有一次他們碰上特別困難的問題，根本無解，父親告訴他，這也行得通，證明沒有答案亦為解決之道。勞倫茲喜歡如此想，就像他喜歡數學的澄明一

樣，當他在1938年於達特茅斯學院（Dartmouth College）畢業時，他覺得數學便是他的終身志業了。但是二次世界大戰這件事使得整個情況有些改變，大戰期間，他擔任陸軍航空單位的天氣預報員，戰後勞倫茲決定留在氣象圈子裡，研究氣象理論，多鑽研一些數學，他在諸如大氣環流的正統問題上發表文章，博得響亮名聲，同時他繼續思索預測的問題。

即使對最嚴謹的氣象學家而言，預報還稱不上科學，這是一種熟能生巧的工作，需要一些擁有直覺的技術員，從儀器和雲況中讀出明天天氣，偏向猜測。對於類似麻省理工學院這樣的研究中心，氣象學喜歡那些有確實答案的問題，曾經親自提供預報給軍機駕駛員，勞倫茲自然能體會到天氣預報的雜亂潦草，但他對問題懷抱著別具匠心的興趣——一種數學上的興趣。

不僅僅是氣象學家看輕預報，1960年代所有嚴謹的科學家都不信任電腦，這些加足馬力的計算器不像是理論科學需要的工具。所以數值天氣模擬變成進退維谷的問題。但時機逐漸成熟，天氣預報等待一部可以幹粗活兒，重複計算成千上萬次的機器已經整整兩個世紀了，只有電腦能兌現牛頓式的期望：世界沿著前因後果的軌道演進，像是星球奉行的規則，或像日、月食和潮汐般的可靠預測。理論上，電腦應該能讓氣象學家辦到天文學家用鉛筆和計算尺達成的效果，從初始狀況和控制其演變的物理定律，來計算宇宙的未來。描述流體運動的方程式，和描述行星運動的方程式一樣老早為人熟知，對付這座由九大行星、成打衛星和千萬個隕石間重力場形成的太陽系，天文學家並未達到盡善盡美，而且也永遠不會。但天體運動的計算已經準確到使人們忘了那是預測，當一個天文學家說「哈雷彗星在七十六年後將會由這條路徑回來」，這像陳述一項事

實，不像是預言，決定型的數值預測刻畫出太空船和火箭的精確路徑，為什麼風和雨卻不能如此？

拉普拉斯的理想

　　天氣現象複雜許多倍，但是它卻由相同的定律所控制，也許一部能力強大的電腦，擁有拉普拉斯理想中的卓越智慧，這位十八世紀的哲學兼數學家，感染上無可匹敵的牛頓式狂熱，他曾寫過：「這樣一位大智者，可以用相同的方程式，處理宇宙間最大的星體和最小的原子，對它來說，沒有所謂的曖昧，未來和過去都會歷歷如繪，直逼眼前。」在愛因斯坦的相對論和海森堡測不準原理相繼問世後的時日，拉普拉斯的樂觀幾乎像滑稽歌手，但大多數的現代科學仍在追求他的夢想，暗地裡許多二十世紀的科學家，包括生物學、神經學和經濟學家的任務，即是去解析其領域至遵循科學規律運行、最簡單的元素，在這許多學門中，都背負著牛頓式決定論的擔子。現代計算的長老們心裡都念著拉普拉斯，自從 1950 年代馮諾伊曼（John von Neumann）在紐澤西州普林斯頓高等研究院，設計他的第一部機器起，計算和預報的歷史就開始融合在一起。馮諾伊曼體認到天氣模擬會是電腦相當妥貼的目標。

　　還有一項小小的但書，小到科學家幾乎都忘了擱在何處，隱藏在他們哲學的角落像一張未付清的帳單，那就是測量絕不可能精確。在牛頓旗幟下踏步前進的科學家，實際上也搖晃著另一隻旗幟如此說：給我一些系統初始狀態的近似資料，和明確的物理定律，就可以計算出系統的近似行為。這項假設座落於科學哲學的核心，就像一位理論學家喜歡告訴他的學生：「西方科學的基本理念就是

如此：如果你正在計算地球檯面上的一顆撞球，你就不必去理會另一座星系某星球上樹葉的掉落。很輕微的影響可以被忽略，事物進行總會殊途同歸，任意的小干擾，並不至於膨脹到任意大的後果。」傳統的，信任這種近似和聚集的確有它的道理，修正 1910 年哈雷彗星位置的小錯誤，只會造成它在 1986 年來臨時的小誤差，而且百萬年後來臨時誤差仍然會很小。電腦也在同樣的假設下引導太空船航行，近似正確的輸入會獲得近似正確的輸出；經濟預測也根據相同的假設，雖然較少明顯的成功；全球天氣預報的開拓者亦是。

使用他的洪荒級電腦，勞倫茲簡化天氣至一副乾淨的骸骨，一行一行列印出來的風和溫度，似乎大體符合可辨識的地球特色，印證了藏在他心中對天氣的直覺，他覺察到天氣會自我模仿，每隔一段時間就會出現似曾相識的類型，氣壓此起彼落，氣流的南北遷移。他發現倘若一條從高降低的線段未曾經歷顛簸，下回就會碰上雙重崎嶇突起，他說：「那是預報員可以用得上的規則。」但是所謂的重複並非那麼精確，而是帶著一點混亂的類型，一種井井有條的無秩序。

讓類型一目瞭然，勞倫茲創造出一種基礎圖表，取代只印出通常的一行數字，他指令機器在字母 a 前印一定數量的空格，他可以選擇一項變數，比方說是氣流的方向。逐漸的，這些 a 沿著印表捲筒前進，循著波形線條，前後搖擺，製造出一長系列的山峯與山谷，代表西風穿越大陸南北遷移的方式，其中可辨認的循環代表有秩序的部分，一次又一次發生，但絕不雷同，像一場催眠下的銷魂舞，這座系統慢慢在預測者的凝視下揭露自己的奧祕。

1961 年冬季某日，為了檢查一段較長的序列，勞倫茲決定抄捷

徑而行，捨棄重新由開頭計算的方式，他改由從中間開始，直接根據先前印出的結果敲進數字，提供給機器當作初始條件，然後離開那些噪音，走下樓小啜一杯咖啡，一小時後當他回來，卻看到一些出乎意料的成果——一些真理為新科學播下的種子。

差之毫釐，失之千里

新的運算按理說應該完全複製以前的結果，勞倫茲親自把數字輸入電腦，程式內容沒有改變，但當他注意最新預測，卻看到天氣很快速從上次的類型背道而馳，短短數月內，所有的相似性消失了，他檢查一組數字，然後另一組，簡直像是從一頂帽子裡任意取出的兩種天氣，他的第一個念頭是：也許哪個真空管燒壞掉了。

突然間，他領悟到事實的真相。問題並不在機器故障，而是在他打進電腦的那些數字。電腦的記憶體中，可以儲存小數點以下六位數字。例如：0.506127，在印表紙上，為了節省空間只印出三位，0.506。而勞倫茲輸入了四捨五入後較短的數字，假設這千分之一的誤差並不重要。

其實這也算相當合理的假設，如果一顆氣象衛星測出的海面溫度可以精確到千分之一，操作人員會覺得自己受到幸運之神眷顧。

勞倫茲的皇家馬克比容納傳統程式，它用一組純屬決定系統的方程式，提供一處特別的起點，天氣每次會以完全相同方式發展，給一個少許差異的起始點，天氣會以少許差異的方式演進，些微的數值誤差，像淡淡的一縷輕風，必須確定，在改變重要的大尺度天氣結構前，這些輕風會此消彼長或消逝，但勞倫茲的特殊程式系統卻不然，差之毫釐，失之千里。

　　他決定更仔細檢視兩組近乎相同的天氣分道揚鑣的情形，於是在透明紙上描錄了一條波狀線的結果，讓它壓到另一條上頭，然後檢查線條彼此分離的方式。最初兩條曲線相當吻合，而後，幾乎無法覺察的，其中一條開始落後，當兩條線到達下一個彎曲時，已經明顯出現落差，而到了第三或第四個轉彎，所有的相似性都已經消失了。

　　只有少許的擾動來自笨拙的電腦，勞倫茲可以假設他的特殊機器或模式出了差錯，應該是順理成章的猜測，這並不像混合氯和鈉會煉成金子錯得離譜，但是以他超凡入聖的數學直覺，勞倫茲感受到一陣悸動：有些東西從根本上完全脫節，實際上的重要性可能方興未艾。雖然他的方程式是地球天氣的粗糙模仿，不過他相信它們已經捕捉到真實大氣的神髓，他相信長期天氣預報注定無藥可救。

　　他說：「即使我們從未預報準確，但現在掌握了原因。人們常覺得長期預報能辦得通的其中一個理由，是有些真實的物理現象我

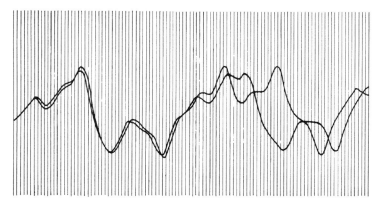

一對類似的天氣形態如何背道而馳呢？勞倫茲從電腦模擬發現，剛開始跡近相同的個案，逐漸差異愈來愈大，終至面目全非的地步。

們可以預測得很好，像是日、月食和海水潮汐，而太陽、月亮與地球間的動力系統也相當複雜。我從沒想過潮汐預報是種預測，習慣中總把它們想成事實的描述，但實際上你進行預測，潮汐和大氣一樣複雜，兩者皆有週期的成分，你可以預測明年夏天會比今年冬天溫暖，不過對天氣來說，我們會認為這種敘述是老生常談。對潮汐而言，我們有興趣的恰好是可預測的部分，不能預測的部分份量很小，除非受到暴風雨影響。」

「一般人看到我們既然能夠在數月以前把潮汐預報得滿好，會說我們為什麼不能對天氣如法炮製，僅僅是另一套流體系統，規則的複雜也大同小異，但是我開始理解，任何不能遵守週期性規矩的物理系統皆難以預測。」

牽一髮而動全身

1950、1960 年代瀰漫了對天氣預報過度樂觀的冀望，報紙和雜誌對天氣的科學滿懷期待，不止滿足於預測，而且加上改造和控制天氣。數位電腦和太空衛星這兩項技術都趨向成熟，為了充分利用它們，一項國際性全球大氣研究計畫正在推動，同時也滋生這種念頭：人類社會從此將擺脫天氣之搗亂，我們變成天氣的主宰而非受害者，圓拱天頂籠罩整片麥田，飛機播灑雲種，科學家會學習如何收發由心的造雨。

這種流行想法的導師就是馮諾伊曼，他製造了第一部電腦，除了一些其他用途外，鎖定目標即針對控制天氣。他聚集了一群氣象學家，同時滔滔不絕向物理學界灌輸驚天動地的計畫，他的樂觀在數學上頗站得住腳，他了解複雜動力系統可能出現幾處不穩定點，

只要輕輕一推，就會翻越後果嚴重的臨界點，好像一顆球懸放山頂上保持平衡一樣。馮諾伊曼想像，科學家可以計算幾天後流體運動方程的結果。然後氣象學家組成的中央委員會，或許派架飛機去施放煙幕或種雲，把天氣拉回正軌，但馮諾伊曼忽略了混沌現象的可能，處處皆為不穩定點。

1980 年代，龐大而花錢如水的機構為實現馮諾伊曼的抱負，至少在預報天氣的部分全力以赴。華盛頓地區環狀高速公路附近，馬里蘭州郊區一棟大樓不起眼的方盒中，屋頂布滿諜網式的雷達和廣播天線，美國最出色的預報員埋頭苦幹，他們用超級電腦執行的模式和勞倫茲模式僅僅在基本精神上相似。皇家馬克比每秒鐘可以計算六十次乘法，而 CDC 205（Control Data Cyber 205）的速度是以百萬計，每秒可以執行百萬次浮點計算。勞倫茲對於他找的十二條方程式相當滿意，近代之全球模式所計算的系統，包含五十萬條方程式，模式能解釋水汽凝結或蒸發時，熱量釋放或冷卻大氣的過程。數位化的風緊貼著數位化的山嶺起伏，每個小時全球各觀測站、飛機、衛星、船舶傳送潮水般巨量的觀測資料，國家氣象中心提供全球第二準確的預報。

最佳成果來自里汀（Reading）這個距離倫敦一個鐘頭車程的小型大學城。歐洲長期天氣預報中心位於一棟聯合國風格，林木蓊鬱的樸素大樓裡，現代紅磚玻璃的建築，飾滿了贈送的禮物，它建造於歐洲共同市場的精神全盛時期。當大部分的西歐國家決定為天氣預報的使命群策群力，歐洲人將他們的成功歸諸於不斷更新的年輕成員——沒有官僚，以及克雷超級電腦，通常它發展出來的模式總比美國的領先一步。

天氣預報算是開啟電腦模擬複雜系統風氣之先，而絕非到此為

止。許多物理學家和社會科學家希望用同樣手法，預測各類事情，從推進器設計師關心的小尺度流力，一直到經濟學家念茲在茲的巨額財金流向。實際上，1970 及 1980 年代使用電腦對經濟預測的方式，和全球天氣預報的方式如出一轍。模式攪拌複雜，而以幾分隨意連接的方程式網路，也就是說，丟進初始條件的觀測大氣壓力或者貨幣供給量，以模擬未來趨勢。程式設計師希望，經過許多無法避免的簡化假設後，結果不至於太走樣。如果模式產生太古怪的結果，比方撒哈拉沙漠發生洪水或利率上漲三倍，程式設計師會修正方程式，直到恢復所預期的結果。實際上，經濟模式已證明對未來事件令人洩氣的無能為力，但許多聰明人仍舊照信不誤。經濟成長率和失業率的預測往往被設定小數點以下兩、三位數的精確度，政府和財務機構為了這些預測投入許多研究經費，並且根據它們採取因應措施，這也許出於需要，或者是因為飢不擇食。他們理應知道像「消費者傾向」（consumer optimism）這類變數，不能像「溼度」這麼容易測量；政治和時髦的走向，並不能用完美的微分方程式來描述。即使天氣預報資料已經相當可靠，而且定律也十足物理化。但很少人體會到電腦模擬的實地流程是多麼脆弱。

電腦也拳腳難伸

電腦模擬確實成功提升氣象這行業，由藝術進展至科學。歐洲預報中心曾評估，認為從統計而言，比主觀預測要高明的預報，替全世界每年節省下數十億元，但世界上最優秀的模式對二、三天後的預報也染上投機色彩。而針對六、七天後的預報根本一文不值。

蝴蝶效應是根由所在。全球天氣預報員面對許多死角，若干微

小的變化都可造成全球的天氣現象，比方說雷雨及暴風雪，而且預測會迅速惡化，誤差和不確定相乘，由紊流結構的鏈鍵向上傳遞，從沙暴、颱線，一直到只能從衛星觀測到的大陸尺度渦旋。

現代天氣模式，建立在距離約九十公里遠的網格上執行工作，即使這樣，剛開始有些資料還會拿不準，因為地面觀測站和衛星不能觀測到每處角落，不過，縱使假設整個地球表面布滿感應器，間隔距離僅有三十公分，從地面到大氣層最頂端，每隔三十公分亦羅列感應器；假設每座感應器可以完全精確讀出溫度、壓力、溼度及任何氣象學家希望知道的資料，同時擁有一部計算能力無限快的電腦，在正午接收到所有的資料，開始計算出每一個格子點上，12 點 01 分會發生什麼，然後 12 點 02 分、03 分……。

但電腦依舊無法預測，下個月紐澤西州普林斯頓小鎮是晴是雨，正午時刻，所有感應器之間還是隱藏著一些電腦不能察覺的擾動，比起平均極小的誤差，到了 12 點 01 分，這些誤差在方圓三十公分內製造出更多誤差，誤差很快伸展到三公尺處遠，數以倍增，然後擴及全球。

即使是經驗豐富的預報老手，所有的這些結果違逆他們直覺。勞倫茲的老友──懷特（Robert White），麻省理工學院的氣象學家，後來成為國家海洋暨大氣總署（NOAA）的署長。勞倫茲告訴他蝴蝶效應的種種，以及他覺得這對長期預報造成的衝擊，懷特回覆了馮諾伊曼式的反應。他說：「不必擔心預測。天氣控制可以派上用場。」他的想法是：對準人類能力範圍所及的小幅度修補，就勢順導期望中的大尺度變化。

勞倫茲的看法大相逕庭。的確，你可以改變天氣，你可以牽一髮而動全身；但是儘管你這麼做了，你還是永遠不知道它會變成何

種面貌，這好比把已經洗好的牌再洗一次，你知道這將改變你的命運，是禍是福，則天曉得。

亂中有序

勞倫茲的發現是樁意外，可以委諸從阿基米德和澡盆一連串事件中的一件，勞倫茲不是那種會大叫「我發現了」的人。他的沉穩氣質使他實至名歸，他已經準備好繼續去挖掘這項發現，這是科學了解各種液體的流力運動正確之途。

如果他停留在蝴蝶效應——一種讓純粹紊亂擊潰可預測度的印象，那麼勞倫茲僅僅帶來一件非常糟糕的消息。但是勞倫茲的視線穿越了埋藏在他天氣模式中那堆混亂，他看到了一座精緻的幾何結構，隱藏於混亂中的秩序，畢竟，他是一位披上氣象學家外衣的數學家，目前正走向一種雙重身分的生活；他可以寫出純氣象的文章，同時也可以寫出純數學的文章，稍微有點誤導的把天氣學字眼弄進前言裡，最後前言整個彷彿消逝無蹤。

他將注意力轉向缺乏穩定狀態的系統之數學性質，整個系統幾乎重複自己，但又似是而非，每個人都知道天氣現象屬於這類非週期性的系統，自然界中還有很多類似的事物：動物族群幾乎規則的起伏，傳染病的流行與絕跡也介於接近規律的時程。如果天氣真的完全重現，以前曾經發生過的狀態，又會從頭再來一遍，包括所有的微風細雨，那麼預報就變成一個瑣碎乏味的問題。

勞倫茲覺得天氣不再重複，必定和預報員的無力感隱隱相關，也就是非週期性和不可預測性之間關係密切。並不容易找到簡單方程式產生他所尋找的非週期性質，最初他的電腦往往陷入不停重複

的循環中，但勞倫茲嘗試各種不同的小修改，最後當他加進一項由東至西的加熱變化方程式，類似於真實世界裡，陽光照射北美東海岸和大西洋不同的加熱變化，他終於成功了，重複從此消失了。

蝴蝶效應並非巧合，而是必然的。因為假設小擾動不再長大，不會在系統內向大尺度擴張，那麼當某日天氣非常類似它以前經歷過的狀態時，它將會相當接近隨後發生的狀態，實際上這個輪迴將可以預測，而使興味全失，想要源源推出真實地球天氣的豐富節目，美妙的變化，你幾乎找不到任何比蝴蝶效應更好的代替品。

蝴蝶效應取得一項專業術語：對初始條件的敏感依賴。而對初始條件的敏感依賴並不是全然簇新的概念，它就像一首民謠：

缺了根釘子，讓蹄鐵鬆脫了；
缺了塊蹄鐵，讓駿馬報銷了；
缺了匹駿馬，讓騎士捐軀了；
缺了位騎士，讓戰爭潰敗了；
缺了場勝仗，讓王國淪陷了！

科學就像人生，人人都知道一連串的事件裡有一刻契機會扭轉全局。但是混沌狀況中到處都是契機，它們具有高度的蔓延性，在天氣般的系統裡，對初始條件的敏感依賴，是小尺度現象涉入大尺度不可避免的結果。

勞倫茲的同事訝異，他能夠具體而微的在袖珍天氣中，模擬非週期性和對初始條件的敏感性：十二個方程式以機械般的精確效率一次又一次計算。怎麼會從這般簡單的決定性系統中——如此混沌，擠出層出不窮而又無法預測的結果？

無秩序中的新秩序

　　勞倫茲把天氣丟開一旁，找尋愈來愈簡單的方法產生這種複雜行為。他發現了一個只有三條方程式的系統，並且是非線性的，意思說它們的關係並不是嚴格成比例的，線性關係可以用圖上一條直線來表達，線性關係不太傷腦筋，多多益善。線性方程式皆是有解的，適合出現於教科書上，線性系統有個很重要的組合件特性：你可以把它們拆開，再加起來——化整為零，化零為整。

　　非線性系統通常不能解，而且無法相加，在流體系統和機械系統中，當人們試圖得到一組簡潔有用的答案時，非線性項是捨棄不管的部分，以摩擦力為例，若無摩擦力，只要用一條簡單的線性方程式，就足以表達加速冰棍球圓盤需要多少力氣；恢復摩擦力，關係會變得複雜，因為出力多少還取決於圓盤本身的移動速度。非線性意指，玩遊戲的方式倒過來改變遊戲的規則，你不能設定摩擦力占有固定份量的貢獻，因為它有多重要取決於速度，反過來說，速度也決定於摩擦力，這種曲折的交互改變情形使得非線性難以計算，但它也創造了從未在線性系統中出現過的，多采多姿的行為。流體動力學裡，所有的狀況都被一條標準的方程式控制——納微爾—史托克方程式（Navier-Stokes equation）。這方程式簡潔之極，宛如奇蹟，串連起流體的速度、壓力、密度、黏滯性，而恰好是非線性的，所以這些關係的本質往往錯綜複雜。分析像納微爾—史托克方程式這類非線性方程式的行為，好像行走迷宮，每走出一步後，牆壁即將重新排列組合，如馮諾伊曼自己所說：「這種方程式古怪之處，是所有的特質不停的一起改變，次元及次方都在變換，因此，高難度數學是可以預期的。」如果納微爾—史托克方程式不含

非線性的魔鬼，整個世界將完全改觀，科學也就不再需要混沌了。

　　一種特殊的流體運動，使得勞倫茲的三條方程式燃起希望：熱空氣或液體上升，如大家所熟知的對流。大氣中，對流攪動了經過日曬地表加熱之空氣，以及在滾燙瀝青和火爐上方如鬼魅般微微閃爍流晃的對流波動。勞倫茲喜歡討論一杯熱咖啡中的對流，如同他所說的，這只是我們試圖去預測，宇宙中不可勝數之流力過程的一種，我們計算一杯咖啡如何在多快的時間內冷卻，如果咖啡只是溫的，它的熱量不需要任何流體運動就會逐漸消散，咖啡維持在穩定狀態。但是如果它夠燙，對流的翻動將會把熱咖啡從杯子底端帶上較冷的表面，如果滴一些奶油進杯裡，咖啡中的對流會更容易看清楚，渦旋變得非常複雜，但是這系統的最終命運則已注定，因為熱量消散以及摩擦力減緩了流動的液體，運動終免不了要停止。勞倫茲不動聲色告訴一群聚集的科學家：「我們也許無法預測出咖啡在下一分鐘的狀況，但我們卻對一個鐘頭後的狀況瞭如指掌。」主宰一杯逐漸冷卻的咖啡之運動方程式，必定會反映出系統的終結命運，方程式必定屬於消散的，溫度必定趨向室溫，速度則歸於零。

　　勞倫茲找了一組對流的方程式，徹底削皮去骨一番，剝除一切可能無關緊要的東西，使它變成不食人間煙火般的簡單，幾乎讓原始方程式面目全非，但他還保留了非線性項，對物理學家來說，方程式看起來十分容易，許多科學家只需看一眼就會說，我可以解。

　　勞倫茲安詳說道：「的確，當你看到這些方程式時會有這種想法，雖然有些非線性項在方程式裡，但你會尋思也許能避重就輕，然而偏偏就辦不到。」

　　教科書上，最簡單的對流是在流體胞裡，也就是一個上、下平坦的箱子，而且具有易於加熱的底部和方便冷卻的頂端，熱底和冷

頂中間的溫度差異控制液體流動，如果差距小，系統會保持靜止，熱量會經由金屬棒同樣的傳導方式送到頂端，無法克服液體的惰性，更進一步說，整個系統是穩定的，任何意外敲擊的後果，比方說一位研究生撞到儀器了，效果都將逐漸變弱，使系統恢復到穩定狀態。

再加熱，則會有新的現象開展，當下方流體開始變熱，體積膨脹，這時密度變小，體積變輕，逐將克服摩擦力，將其升向流體表面，在一個經過仔細設計的箱子裡，圓柱狀的水泡開始發展，熱流在一邊上升，冷流在另一邊下沉，從側面看來，運動形成一圈連續的循環。實驗室之外，自然界也時常製造出對流胞，比方說當太陽曬熱沙漠表面，滾動的空氣會在雲層或沙地上，畫出朦朧搖動的圖案。

加熱愈旺，現象愈加複雜，水泡開始危顛顛的搖晃，經過勞倫茲削減後的方程式，用來模擬這些複雜現象未免過於簡化，它們只

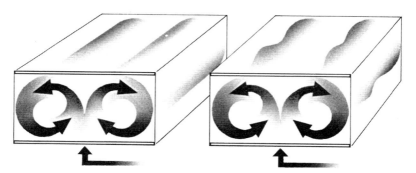

旋轉流體。當液體或氣體從底部加熱，流動本身會組織成管狀圓環，一側熱流上升，另一側冷流沉降，即所謂的對流（convection）。若加熱更熾烈，新的不穩定狀況發生，圓環開始痙攣，沿管呈波狀起伏。加熱再更凶猛，流體會一片混亂，如脫韁之馬。

是真實對流的局部縮影：一場像摩天輪的熱胞上升旋轉循環活動。方程式計算運動速度及熱傳導，這些物理過程互相作用，像液體中的任何一處熱流循環上升，會與較冷的流體接觸，開始散熱，如果循環的速度夠快，那麼，到達頂端時流體胞來不及釋放所有超額的熱量，而開始由循環的另一側下沉，事實上它會阻礙、抵消其他上升熱流的動量。

　　雖然勞倫茲的系統不能完全模擬出對流，但它的確能對應到類似真實的現象上，舉例來說，他的方程式精確描述了一部老式的電動發電機，這是現代發電機的祖先，它的電流經過一片在磁力場中轉動的圓盤，某種情況下，發電機會發生逆轉。而當勞倫茲的方程式流傳更廣時，有些科學家認為，這樣一部發電機的運作，可以提供另一種特殊逆轉現象的解釋：即關於地球磁力場的現象。「地球發電機」（geodynamo）在地理歷史上，曾經發生過許多次逆轉而受人矚目，但發生的間隔長短，似乎不規律而極端神祕，面對這種不規則，理論學家通常尋找系統以外的解釋，像是隕石撞擊之類的說法，不過也許地球發電機孕育了自己的混沌。

　　勞倫茲方程式能夠精確描述的另一座系統是一種水車，和對流循環有異曲同工之妙的機械結構。從頂端水流穩定注入掛在輪圈上的容器，每盞容器透過小孔漏出穩定的水絲，如果水的流量小，頂端的容器永遠裝不夠足以克服摩擦力的水量，但是如果上端的水注入夠快，水的重量將開始轉動水車，轉動也許會持續下去，或者注水極快，使容器未漏完即超過底部，而從另一端上升，這時候水車的輪圈也許會慢下來，甚至停止，然後逆轉，先繞著一個方向旋轉，而後反過來。

　　面對這樣一個簡單機械系統，一位物理學家的直覺──在混

沌理論提出前的直覺會告訴他，經過一段長時間後，如果水的流量不變，系統會進入穩定狀態，也許水車會穩定轉動，或者前、後穩定振盪，即是先順著某個方向轉，等了一段固定的時間，然後再逆轉。上述情形，勞倫茲發現，皆非實情。

三種方程式包念了三項未知數，十分完整描述了系統的運動，勞倫茲的電腦印出這三項變數的變化值：0-10-0、4-12-0、9-20-0、16-36-2、30-66-7、54-115-24、93-192-74。這三個數字以想像的時間間隔上下波動，每隔五個時段，進而至一百個、一千個時段。

讓這些資料視覺化，勞倫茲用這三項變數當做坐標軸，三維空間中每一點的位置，代表變數集合的某種狀態，這樣的數字序列，產生了一系列的點。沿著一條連續軌跡，記錄系統之行為，這樣的軌跡也許會到達某處定點而停止，這表示系統趨向於穩定狀態，速度和溫度的變化不再改變；或者軌跡沿著迴路不斷的打圈圈，暗示系統已陷入週期性重複運作的方式。

勞倫茲系統完全不符合上述的狀況，而是另一種新局面，圖形顯現出無窮的複雜性，它很有分寸的關在定長的邊界內從不出格，但既不結束也不重複自己，它刻畫出一張奇異而醒目的圖案，三維空間中的一種雙螺旋，像蝴蝶的一雙翅膀，這意味純粹無秩序的信號，因為沒有任何一點或分布會再次出現，從另一角度來看它，恰好透露出另一種新秩序的訊息。

決定性的非週期性流

多年後，當物理學家談到勞倫茲記載那些方程式的論文，都會流露著稱羨的眼光讚歎「那篇美妙而神奇的文章」，此時，它像一

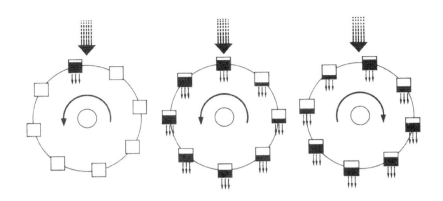

勞倫茲水車。勞倫茲所發現,是最原始且最負盛名的混沌系統,可以完全用一項機械裝置來描述;即水車。雖然構造簡單,卻能表達極度複雜的行為。水車旋轉類似對流現象的管狀漩渦,如同渦管的橫截面。兩座系統皆由水力、熱力穩穩的推動,然後耗散。流體失去熱能,水桶傾倒水。其長期的行為視驅動力大小而定。

水由頂上傾瀉,流量固定。若水流遲緩,水桶永遠無法貯足水量超越摩擦力,水車停滯原地(同理,對流實驗中,若加熱不足,無法勝過黏滯力,流動亦不會產生)。

水流增大,上端水桶開始擾動水車(上左圖),不久,水車會很規律的轉動(上中圖)。

但如果水流更加充沛(上右圖),系統中非線性效應開始發揮威力,轉動變得神經質。當水車經過瀑布,它們承載的水量由轉速決定,如果轉動過快,水車會來不及裝滿,(同理,對流渦管轉動太快,未經過足夠時間加熱),同時,在過快情況下,水桶亦來不及傾倒一空,以致於上升側的水桶漸漸沉重,降低轉速,終致逆轉。

勞倫茲發現,長期中,水車會正逆反轉許多次,毫無定規,也永遠不會重複,莫測高深。

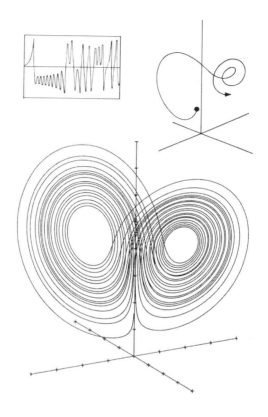

勞倫茲吸子。 宛如貓頭鷹面具或蝴蝶翅膀,這張神妙的圖形已成為混沌拓荒者的章紋。它顯示數據表面的混亂下,深藏精緻結構。傳統上,任何變數隨時間的改變可以用左上圖時間序列表示。若要同時顯現三項變數的改變,必須採用另一種技巧。在任何特定時刻,三項變數的值可對應到三維空間中某定點,當系統演進,該點即隨之平滑移動。

若系統永遠不重複自己,軌跡必須永遠不相互碰觸。軌跡會無止休的打圈子。繞著吸子的運動雖然抽象,但仍舊能傳達出一些真實運動的訊息,例如,從一翼交錯至另一翼,即顯示水車或對流的逆轉發生。

篇古代典籍被流傳著，貯存了永恆之奧妙，而在成千上萬有關混沌的論文中，絕少數能比得上〈決定性的非週期性流〉（Deterministic Nonperiodic Flow）被引用的次數，歷年來，沒有任何單一形狀比起論文所附的神祕曲線，啟發出更多的插畫或卡通。這幅家喻戶曉的雙螺旋以勞倫茲吸子（Lorenz attractor）著稱，首次，勞倫茲的圖形表達了它的涵意「這會很複雜」，而所有混沌的豐盛華麗俱在其中。

但在當時，很少人能高瞻遠矚，勞倫茲曾經向麻省理工學院應用數學系的教授馬卡斯（Willem Malkus）描述它，馬卡斯是一位溫文爾雅的科學家，胸襟寬大，極能鑑賞同事的工作，他笑著說：「勞倫茲，我們彼此都一清二楚，對流現象絕不會玩這種花樣。」他告訴勞倫茲，複雜性終必澄清，而系統會趨向穩定規律的運動。

「當然，我們完全未抓住重點。」馬卡斯在經過一世代的歲月後說道。數年後，他在自己的地下實驗室裡建造了一個活生生的勞倫茲水車，表演給不相信的人看：「勞倫茲根本未遵循我們的物理學思考，他在思索一些普通性或抽象化的模式，能展示出他直覺中自然界擁有的強烈特徵，雖然他不能向我們如此直說，但經過我們後知後覺再往前回想，他必定早已充分掌握了那些觀點。」

很少外行人能了解科學社群是如何各自為政，他們就像被戰艦上防止漏水的密封阻壁隔著一樣。生物學家自顧不暇，無法跟得上數學的進展，同理，分子生物學家哪裡顧得上族群生物學，物理學家毫無餘裕來閱讀氣象期刊，有些數學家很可能樂於見到勞倫茲的發現。十年之中，物理學家、天文學家和生物學家紛紛尋找同類的事物，有時他們會重新發現它，但是勞倫茲是位氣象學家，那期間沒有人會料想到《大氣科學期刊》第二十卷第一百三十頁尋找混沌理論。

|第2章|

革命

的確，所有這些努力就是要使自己置身例外，
跳出所謂的統計之外。

——英國詩人史班德（Stephen Spender）

新科學萌芽

　　二位心理學家在 1940 年主持過一次讓人不安的實驗，科學史學者孔恩是這麼描述的：他們在受測者前迅速亮一下紙牌，一次一張，然後要他們把紙牌的花色及數目唸出來。當然，其中藏著詭計，少數紙牌是惡作劇的，比方紅桃 6 或黑鑽石 Q。

　　飛快的亮牌速度下，所有的受測者都反應流暢，沒有比這再簡單的了。他們完全沒注意到什麼古怪，大聲的把紅桃 6 唱名成紅心 6 或黑桃 6。但是當亮牌時間加長，受測者開始狐疑。覺察其中有花樣，但又不確定到底是什麼，某位受測者可能說他看見黑心鑲著紅邊。

　　最後，再把亮牌的時間加長，大多數的受測者皆能進入狀況。他們會看出有毛病的紙牌，心中做好必要的調適，並繼續正確無誤的玩遊戲。不過並非人人如此，少數人會大惑不解，相當痛苦。其中有個人說：「不管是什麼花色，我就是認不出來。那時候它看起來甚至根本就不像牌。現在我不知道它是什麼顏色，更不能確定究竟這是一張黑桃還是紅心。連黑桃的形狀我都快搞不清楚了。天啊！」

　　自然現象在專業科學家面前，閃過短暫而不確定的一瞥後，他們同樣會覺得焦慮和迷惑。若這種矛盾改變了科學家看待事物的方式，那麼可能也造成了一次重大的突破，混沌的故事便印證了孔恩的說法。

　　孔恩在 1962 年初次出版論著，提出科學家如何工作，和科學革命如何發生的概念後，立刻毀譽交加，爭議始終不斷。傳統看法中，科學進步是由知識累積所形成，每個新發現疊加在上一個發現

之上，新的實驗結果揭曉時，新的理論便浮現出來，他卻對這點提出尖銳的質疑。孔恩否認科學是一種提出問題、尋找答案、條理分明的過程。絕大多數科學家在他們的學門內進行中規中矩、一目了然的常態性研究，另有一些高風險的、離經叛道的研究則開展了科學革命，而他強調二者的對比。孔恩有意使得科學家看來像半生不熟的理性主義者。

在孔恩的構想中，常態科學包含了大部分清理，精煉的操作。實驗者重複修正以前已經多次完成的實驗，理論家在理論的架構上修修補補，敲敲弄弄，進行的方式不太可能有例外。如果所有的科學家都必須從最基本問起，檢查每項基本假設，那麼就難以到達技術上的爛熟層面，做出有用的工作。在富蘭克林（Benjamin Franklin）的時代，只有為數不多的科學家試圖了解電，所以他們可以選擇自己的第一定律，事實上也非得如此不可。其中一位也許會覺得吸引力是電最重要的效應，把電想成一種由物質散發出來的「磁素」（effluvium）；另外一位研究者喜歡把電想像成一種流體，經過傳導物質輸送。因為他們尚未能夠理所當然的，對所研究的現象使用共通術語，所以這些科學家可以同外行人談自己的想法，就像學術討論一般自在。相反的，一位二十世紀的流力學家，若非一開始就使用專門術語和數學技巧，就幾乎無法在專業範疇中循序漸進。從另個角度來看，他無意識中，已經放棄質疑學門基礎的自由。

孔恩觀念的核心即在於：常態科學視解決問題為能事，而且是學生一打開教科書便會碰上的那種問題。這些問題界定了一種約定俗成的成就，構成科學家讀研究所、完成論文、寫期刊文章等學術生涯之主體。孔恩寫道：「在正常情況下，科學家並非創新者，而

是解謎者，而且只針對那些他相信，可以在既存的科學傳統內陳述出來，並予以解答的謎。」

　　然後就發生了革命。當科學走入死胡同時，新科學開始萌芽。通常革命會染上一種科學整合的特質，重大發現常來自那些主流以外的邊緣人物。這些學者著迷的問題，常常被當作異端邪說，論文的構想被駁回或文章被退稿。連他們自己也不確定解答會長成什麼模樣，但他們願意承擔生涯中的風險。少數自由思索者獨自工作，不但無法解釋他們所投注的方向，甚至害怕告訴同事自己在做些什麼。這種浪漫想法便是孔恩構想的核心，在實際生活中一再發生，而混沌現象的心路歷程中也一次又一次驗證。

篳路藍縷混沌路

　　每位早期投入混沌研究的科學家，都能說出一籮筐洩氣和公開敵意的事件。研究生接獲警告，如果鑽入一個未經驗證的題目，指導教授又缺乏這方面的專門知識時，會危及他們的學術生涯。一位粒子物理學家聽到了這種新數學，禁不住私下摸摸弄弄，思索這些美妙而又困難的玩意兒，但會對同僚噤若寒蟬。較年長的教授則感到一種中年危機，彷彿沿著一條同事不了解，或嫌厭的途徑上鋌而走險，但同時感受到一種嶄新的知識刺激。那些打開耳朵的門外漢也漸漸能有所體會。高等研究院的戴森（Freeman Dyson）曾謂混沌理論在 1970 年代「就像一次電擊」。其他的人則覺得在他們職業生涯裡，首次成為一次真正典範轉移（paradigm shift）的見證。這種轉移全盤改變了思考方式。

　　那些開拓混沌現象者，很苦惱怎麼將他們的想法和發現，弄成

能夠發表的形式。研究工作卡在學門之間，比方說對物理學家而言太過實驗性，對數學家而言又太過經驗。但是溝通新觀念的艱困，和來自傳統的頑強排拒，使一些人更堅信這門新科學，的確具革命性的創意。淺顯的想法容易理解，而要求別人重新組織他們對世界的看法，卻易招致敵意。喬治亞理工學院的物理學家福特（Joseph Ford）引用托爾斯泰的話說：「如果要他們承認曾興高采烈的向同事闡釋、滿懷信心教導別人，或甚至一絲絲編織成生活脈絡的結論是錯的，我知道大多數人，包括那些能夠如魚得水接納最複雜問題的傢伙，也很少能坦然接受，即使是最簡單而明顯的事實。」

　　許多主流科學家，朦朦朧朧的意識到新科學浮現，有些人，特別是傳統的流體動力學家，則極力排斥。最初，關於混沌行為的宣告聽起來既瘋狂又不科學，同時混沌理論所依賴的數學，也似乎艱深無比，脫離傳統。

　　然而漸漸的，混沌專家四處蔓延，一些系所對這些異論學者側目相看，另外一些系所積極召募。不少的期刊立下不成文法，限制混沌文章刊登，但混沌的專門期刊乾脆取而代之。混沌學家的新稱謂開始流行（chaoticist 或 chaologist），每年以不成比例的速度，在重大獎金和研究獎名單上增長。1980 年代中期，學術擴散的進展，逐漸將混沌專家推擁至大學之要津地位，研究中心及學院紛紛冠以「非線性動力」、「複雜系統」等名稱。

　　混沌不再只是理論，同時是方法；不但是信念，並且成為研究科學的途徑。混沌開發出使用電腦的獨特手法，不需要太依賴像克雷或賽伯那種極速電腦，反而中意能夠彈性聯結的普通終端機。對混沌研究者來說，數學已變成實驗科學，電腦取代了充滿試管和顯微鏡的實驗室，圖形成了關鍵。混沌專家會說：「不使用圖形的

數學家是自虐狂。」「他們怎麼能弄清楚運動和混沌之間的關係？」「直覺又從何而來？」有些徹底鑽入混沌學的科學家，否認這是一場革命，但另外有些人明明白白引用孔恩典範轉移的說法，描述他們所看到的改變。

　　早期混沌的論文風格令人想起富蘭克林時代：一切歸諸到第一定律。如同孔恩所敘述，已成氣候的科學，奠基在理所當然的基礎上，成為研究的共同起始點。科學家慣常從頭到尾在文章中使用專門用語，以免讓同行煩躁。相反的，從 1970 年代晚期開始，混沌文章的前言到結論，都寫得像是可靠的福音，他們宣告新的信條，並用呼籲行動做為結語。這些結果讓我們怦然心動又十分挑逗：

　　一幅紊流誕生的理論景象冉冉逼真，心臟的混沌可以用數學剖析。沒人能夠再否定未來天下是屬於混沌的。不過必須揚棄大部分過去，才能接受未來。

　　新希望，新風格，加上最重要的：看待事物的新方式。革命並不是逐步形成的，而是一種對自然解釋的全然改觀。從新的眼光來打量舊問題，並且首次發掘另外一些問題，差堪比擬如某種工業，為了新產品而全套改換設備。用孔恩的話說：「彷彿整個專業社群，突然被移送到另一顆行星上，那兒他們原來熟悉的事物開始改頭換面，再加上一些完全陌生的事物。」

從鐘擺再開始

　　新科學的實驗室白鼠是鐘擺問題：這是古典力學的象徵、被約

束運動的範例，以及規律式機械作用的里程碑。狂野的紊流和在繩子末端來回搖晃的擺錘，恐怕是最明顯不過的對照了。

浴盆之於阿基米德，蘋果之於牛頓，就如傳說中的教堂風燈之於伽利略；一次又一次的前後擺動，單調的將靈感傳入他的意識。荷蘭科學家惠更斯（Christiaan Huygens）乾脆把鐘擺的可預測度，變為一種測量時間的方法，使得西方文明從此脫胎換骨；傅科（Léon Foucault）則在巴黎偉人祠（Panthéon of Paris）用二十層樓高的鐘擺，證明地球的轉動。石英振盪的時代來臨前，每個時鐘和腕錶，都依賴鐘擺的大小和形狀來報時（就這點而言，石英的振盪並沒有那麼大區別）。太空中沒有摩擦力，天體的軌道循環構成週期運動，但在地球上，任何一種規律性振盪皆來自鐘擺一族。基本電子電路的方程式，和描述那些擺錘搖晃的方程式完全一模一樣，電子振盪比鐘擺要快上百萬倍，但是物理結論並沒有兩樣。二十世紀以來，古典力學就已經完全淪落成教室中的花拳繡腿，以及家常便飯的工程計畫，鐘擺裝飾了科學博物館，同時一些轉動的塑膠「太空球」，使得機場禮品店生氣勃勃。然而沒有任何物理研究員會青睞鐘擺問題。

但鐘擺依舊能推陳出新，令人大吃一驚。就像在伽利略革命中所表現的，它成為一種試金石。亞里斯多德觀察鐘擺時，看到的是一件重量試圖向地上掉落，但是卻被繩子牽絆而來回劇烈搖晃。對現代人來說這聽起來很笨；已經掌握運動、慣性、重力等古典概念的人，很難再去正確評價，亞里斯多德根據自圓其說的世界觀，發展出來的鐘擺解釋。物理運動從亞里斯多德的角度看來，不是一種量或者力，而是一種改變。就像人的成長是一種改變，一件下墜的重物只是在尋找最自然的狀態，也就是隨它自由行動後會達成的

最後狀態。以此來看，亞里斯多德的觀點相當合理。從另一方面來說，當伽利略觀察鐘擺，他看到一種可以測量的規律性，必須要以革命性的方式理解物體運動才能形容。伽利略比古希臘人占優勢的地方，並不在於他擁有較好的資料，其實正好相反。他心目中精確測量鐘擺的辦法，卻是聚集一夥朋友，花了二十四小時計算振盪，以完成這次勞力密集的實驗。伽利略早已懷著理論腹案，胸有成竹，所以洞察到其中的規律性。他明白亞里斯多德所不知的：動者恆動，任何速度和方向的改變惟有依賴外力，比方說摩擦力。

藏身鐘擺的非線性

事實上，他的理論有力到讓他看見一種純屬子虛的規則。他主張長度固定，鐘擺來回的時間亦保持固定，而且不管鐘擺搖動角度的大小如何，依舊保時同樣的時間。搖動角度大的鐘擺所經過的途徑較遠，但也恰好走得較快，換句話說，週期與振幅無關。伽利略的聲明如下：「如果兩位朋友分別數振盪的次數，一個數擺動角度寬的，另一個數窄的，他們會發現即使數上十次，百次，也不會有任何出入，甚至一點點差異都沒有。」他用具體的實驗說明這件事，而他的理論更讓人信服，至今天部分高中物理課程依舊奉為圭臬。但這其實是錯誤的。伽利略所看到的規律性，只是個近似的現象，擺動角度的改變，會在方程式裡產生一點點非線性作用。當低振幅時，誤差幾乎不存在，但並非消失無蹤，即使像伽利略所描述的那種粗糙實驗，依然能夠測量出來。

很小的非線性很容易忽略，動手做實驗的人很快會認清他們身處於不完美的世界。從伽利略、牛頓以降的幾世紀，在實驗中尋

找規律已經成為基本練習。許多實驗工作者尋找守恆量，或者可抵消的量，但這意味者忽略掉乾淨秩序景象中，小小的瑕疵。如果一位化學家發現兩種物質的固定比例，今天是 2.001，明天 2.003，而後天 1.998，那麼他若不去尋找一項理論來解釋完美的二對一的比例，大家會當他是個傻瓜。

　　為了得到俐落的結果，伽利略不得不忽略掉，包括摩擦力和空氣阻力這二種他也知道的非線性因素。空氣阻力在實驗室中惡名昭彰，若想抓住力學神髓，必須去除這項複雜性。羽毛和石頭掉落的速度難道一樣嗎？所有自由落體的經驗告訴我們並非如此。伽利略從比薩斜塔拋下球體的故事像是神話，創造出來一座理想的科學世界。在那兒，可以把規律性從紛雜的經驗中抽離出來，改變我們的直覺。

　　分辨重力效應和空氣阻力的效應，是一項才氣橫溢的知識成就，於是伽利略能夠深入探討慣性和動量的本質。然而在真實世界中，鐘擺的最終行徑，依舊按照亞里斯多德之古雅典範所預期的演變：它們終究停下來了。

　　物理學家為下一階段典範所做的奠基工作中，開始面對日常教育中，面對鐘擺之類簡單系統時的缺陷和不足。二十世紀之前，我們已知悉像摩擦力這樣的耗散過程。學生學會把它列入方程式，同時被教導「非線性系統通常無解」，這是正確的；還有「非線性系統應被視為例外」，但這是不正確的。古典力學描敘一大堆運動物體的行為，包括鐘擺、複鐘擺、盤繞的彈簧、彎曲的棒桿、撥響和拉動的琴絃，同樣的數學手法再運用到流體系統和電路系統。古典時期中，幾乎無人想到如果體認清楚非線性，混沌便隱藏在動力系統裡。

　　除非物理學家先用一種二十世紀中葉以前，還不知道的方式搞清楚鐘擺問題，就不能真正了解紊流或複雜性。當混沌理論開始整合不同系統的研究，鐘擺動力也擴展到從雷射到超導的約瑟夫森連接效應（Josephson junction）高科技。一些化學反應呈現出類似鐘擺的行為，心臟跳動也是如此。一位物理學家寫道：「各種出乎意外的可能，延伸到生理和精神的藥物、經濟預測、也許還包括社會演化。」

　　再想想運動場上的鞦韆。鞦韆落下時加速，往上時減速，一邊進行一邊受到摩擦力，不斷的減損速度。如果它像鐘錶的發條裝置定期得到推動，直覺便告訴我們：不管鞦韆的振盪從何處開始，運動終會陷入來來回回的規律狀態，鞦韆每一次都會盪至一定的高度。這的確是一種可能。但說來奇怪，運動也可能不守規矩，或許先高，然後低；但是永遠也不會歸於穩定狀態，永遠也不會重複以前的擺動。

　　簡單振盪的鞦韆受到非線性扭曲，產生了這類出人意表的行為。因為摩擦力試圖使鞦韆停下，而週期性的推動則產生驅力，所以既受阻滯又受到驅動。甚至即使當阻滯和驅力勢均力敵時，系統仍不能處於平衡狀態，而世界上充滿了這樣的系統。天氣便是一個例子：受到動盪不安的大氣和海水不停摩擦，熱量又消散到外太空，而驅力則來自太陽能量的固定推動。

　　不可預測度只是凸顯出癥結所在，並非 1960 及 1970 年代物理學家和數學家再度思索鐘擺問題的主因。混沌研究者發現，簡單系統的不規律行為，排演著推陳出新的節目，衍生出複雜而五花八門的組織圖案，有時穩定，有時不穩定；有時單純有限，有時又涵藉無窮，但總帶著生動的魅力。也因為這樣，科學家才樂此不疲。

太空球與球形鐘擺

有一種稱為「太空球」或「太空鞦韆」的玩具：在一根 T 狀橫桿兩端各有一顆球，而第三顆較重的球懸掛在底部。較低的球像鐘擺前後搖盪，同時上端的橫桿自由旋轉。三顆球都貯放了少許磁鐵，基座安置了一個電池推動的馬達，一旦開動，整個裝置就會動個不停。上面的裝置會感應到底下圓球的靠近，每次經過時便會施加一點點磁場的震撼。有時候這套儀器會趨向一種穩定而規律的搖擺，但其他時候它的運動看來一片混亂，隨時變化，提供無窮盡的驚喜。

另一種流行的鐘擺玩具叫球形鐘擺，不只可以前後搖擺，而且能夠朝任何方向搖晃。它的基座裝置了一群小磁鐵，磁鐵會吸引金屬擺錘。當鐘擺停止時，可能被某塊磁鐵抓住。所以玩法即是搖動鐘擺，然後猜測哪一塊磁鐵最終得勝。縱使沿三角形放置三塊磁鐵，鐘擺的運動也無法捉摸。它可能在 A 點和 B 點之間徘徊一陣子，然後轉入 B 和 C 之間，再下來似乎向 C 點靠攏，但又跳回 A 點。假設一位科學家有系統的用圖形來探究這次遊戲，選定一處起始點釋放擺錘，然後記錄吸住球的那塊磁鐵，以紅、藍或綠色標示，圖案看起來會是什麼樣子呢？它篤定將有幾塊純粹的紅、藍及綠色區域，因為有時擺錘會準確的落入某塊特定的磁鐵區，但也有些區域由斑駁複雜的色點編織在一起，無論再怎麼湊近或放大圖形，任意一點紅點鄰近皆包括了藍點和綠點。就實際而言，擺錘的命運將莫測高深。

傳統上，動力學家相信寫下系統的方程式，即大功告成。除此之外，難道還有更好的方法可以抓住它的精髓？以運動場上的鞦韆

或玩具為例，方程式結合了鐘擺的角度、速度、摩擦力和驅動它的力量，但由於這些方程式所附帶的一點兒非線性，動力學家發現自己竟無法回答最簡單且實際的問題：它未來往哪兒走？電腦可以模擬這個問題，快速計算每次來回。不過模擬也自有難處，因為這是一種對初始條件非常敏感的系統，所以每次計算的微量誤差很快累積起來。沒多久，有用的信號就消失了，只剩下一堆噪訊。

這是全盤真相嗎？勞倫茲找到「不可預測度」，但也發掘了「固定形態」，另外一些人同樣發現了，隱藏在混亂外表下結構的痕跡。鐘擺的例子過分簡單，使人容易忽略，但那些決意不予忽略的人，發現了極端刺激的啟示。他們開始意識到在一定程度上，物理學能完全掌握鐘擺運動的基本力學，但卻不能延伸到對長遠預測。微觀的部分纖毫分明，巨觀的行為仍在一團謎霧中。將機制孤立，然後再合併在一起的化整為零傳統，已經開始崩潰。無論對鐘擺、流體、電子線路及電射而言，只懂得基本方程式，似乎不再夠用也不再恰當了。

1960 年代以來，一些科學家注意到類似勞倫茲的發現。像是法國天文學家對星系軌跡的研究，以及一位日本電機工程師對電路的模擬。但首次系統化努力了解，宏觀行為和局部行為之間差異的，是一群數學家，其中尤其以加州大學柏克萊分校的學者史邁爾（Stephen Smale）為翹楚，他曾以解決多維空間拓樸學的極其深奧問題而聲名大噪。一位年輕的物理學家，閒談中問及史邁爾正在著手哪方面的研究，答案令他十分震驚：「振盪。」這簡直荒唐到家。不管是鐘擺、彈簧或電路，一位物理學家在他早期訓練中，早已將振盪研究得一乾二淨。為什麼一位偉大的數學家，要研究這種初級物理？幾年後這位年輕人方才體會到，史邁爾所要探討的是非線性

振盪、混沌的振盪，他想洞悉物理學家所受訓練會忽視的東西。

典範轉移中的典範轉移

　　史邁爾做了一項差勁的推測。他使用極端嚴謹的數學術語，提出在大多數時候，所有的動力系統最終會趨向安分行為的看法。但他很快了解到事情並不盡然。

　　史邁爾是那種不只解決問題，同時也開創問題讓其他人傷腦筋的數學家。他根據對歷史的了解，以及對自然的直覺，決定投下籌碼，沉靜的宣告：現在有整片值得數學家投注心力的處女地研究領域。他像一位成功的商人，衡量風險，冷靜盤算策略，而且具備斑衣吹笛人（Pied Piper）的味道；當史邁爾領頭走，會吸引大眾跟隨。然而他的聲望不只局限於數學領域。在越戰早期，他和社運人士羅賓（Jerry Rubin）組織了「國際抗議日」，攔截載運軍隊的火車橫越加州。當 1966 年眾議院非美活動調查委員會（House Un-American Activities Committee）想傳審他時，他正前往莫斯科參加國際數學家會議（International Congress of Mathematicians），就在那裡贏得菲爾茲獎（Fields Medal），這是數學界最高的榮譽。

　　那年夏天在莫斯科上演的一幕，成為史邁爾傳奇中令人難忘的部分。五千位激動又神經質的數學家歡聚一堂，同時政治氣氛非常緊張，請願書四處傳布。當會議快結束時，史邁爾在莫斯科大學寬闊的階梯上舉行記者招待會。他回答一位北越記者的問題時，起初批評美國介入越南，於是主人春風滿面；接著他責難蘇聯入侵匈牙利，攻擊蘇聯社會中缺乏政治自由。他說完立刻被架入一輛車內，受到蘇聯官員的查問。等到他返回加州，國家科學基金會取消了他

的獎助金。

　　史邁爾以在拓樸學中的成就獲得菲爾茲獎。拓樸學在二十世紀開花結果，1950 年代達到全盤豐收期。這門學問研究形狀扭曲、拉長或壓擠而變形時，保存下來的一些性質。不論形狀是方或圓，大或小，在拓樸學裡完全無關緊要，因為揉拉會改變那些性質。拓樸學家想問的是：形狀是否連結在一起？中間有沒有空洞？有沒有打結？他們想像表面不只存在於歐幾里德的一、二、三維世界，也存在於難以具象化的多維空間。拓樸學是橡膠團的幾何，注重特性過於數量。它會問：如果你不知道量度，那麼你能不能對整體結構說出一番道理？史邁爾解決了「龐卡萊猜測」這個牽涉到五維或更高維空間，在拓樸學歷史上懸而未決的重大問題，因此成為不朽人物。自 1960 年代以後，他丟下拓樸學開展新學門，開始研究動力系統。

動力系統重振旗鼓

　　拓樸學和動力系統這兩項題材，都必須溯源至龐卡萊（Henri Poincaré），他視兩者為一體的兩面。二十世紀初葉，龐卡萊成為最後一位將幾何的想像力，帶入物理世界運動定律的數學大師。他是第一位了解到混沌現象可能性的人，其著作中已經暗示到不可預測度，勞倫茲所見幾乎呼之欲出。但是龐卡萊死後，拓樸學興盛，動力系統的研究則逐漸沒落，甚至連名稱也蒙塵；史邁爾處理的題材，名義上是描述系統隨時間連續改變的微分方程式。傳統上是局部檢視所發生的現象，因工程師或物理學家一次只思考一種可能。但史邁爾像龐卡萊一樣，希望從整體了解，也就是說他想一勞永逸

全盤掌握所有的可能性。

　　任何描述如勞倫茲系統之類動力系統的方程式，都容許從開始設定幾項參數。在熱對流的例子裡，就有一項參數決定流體黏滯程度，參數的巨幅改變會導致系統的重大變化，舉例來說，會從穩定狀態跳動到週期性振盪。物理學家假設，參數極小的改變只會造成結果極小的差異，大體行為應該極其類似。

　　結合拓樸學和動力系統後，就可能使用形狀，看出系統行為的整體變化。對簡單系統而言，形狀也許像某種曲面；對複雜系統，則是多維的皺褶面。這種表面上的一點，表示系統在某一特定時刻所處的狀態。當系統隨著時間演進，點也跟著移動，在曲面上畫出一道軌跡。若是改變系統的參數，例如使流體黏滯性更大或更加用力推動鐘擺，形狀便會稍稍扭曲。看起來大致相似的形狀，會有大致相似的行為。如果你將形狀具象化，就可了解系統。

　　當史邁爾跨行到動力系統時，拓樸學和大多數純數學一樣看不起現實應用。拓樸學起源很接近物理學，但數學家已淡忘物理的源頭，開始為了研究形狀而研究形狀。史邁爾完全沉浸在這種風氣裡，他自己就是純而又純的數學家，但他開始懷著新念頭：拓樸學抽象奧妙的發展也許已成熟，有些東西能夠回饋到物理學，就像二十世紀初龐卡萊嘗試的努力一般。

　　很反諷的，史邁爾最初的貢獻之一，即是他的錯誤推論。他用物理學術語提出一項自然定律：系統可能詭譎怪異，但奇突的行為不可能持之以恆。用史邁爾的意思來說，穩定性是一項事關重大的特質，數學家有時也會如此引述。系統中的穩定行為，不會因為小小的數字出入而消失。任何系統可能包含著穩定及不穩定行為。描述一枝鉛筆以筆尖站立的方程式，具有良好的數學解：重心恰在筆

尖正上方。但是你就是無法讓鉛筆站立，因為解是不穩定的，稍微振動一下，系統便遠離那項解。另一方面，彈珠卻能一直停留在碗底，因為彈珠輕輕被撥動後還會滾回來。物理學家假設，任何能夠規律觀測的，皆必須屬於穩定解，因為真實系統中難以避免微小擾動和不確定性，你永遠不能精確知道參數。如果你心目中的模式在面臨小擾動時，仍然能夠保持物理上的真實性與可靠性，物理學家相信你指的一定是穩定的模式。

1959 年耶誕節過後不久，當史邁爾和他的妻子、兩個襁褓中的孩子加上一大堆尿布，暫時待在里約熱內盧（Rio de Janeiro）的一棟公寓之際，壞消息寄來了。他的推論中，設定有某類結構穩定的微分方程式。他並且宣稱，任何混沌系統，都非常接近他所定義的大類，但事實並非如此。一位同事寄信通知他，許多系統並不如他所預測的那麼守規矩，信裡舉出反例，提出一座能同時容忍混沌和穩定並存的系統，這座系統堅固耐磨，如同任何自然系統，禁得起噪訊騷擾，如果你輕微搖晃它，古怪特質也不會消失。兼具堅固和古怪——史邁爾的不可置信感在讀信時逐漸融化。

混沌和不穩定這些剛開始形成的概念，到頭來竟是兩回事。一座混沌系統，能夠維持其獨特的不規律性質而一意孤行下去，勞倫茲系統即是活生生的例子。不過還要許多年，史邁爾才會風聞到勞倫茲。勞倫茲所發現的混沌現象，包含著不可預測性，卻像碗底的彈珠一樣穩定。你可以踢它、搖它，干擾系統的運動，然後當塵埃落定，這些短促的變化像山谷回音裊裊消散，系統會恢復到舊日無從捉摸的古怪狀態：局部不可預測，但整體穩定。真實的動力系統處於規則控制下的複雜，超過任何人所能想像。史邁爾同事信中所描敘的例子，來自另一座上一代前即被發現，但已經逐漸遭遺忘的

簡單系統。它實質是鐘擺問題：一種振盪的電路。它非線性並且週期受外力推動，很像載著孩童的鞦韆。

真空管內的混沌

　　實際上，它只是一根真空管，由一位名叫凡德波（Balthasar van der Pol）的荷蘭電子工程師，於 1920 年代所發現。現代的一位物理系學生，可以觀察示波器螢幕上之軌跡，而得知這樣的振盪器行為。凡德波沒有示波器，所以他必須從電話話筒音調的高低來模擬電路。他很快慰的發現，當他改變輸進電流的大小時，便產生規律反應，音調像爬樓梯似的，從一段頻率跳上另一段頻率，一旦離開一段頻率，就會牢牢的鎖進下段頻率。偶爾，凡德波也會注意到一些無從解釋的異狀，聲音聽起來不太規律，不過他並不擔心這種狀況，他在《自然》期刊上提到：「當頻率降落到下一段低值之前，電話聽筒裡常會聽到雜音，無論如何，這只是一種次要現象。」他就像許多科學家，瞥見混沌現象的一絲曙光，卻又無法用語言形容。對於那些真空管製造商，鎖定頻率很重要；但對於研究複雜性質的工作者而言，高頻切入低頻引起的雜音現象，才是真正有趣的行為。

　　史邁爾的推論儘管錯誤，仍然引領他正面接觸到動力系統之雲譎波詭。有幾位數學家重新檢視凡德波振盪器的潛藏性質，現在史邁爾將他們的工作推展到全新境界。他這顆特殊的腦袋曾經受過多年拓樸世界的探索和打磨，唯一的示波器便裝在自己腦海裡。史邁爾思索振盪器在所有可能情況下的狀態，也就是物理學通常稱作的相空間（phase space）。系統在任一固定時刻的狀態，可以用相空

間之一點來標示，該點的坐標值，記載了所有關於位置和速度的資料。當系統改變，點也會移至相空間中的新位置；又因為系統的改變是連續的，點的移動會拖曳成一條連續的軌跡。

像鐘擺之類的簡單系統，其相空間也許只是一塊長方形。某時刻鐘擺角度決定東、西方向點的位置，鐘擺速度決定南、北方向點的位置。因此，來回規律擺動的鐘擺對應於相空間，軌跡會形成一圈迴路，系統循環運行，點重複經過相同的序列位置。

史邁爾不只注意單一的軌跡，更注意系統改變，比方說增加驅動力時，整體空間的表現。他的靈感從系統的物理特質，飛騰至新奇的幾何特質，用拿手工具拓樸轉換，在相空間中拉長和擠壓這些形狀。有時這些轉換含有明確的物理意義。系統因摩擦耗損能量產生的消散作用，使系統在相空間中像一枚漏氣的汽球，而系統完全靜止，軌跡收縮至一點便是最終結局。他意識到相空間必須忍受花樣百出、推陳出新的轉換拼盤，才能表達凡德波振盪器的複雜全貌。他很快弄出一種新模式，具體表達他對整體行為的想法，這項發明即是膾炙人口的馬蹄鐵結構，也成為多年不墜的混沌標誌。

簡單史邁爾馬蹄鐵的製作方法是這樣的：你只需要拿一塊矩形，上下拉長，使整個形狀變成細長桿，再抓住一端扳彎，把兩端拉近，做成 C 的形狀，像馬蹄鐵形。然後想像整塊馬蹄鐵裝入一盒新的矩形，重頭再來一遍拉長、彎曲和拉近。

這種過程仿效太妃糖機器的製造工作：用轉動臂拉長太妃糖、重疊、再次拉長，一直到太妃糖表層變得又長又薄，而且層層裹疊在一塊兒。史邁爾把馬蹄鐵經由一連串拓樸步驟煉製，提供一幅簡潔生動的圖樣，解釋了對初始條件的敏感。若干年後，勞倫茲從大氣研究中發現：在初始空間中任選兩個貼近的點，卻總猜不準最後

會流落何處，它們會受到不斷重複的彎曲和拉長作用而分道揚鑣。後來差之毫釐，失之千里。

起初，史邁爾希望用拉長和壓擠的觀念，來解釋所有的動力系統，而不用摺疊的，至少也不引進破壞系統穩定的摺疊效應。但是摺疊愈看愈像是關鍵；有了摺疊，才能使系統行為產生劇烈改變。

首先是史邁爾馬蹄鐵，接下來一系列其他幾何形狀，都提供了數學家和物理學家，對運動無比豐富可能性之直覺。在某些方面，它用起來稍嫌造作，就物理學家而言，似乎太像數學拓樸上的產物，但它仍然是起始點。1960 年代過去，史邁爾在加州大學柏克萊分校中組織了一群年輕數學家，士氣高昂探索動力系統的種種面向，另一個十年度過，他們的工作未曾吸引太多非理論科學家的注意。然而當物理學家回顧，史邁爾已經將數學一整門分支，向真實世界開展。他們回想，那真是黃金歲月。「這是典範轉移中的典範轉移。」史邁爾的同仁，後來擔任加州大學聖塔克魯茲分校數學教授的亞伯拉罕（Ralph Abraham）這麼說：

「我 1960 年開始從數學專業出道時，可以算是不久以前吧，物理學家全盤否定現代數學，甚至包括最前衛的數學物理學家也是如此。那些稍微超前愛因斯坦還不到一、兩年的東西，包含微分動力（differentiable dynamic）、巨觀分析（global analysis）、多重映射（manifolds of mapping）、微分幾何等全部被打入冷宮。數學家和物理學家的羅曼史，已經於 1930 年代宣告結束，這些人不再彼此交談，並且相互敵視。數學物理學家拒絕讓研究生選修數學家開的課程，他們說：從我們自家學數學就行了，你該知道的，數學家是自我膨脹的傢伙，他們會摧毀你的腦袋。」

那是在 1960 年。到了 1968 年，情況完全改觀。最後，物理

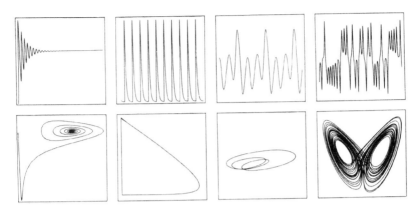

相空間描繪面貌。傳統的時間序列（上圖）與相空間之軌跡（下圖）具有異曲同工之妙，兩者皆展示數據，並形容系統的長期行為。左起第一張圖，系統收斂至固定狀態——相空間收縮成一點。第二張圖系統重複自己，週期性運動，相空間為環狀軌道。第三張圖，系統隨複雜的華爾滋節拍起舞，重複自己，相空間有三環軌跡。第四張圖即混沌。

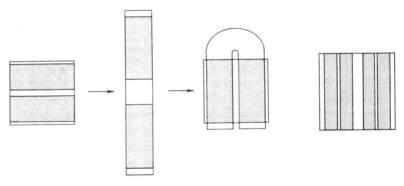

史邁爾的馬蹄鐵。拓樸轉換提供一道捷徑，深入對動力系統之混沌特性。基本規則很簡單，空間沿一方向拉長，另一方向擠壓，然後摺疊，重複進行之。就像製作千層糕一般。剛開始相鄰的兩粒芝麻，可能會隨後隔了無可計數的千萬重薄層。

學家、天文學家及生物學家紛紛接獲佳音。

木星上的混沌現象

　　一件中等程度的宇宙奧祕：像永不移動、永不消逝大風暴的旋轉橢圓狀木星大紅斑。任何看過 1978 年，航海家二號從太空傳送回來圖片的人，都會意識到大紅斑看起來像我們熟悉的紊流，只是尺寸龐大無用，超出經驗之外。它是太陽系中最堂皇的路標，如美國詩人厄普戴克（John Updike）所描述：「紅斑咆哮如怒眼，燃眉蘊藏紊流間。」但是它究竟是什麼呢？在勞倫茲、史邁爾和其他科學家推動新方式去了解自然流體後，二十年過去了。木星上這種超塵絕俗的天氣，正像寰宇中許多其他未解之謎，等待混沌學來臨而撥雲見日。

　　三個世紀以來，這懸宕一直吊在知道愈多就愈迷糊的狀態。當伽利略用望遠鏡對準木星後不久，天文學家即注意到那顆宏偉行星上有塊汙點。英國博物學家虎克（Robert Hooke）在十七世紀瞧見過。梵諦岡畫廊裡，義大利畫家克雷奇（Donati Creti）也描繪過。這斑點由於其色澤鮮明，擁有天生的大名。但儘管望遠鏡愈來愈高明，相關知識倒變成一大堆胡扯。十九世紀層出不窮的湧現新理論，比方說：

- 岩漿理論（The Lava Flow Theory）：十九世紀晚期，科學家想像火山熔岩圍成一處巨大橢圓形湖泊，也許熔漿是從小行星撞穿堅殼的大洞流出來的。
- 新衛星理論（The New Moon Theory）：一位德國科學家持相

反意見，認為紅斑是行星表面浮現的新衛星。

- 蛋理論（The Egg Theory）：一項殺風景的新現象顯示，紅斑看起來似乎在行星背景中微微飄動。所以 1938 年提出的說法是：把紅斑看成懸浮在大氣中，類似固體的物質，像是水中懸浮的蛋。這理論的一些變奏，包括漂移的氫泡或氦泡的理論等，仍然流傳了數十年。

- 氣柱理論（The Column-of-Gas Theory）：另一項新現象指出，雖然紅斑會漂移，但無論如何都不至於漂得太遠。所以科學家在 1960 年代又提出，紅斑是上升氣柱的頂端，也許經由火山口噴出。

　　然後航海家號出發了。大部分天文學家都認為，如果他們能湊近觀察，一切神祕可迎刃而解。的確，航海家號掠過時，提供了許多卓越的新數據，但到頭來，資料仍嫌不足。1978 年太空船傳來的相片，顯現出強烈的風和色彩婆娑的渦流。從纖毫畢現的細節裡，天文學家看到斑點本身就像颶風系統般的渦流，排開雲層，深藏於圍繞行星一環又一環，由東向西的風帶中。颶風是任何人所能想出的最佳形容，但就幾項因素而言，它並不妥貼，地球上颶風是由水汽凝結成雨，釋放潛熱來推動的，而紅斑缺乏這種水汽過程。颶風以氣旋方向旋轉，赤道以北為反時鐘方向，以南則順時鐘，和地球上所有的暴風雨一致；紅斑的轉動則是反氣旋而行。最重要的一點是：地球上的颶風在幾天內就會消逝。

　　天文學家研究航海家號所拍攝的圖片，開始體認到木星實際上是運轉的流體。他們習於一顆像地球般，覆蓋著薄薄氣體的固態行星，但是如果木星有任何固態核心的話，一定深陷於離表面渺遠之

處。整個行星看來就像一座巨大的流體動力實驗，而紅斑就座落在那裡，篤篤定定的轉了又轉，完全不為身旁之混沌所擾動。

　　木星紅斑變成內心意識的反映，科學家總是只看到他們直覺所愛看到的東西。一向認為紊流為混亂雜噪的流力學家，目瞪口呆，無法解釋其中會有穩定不動的島嶼。航海家號又解析出細部結構，而使謎題加倍令人發狂。這些細節比地球上最屬害的望遠鏡還要透剔，小旋渦顯示會快速崩解，一天之內渦流忽隱又忽現，但是紅斑卻絲毫不受影響。它究竟靠什麼維持？靠什麼釘住同一位置？

照片解讀大紅斑

　　美國航太總署（NASA）將太空相片存入全國大約半打的資料庫中，其中有一個位在康乃爾大學。1980 年代早期，年輕的天文學家兼應用數學家馬卡斯（Philip Marcus）在附近擁有一間研究室。航海家號完成任務後，馬卡斯是英、美二國開始尋找模擬紅斑方法的六名科學家之一。他們從代用的颶風理論中掙脫出來，由別處找到更恰當的同類。舉例而言，大西洋西側灣流以微妙的類似方式扭曲和分歧，茁長出一些小波動，扭成節扣，有些形成圈圈從主流衍生出去，形成緩慢、持續的反時鐘渦旋。另一類似的現象，是一種阻塞高壓的天氣。有時候一塊高壓系統出海後緩慢轉動，持續數週或數月，兀自孤立於平常由東向西的環流中。阻塞使得全球預報模式瓦解，但它長壽綿延的規律結構，又同時給了天氣預報者一些希望。

　　馬卡斯長時間研究那堆航太總署的太空相片，看著那些華麗無比的人類登月哈蘇相片，以及木星紊流相片。既然牛頓定律到處通

用，馬卡斯在電腦上設計了一套流體系統的程式。要掌握木星的天氣，必須為類似恆星上一團濃厚的氫及氦氣體寫下規則。木星旋轉快速，一天大概只有地球的十個鐘頭，旋轉產生一股很強的柯氏力（Coriolis force），這個橫向力會產生彷彿行走在旋轉木馬的效應，而柯氏力驅動著紅斑。

勞倫茲用他具體而微的地球大氣模式，從捲紙中印出粗疏的線條，馬卡斯則運用威力龐大的電腦，組合眩目的彩色圖像。首先他繪製輪廓，這時只能勉強看到正在進行些什麼。然後他製作幻燈片，再進一步結合圖像成為動畫電影，頓時栩栩如生。像棋盤一樣分布的明亮藍、紅、黃色，旋轉渦旋結合為橢圓形，構成大紅斑的神祕外觀，無可置疑的重現航太總署的紀錄片。馬卡斯說：「你會看到這塊大模大樣的斑點，快樂得像隻蛤蜊，四周圍著碎碎的亂流，而混沌氣流像海綿一樣吸收能量。你可以看到這些微小的渦管結構，遍布在混沌之海中。」

木星大紅斑是自我組織的系統。同一家非線性工廠，製造出四周的不可預測擾動，受到同樣法則規範，這是穩定的混沌現象。

當他還是研究生的時候，馬卡斯學習標準的物理、解線性方程式、操作實驗以印證線性分析。這是一種溫室保護，然而歸根究柢，非線性方程式無法求解，為什麼要浪費研究生的時間？他的訓練課程設計好了論功行賞的方法，只要實驗不越雷池，線性逼近已經綽綽有餘，讓他得到可預期的報酬。偶爾不可避免的，真實世界闖入了，而馬卡斯看到他數年以後才了解的混沌訊號，這時候他會停下來說：「哇！這些毛茸茸的是什麼玩意兒。」然後會接著說：「喔！只是實驗誤差，不必太介意。」

但是和大部分物理學家不同，馬卡斯學到勞倫茲的教訓──

一座決定性系統，可以產生週期性行為之外的事物。他知道去尋求狂暴的不規則，知道了驚濤駭浪中潛藏了有結構的島嶼，所以當他著手解決大紅斑問題時，他已經體認到，複雜系統可以同時擁有紊流和密合結構。他屬於一種方興未艾的新學門，建立以電腦當作實驗工具的獨特傳統。他寧願把自己想像成一類新派科學家：既不是天文學家，也不是流體動力學家或應用數學家，而是混沌理論專家。

|第 3 章|

生活中的起伏

應該不斷檢驗數學家推論的結果，
比對自己有關合理生物行為的種種直覺。
如果這樣的檢驗顯示出入，必須考慮下列幾種可能：
1. 正規的數學推論有所錯誤。
2. 開始的假設錯誤，或者太急切的過度簡化。
3. 自己對生物範圍的直覺有所缺憾。
4. 發現一件開天闢地的新理論了。

—— 美國數學家高德（Harvey J. Gold）
《生物系統的數學模擬》
（*Mathematical Modeling of Biological Systems*）

生態學中的混沌

　　飢餓的魚和美味的浮游生物；熱帶雨林中滴落的不知名爬蟲；鳥類滑翔在樹葉形成的遮蓬間；昆蟲像加速器中的電子嗡嗡叫。霜帶的野鼠和旅鼠面臨自然界殘酷的爭鬥，以四年緊密的週期繁盛和縮減。世界形成生態學家雜亂的實驗室，就像一個有五百萬種生物交互作用的大鍋子，甚且或者是五千萬種呢？這連生態學家也不能確定。

　　二十世紀裡具數學傾向的生物學家，建立起一派新學問——生態學。生態學剝離真實生命中的聲響和色彩，把族群視為動力系統處理。生態學家使用數學物理當作工具，描述生命的興盛和衰退。單一種生物在一處食物有限的地方滋生繁衍；幾種生物為了生存而競爭；傳染病在一大群寄主中散播。以上所有這些現象，都可以在實驗室或在生物理論學家的腦海中個別處理。

　　混沌理論在 1970 年代以一門新科學出現，生態學家也注定要扮演一位特別的角色。他們使用數學模式，但心裡有數，其實模式僅僅是喧囂真實世界的膚淺近似。儘管彆彆扭扭的，對局限的體認，卻也讓他們看到某些古怪數學的重要性。對生態學家來說，如果規律的方程式產生不規律行為，馬上就會敲響若干警鈴。應用於族群生物學的方程式，相當於物理學使用的模式，但是生命科學中真實現象的複雜性，遠遠超過任何物理實驗室發現的結果。生物學家的數學模式現實而拙劣，當經濟學家、人口統計學家、心理學家和都市計畫人員這些軟性科學工作者，試圖將他們與時流轉的系統弄得更嚴謹些，情況也是一樣。他們各自的標準也大不相同，對物理學家來說，像勞倫茲系統的模式幾乎透明般清晰；對生物學家來

說，包括了三維空間、連續變化以及棘手分析的勞倫茲方程式，看上去卻嚇死人的複雜。

「需要」為生物學家創造了不同的工作方式，因為符合真實生活之數學，著力方向全然不同。物理學家觀察一座特殊系統（比方說，兩枚鐘擺連上一架彈簧）時，先開始選擇適當的方程式，若能從事典上查獲最佳，如果不成，他會從基礎定律導出合適的方程式。既知道鐘擺如何運動，也了解彈簧的特性，此時假若他還游刃有餘，便可以解出方程式。相反的，生物學家絕不能只專注在某種特殊的動物數量，就能乾乾淨淨的推論出合用的方程式。他必須蒐集資料，試圖尋找能算出不太離譜結果的方程式。如果你放一千條魚進池塘裡，而只供應有限的食物，接著會發生什麼事？如果放進十隻一天要吃兩條魚的鯊魚呢？或者染上一定致死率的病毒，而它根據魚群密度以一定速率散布，又會造成什麼情況？科學家將這些疑問一律理想化，以便運用清楚的公式。

此法常常奏效。族群生物學家從中了解不少生命史，例如關於掠食者和被獵物之間的關係，以及整國人口密度的起伏，如何影響疾病傳播。如果某座數學模式的結果突然升強、或達到平衡、或者逐漸衰減，生態學家就會推測實際族群或傳染病的環境，也可能發生同樣的狀況。

把時間分割成像手錶指針一秒秒向前跳動的模擬世界，這是一種有用的簡化。微分方程式描述經由時間平滑改變的過程，但計算卻相當困難。簡易些的差分方程式，則可以計算從一種狀態跳躍進另一種狀態。幸好許多生物在一年內就會充分顯現族群量，所以年際變化通常比連續變化重要。例如，與人類迥異，許多昆蟲只局限於單季節內繁殖，它們的世代並不交疊重複。因此推測下一年春天

的吉卜賽蛾數目，或下一年冬天的麻疹傳染情形，生態學家只需要
知道本年度相關資料就行了。

　　微縮模型僅僅抓住此系統錯綜關係的一抹陰影，不過在許多實
際應用時，陰影卻洩露了科學家所需要的所有訊息。

用數學算生態

　　生態學所用的數學，對於史邁爾那種段位之數學家，就好像十
誡之於猶太法典：雖然是一組良好的工作規則，但不至於傷腦筋。
生物學家使用中學生能解的一套方法，描述族群逐年的變化，假設
來年的吉卜賽蛾數量取決於今年的數量，那麼你可以假想一張表
格，上頭列出所有特定的可能性：例如今年有 31,000 隻吉卜賽蛾，
隔年會有 35,000 隻，依此類推。或者你可以找出上年數量和次年數
量之間關係的規則，作為一種函數。次一年的族群數（x）是這年
數量的函數（F），寫成：$x_{\text{next}} = F(x)$。任何特定的函數皆可以畫在
圖上，如此一來立刻提供了形狀全貌的意義。

　　在這般單純的模式中，追蹤族群隨時間的變化，就只需要找
到起點，然後不斷應用函數關係。若想求得第三年的族群數量，只
要運用函數到第二年的結果就可以了，此後一再如法炮製。完整的
族群歷史，經由這種函數疊代過程依次推演，稱之回饋迴路，每年
的結果就是下一年的輸入資料。當然回饋也可能失去控制，正如當
一架擴音器的聲音經由麥克風不斷回饋，可能很快擴大到無法忍受
的嘶吼；但回饋也可能產生穩定性，就像室溫經調節後所達成的情
況：溫度高於一固定值就會開始輸送冷氣，而低於固定值則加熱。

　　許多不同形態的函數皆可能派上用場。族群生物學使用一種

直截了當的近似：假設每年增加固定百分率：$x_{next} = rx$。這也是對人口成長的古典馬爾薩斯構想。同時對食物供給量和道德約束不設上限，參數 r 代表人口的成長率，如果說是 1.1，那麼今年人口數量是 10，則隔一年的人口是 11；假設輸入值是 20,000，則輸出為22,000，人口會愈來愈多，好像將錢放進不斷以複利計息的帳戶。

　　生態學家了解這困局有一陣子了，知道可以做得更好些。一位生態學家推想，勢必有一條函數，能配合池塘裡活生生的魚，和生活中赤裸裸的現實，比方說饑餓、競爭等。當魚類繁殖，將逐漸耗盡食物；魚數稀少時則會快速增加，魚數滿溢時又減少。拿日本豆金龜來說，每年 8 月 1 日你到花園裡數數這些甲蟲有多少；為了省事，先忽略鳥之存在和甲蟲疾病，僅僅考慮固定的食物供給。於是甲蟲少時會逐漸繁殖，蟲口一直增到足以啃光整座花園，最後餓死自己一夥。

　　在馬爾薩斯情境中，生長無所限制，線性成長函數不斷上升。而更實際的生活情節裡，生態學家需要一種具備但書的方程式：當族群很大時便能限制成長率。最順理成章的方程式應該在族群很小時能急速上衝，到了中間值時成長率轉緩停滯，當族群龐大時則會崩潰下降。重複這些過程，生態學家可以看到族群逐漸趨向它長期的行為，預測會達到某種穩定的狀態。生態學家攻陷數學時會說出類似這樣的話：這裡有一條方程式；這項變數是代表生殖率；這項變數代表自然死亡率；而那項變數代表因饑餓或捕食而額外增加的死亡率；仔細看看，族群會以這般速度上升，直到抵達平衡狀態。

　　然而到哪兒發掘這樣一條函數呢？許多不同的方程式都可以達到同樣效果，可能其中最簡單的莫過於線性馬爾薩斯修訂版：$x_{next} = rx (1 - x)$。參數 r 再一次代表成長率，可以調高或調低，

新出現的項 $1-x$ 使得成長限定在一定範圍內，當 x 增加，$1-x$ 則減低＊。任何人可以選擇好初始值並設定成長率，使用計算機逐步計算，導出下年的族群數量。

　　1950 年代，幾位生態學家觀察一些特殊方程式的變化，稱之後勤差分方程式（logistic difference equation）。例如加拿大漁業學家瑞克（W. E. Ricker）就將之運用到實際漁業。生態學家知道成長參數 r 代表模式中非常重要的特性。在這方程式源出的物理系統中，這項參數對應的包括加熱量、摩擦量或其他各種麻煩的傢伙，簡言之，都是非線性量。池塘中，也許對應的是魚群的繁殖力，魚群數量不只是暴漲，很可能一發不可收拾（「生物潛能」大概算比較體面的說法）。問題是：這些不同的參數如何影響族群的最終命運？順理成章的答案是，較小的參數會導致預期族群數停留在較低水準，而較高參數會提升族群往較高的穩定狀態。這種修訂對大多數參數都辦得通，但不見得一定無往不利。偶爾像瑞克一樣的研究者也嘗試更高的參數，當他們這麼做的時候，必定會碰上混沌現象。

　　詭異情形發生了。數字序列開始難以捉摸，對那些親手計算者

＊ 為方便起見，這座抽象模式中，「族群數」以1到0之間任一數目表示。0即絕滅，1代表族群所能容許的最多數量。

開始時，選擇任一參數 r，例如2.7，再選一族群數，例如0.02，1減去0.02得到0.98，乘上0.02，得到0.0196，再乘2.7，得到0.0529。於是，族群倍增，如法炮製，利用最新族群數當作種子，再求之，得0.1353，操作一具廉價的程式化計算器，這疊化過程只需要一次又一次按鈕即可執行。當族群數抵達0.3159，接著0.5835，然後0.6562，增長率漸漸減緩，飢饉占了繁殖上風，0.6092，其次為0.6428，0.6199，0.6362，0.6249，數目上下跳動，但趨向一設定數目，0.6328，0.6273，0.6312，0.6285，0.6304，0.6291，0.6300，0.6294，0.6299，0.6295，0.6297，0.6296，0.6297，0.6296，0.6296，0.6296，0.6296，0.6296，.6296，0.6296，大功告成！

以往，紙與筆的算術時代，手動的計算機器時代，數值研究宛如蝸步慢行。

而言，十分麻煩。這些數字倒沒有無限制成長，但也不會收斂到一層穩定的水平。顯而易見，早期的生態學家既沒有胃口，也沒有能力去管束這些調皮的數字。再說，如果族群數字不斷的上下跳動，生態學家猜想，這也算到達某種振盪平衡。而平衡是生死攸關的大事。生態學家卻壓根未想到，也許有種情況下平衡根本不存在。

　　參考書籍和教科書中所處理的後勤差分方程式，以及更複雜的延伸，通常都不準備和混沌現象打交道。史密斯（J. Maynard Smith）1968 年的經典《生物學中之數學概念》，寫下對種種可能性的標準看法：族群數量通常趨近守恆，或按照「相當規律的週期」圍繞假想的平衡點起伏。這並非他心安理得的想像，真實族群數量永遠不會脫離常軌，他只是簡單推論，認為不規律的行為，和他所描述的那種數學模式各行其是。在任何狀況下，生物學家總會對模式保持審慎態度，如果模式開始違反創造者心目中的真實族群數量行為，總還能找出一兩項漏洞，比方是人口中的年齡分布、區域、地理的

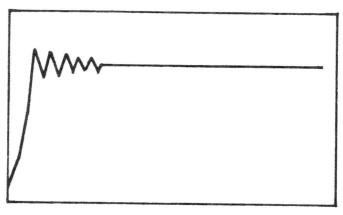

族群數目上升，衝過頭，矯正，最後趨向平衡。

特性、或者計算兩種性別的複雜性,好用來解釋這種偏差。

最重要的是,生態學家的心底,總是疑惑這些乖僻的數字,源自計算機故障或精確度不足。穩定的解答才有意思,秩序本身值回票價,畢竟尋找恰當的方程式和繁複計算,已經困難重重,沒有人願意在出岔的不穩定之處再做文章。而且優秀的生態學家都能充分了解,他的方程式是真實現象經過大量簡化後的版本,這樣過度簡化的代價就是要模擬規律性,怎麼還需要再對混沌現象自尋煩惱?

關鍵論文重見天日

晚近些,人們會說約克(James Yorke)發現了勞倫茲並且訂下混沌科學這名稱,後者倒是千真萬確的。

約克是位甘冒些兒專業風險,喜歡把自己想成哲學家的數學家。他聰明絕頂、語調柔和,恰好和他仰慕的史邁爾同樣不修邊幅。和別人一樣,他發現史邁爾深不可測,但和大多數人不同的是,他知道史邁爾深不可測的原因何在。二十二歲時,約克進入馬里蘭大學一所稱為物理科學暨技術的跨學門研究所,後來並曾主持過這家研究所。他是那種把自己的概念強迫實現的數學家。他寫過關於淋病如何散播的報告,說服了聯邦政府改變控制性病的全國策略;1970年代石油危機中,他於馬里蘭州正式作證,一針見血的指陳(但未被採納)雙、單日限制的售油規定,只會使加油長龍變本加厲;反戰示威的年代,當政府拿出一張間諜機拍攝的航照,意圖顯示即使在示威高潮時,華盛頓紀念碑周圍人群也相當稀疏。然而經過他分析紀念碑的陰影,證明示威活動解散後半小時才是拍攝的真確時間。

在研究院裡，約克自由自在探索傳統範圍以外的問題，頻頻接觸五花八門不同學科的專家。其中一位流力學家在 1972 年翻過勞倫茲 1963 年發表的論文〈決定性的非週期性流〉，立刻嘆為觀止，便影印給每一位可能的讀者，他也拿了一份給約克。

勞倫茲的論文正是約克長久尋求卻不自知的奇蹟。這是一次數學的震撼。首先，混沌系統破壞了史邁爾原先樂觀的分類構想。但這又不只是數學，它對應著一座鮮明的物理模式，一套流體運動的活景，而約克立即了解，這是一件物理學家必須看到的事。約克十分明白，史邁爾把數學推往物理問題的方向，但是數學語言仍然有溝通的嚴重障礙。照理說，只有學術界能包容物理學家和數學家的混合體，但實際上並非如此。縱使史邁爾動力系統方面的工作，已經開始拉近中間的鴻溝，但數學家繼續講一種語言，物理學家講另一種。如同物理學家葛爾曼（Murray Gell-Mann）曾說的：「教授會常碰上一些讓數學家覺得高明的物理學家，而物理學家覺得高明的數學家同仁。但他們卻遭同行排斥。」兩門專業的標準並不相同：數學家從推論來證明定理；物理學家使用精密複雜的設備證明。構成他們世界的對象並不一樣，各自的例證也不相同。

史邁爾會很愉快的指出下列例子：取一個介於 0 與 1 之間的數字，然後加倍。接著去掉整數部分，即小數點左邊的部分，而後重複這過程。既然大部分數字是無理數，且不能預測出它們的細節，這過程就會產生不可預測的數字序列。物理學家把這樣的數學怪異視為家常便飯，完全沒有意義可言。由於過分簡單和抽象，無法使用。然後史邁爾直覺的了解這種數學的詭局，會出現在許多物理系統的精髓中。

對物理學家而言，所謂正規的題目，就是能用簡單形式寫出來

的微分方程式。當約克看到勞倫茲的文章時，儘管它埋藏在氣象學期刊裡，他仍然體會到這是一件連物理學家都可以理解的例子。他拷貝了一份給史邁爾，同時貼好自己地址的標籤，以便史邁爾回信給他。史邁爾很驚訝的看到，這位氣象學家遠於十年前，就發現了自己思索中覺得數學不可能發生的混沌狀況。他影印了好幾份〈決定性的非週期性流〉，就這樣產生了約克發現勞倫茲的傳奇。而在柏克萊出現的每一份影印本上，都有約克的地址標籤在上面。

　　約克覺得，物理學家已經被制約成對混沌現象視若無睹。在真實生活裡，對初始條件敏感的勞倫茲特性觸目皆是。一位男人早晨離家晚三十秒，這恰好讓花盆差幾公釐沒有擊中他的腦袋，接著他卻被一輛卡車輾過。或者不那麼戲劇化，他只錯過每十分鐘一班的公共汽車，導致趕不上每小時開的火車。個人生活軌跡中湧現的小擾動，都可能導致嚴重後果。打擊手面對投來的球時隱隱約約知道：相同的揮棒，不會帶來近似相同的結果，棒球是差之毫釐的遊戲，那麼科學呢？然而科學又是另外一回事。

　　從教育觀點而言，物理學和數學大部分共有之處曾經是，也許仍應該是在黑板塗寫微分方程式，然後向學生演練如何求解。微分方程以連續來代表真實狀況，從某處到某處、從某時到某時；平滑變化，分離的網格點或時間步驟並無斷裂之處。每位學科學的學生皆知，解微分方程式很難，但是在二又二分之一個世紀裡，科學家已經營造了關於微分方程式的龐大知識體系，擁有汗牛充棟的微分方程式典冊和詳表，附帶解決它們的各種方法，或是如科學家所常說的：「找出積分的封閉形式。」若說微積分的巨大成就，使得現代科學得以實現，絕非誇張之語。人類試圖去模擬周遭變化的世界，而微積分正是最聰明的創意產物。所以當科學家精通了這種思

考自然的模式，他對理論及困難的操作，益發得心應用；他會心安理得的忽略一項事實，那就是大部分微分方程式根本無解。

約克說：「如果你能寫出微分方程式的解，那麼它一定不是混沌的。要寫出解答，你必須找到不變量，像角動量那種守恆的東西。你找到足夠的這類性質，然後寫出答案。這恰好是過濾混沌可能性的有效方法。」

非線性隱藏在靈魂深處

有解的系統，就是教科書上記載的那種，它們很守規矩。面對非線性系統，科學家會用線性近似代替，或者找出其他非正式的捷徑求解。教科書上也聊舉數例，都是供學生參考能符合上述解答方式的非線性系統。但它們無法展現對初始條件的敏感，一般更絕少教導或學習，具備貨真價實混沌現象的非線性系統。當人們不可避免的碰上這種障礙時，過去的基本訓練會告訴他們，大可若無其事的忽略它，視為簡化。只有少數人還能記得，有解的、線性的、有秩序的系統才是一種簡化。也只有少數人能了解，非線性如何隱藏在自然的靈魂深處。費米（Enrico Fermi）曾指出：「《聖經》裡並沒有規定自然界的所有的定律，都可以用線性方程式表示！」數學家烏蘭（Stanislaw Ulam）也批評，稱混沌研究為「非線性科學」，就相當於稱動物學為「非大象類研究」。

約克了解於胸：「最先傳來的訊息是不規則，而物理學家和數學家希望找到規律性。人們會說，不規則有什麼用處。但是，若他們要和不規則打交道，勢必要了解內容。就像不曉得活塞中瓣門的修車匠，不能算是好工人。」約克相信科學家和非科學家一樣，如

果未經過適當洗禮，便很容易陷入對複雜性的偏見。為什麼投資者會堅持金、銀價格具有週期循環性？就因為週期性是他們所能想像最複雜的規律行為；當他們看到茫然無章的價格起落，他們會找出一些週期性，再疊加上一點混亂的噪訊。而物理、化學和生物學的實驗並無任何不同。約克說：「過去，人們曾經在不可勝數的狀況中，目擊混沌現象。他們進行物理實驗時，若實驗的結果古怪混亂，物理學家便嘗試修正或放棄。他們把這種不規則，解釋為噪訊或實驗出了毛病。」

約克覺得勞倫茲和史邁爾的成果，揭露了一些物理學家充耳不聞的訊息，所以他向心目中發行量最大的《美國數學月刊》（*American Mathematical Monthly*）投稿（身為數學家，他發覺無法用物理學期刊能夠接受的方式表達自己，多年以後，他才摸清和物理學家共事的訣竅）。約克的文章具有一定的份量，但是最終帶來深遠影響的，卻是它神祕而又頑皮的標題：〈週期三意味混沌〉（Period Three Implies Chaos）他的同事勸他選個清晰些的標題，但約克堅持那個能充分代表決定性混亂的流行風貌字眼。他也同時告訴了朋友，生物學家梅伊（Robert May）。

週期三意味混沌

梅伊投入生物學界的途徑頗不尋常。他是一位精明律師之子，起初在出生地澳洲雪梨專研理論物理，再前往哈佛從事應用數學的博士後研究，1971 年，他到普林斯頓高等研究院待了三年，結果卻發現自己和普林斯頓大學的一群生物學家廝混在一塊兒，與專業背道而馳。

即使到現在，生物學家的數學訓練也往往止於微積分。喜歡弄數學的人，寧願選擇數學或物理當作本行，而不是生命科學。梅伊算是例外，他最初的興趣在於穩定性和複雜度之抽象問題，使互相競爭之變數共存的數學解釋。但他很快轉行，專研族群數量隨時間變化的簡單生態問題。而縱使最簡單的模式也很難乖乖就範。等到他正式成為普林斯頓的教授（最後還成為研究委員會主席）他已經花了無數晝夜，使用數學分析和原始的隨身計算機，研究後勤差分方程式的某種版本。

事實上，他曾經在雪梨大學迴廊的黑板上，寫下這條方程式，當作研究生的習題，從此成為揮之不去的困擾。「當 λ 比臨界點還要大時，老天爺！究竟會發生什麼事？」換言之，族群數量的漲落超過臨界點後，會發生什麼事呢？梅伊嘗試送進不同的非線性參數值後，發現可以戲劇化改變系統的特性。增加參數值代表增加非線性的程度，所影響的不只是結果的數量，還包括根本性質；尤有甚者，受到改變的不僅是族群最後的平衡狀態，就連最後是否會到達平衡狀態亦成疑問。

當參數值很小的時候，梅伊的簡易模式歸向穩定；當參數值加大時，穩定狀態開始崩潰，族群數量在兩個數值之間擺盪。而當參數值非常大時，同樣的系統變得高深莫測。為什麼如此？在各類相異行為的交界到底發生了什麼事？梅伊無法解釋（研究生也交白卷）。

梅伊開始進行密集的數值計畫，探究這類極簡單方程式的行為。他的工作和史邁爾類似：試圖一勞永逸、全盤而非局部的解決這條簡單方程式。這條方程式比史邁爾曾經研究過的任何方程式都要簡單，若說肇始秩序或混亂的種種可能猶待開發，似乎令人不可

置信，但的確如此。實情是，梅伊的工作只是開端，他研究數百個參數值，設定運動的回饋迴路，然後觀察數字序列會在何處，或者能否趨向單一固定值。他的注意力愈來愈精細，針對穩定和振盪的臨界邊緣，就好像他擁有自己的魚池，可以隨心所欲使魚群「興盛及衰亡」。仍舊使用後勤方程式 $x_{\text{next}} = rx(1 - x)$，梅伊極其細膩的緩緩增加參數值，如果參數是 2.7，那麼族群數量就落入 0.6292。當參數值上升，最終的族群數量也稍微增加。如下頁圖所示，呈現一條由左至右移動且緩慢增加的曲線。

　　突然，當參數值超過 3，線一分為二。梅伊所想像的魚群數量不再安定於單一值，而隔年在兩點之間振盪，從一個低的數值開始，族群數量會上升，然後逐漸跳動，再之後會穩定搖擺。若再繃緊狀況，提高一點兒參數值，原來的振盪會再度二分為四，產生一束在四個不同值間穩定循環的數字序列，每四年來回一次*。現在族群數量環繞一份四年的時間表，規規矩矩起落。週期再一次加倍分裂，從最初的每年至每兩年，再到目前的每四年。落進輪迴的結局依舊穩定，從不同起始值都會收斂到相同的四年週期。

　　勞倫茲十年前即已領悟，唯一能抓住這些數字的意義，並且維護視力的方法，就是畫一張圖形。梅伊畫了一張草圖，大致描述有關這座系統，在不同參數值所展現的種種行為。參數值的高低畫在

＊ 例如，設定一參數值 3.5 與初始值 0.4，他會看到一連串數目：
　0.4000，0.8400，0.4700，0.8719，
　0.3908，0.8332，0.4862，0.8743，
　0.3846，0.8284，0.4976，0.8750，
　0.3829，0.8270，0.4976，0.8750，
　0.3829，0.8270，0.5008，0.8750，
　0.3828，0.8269，0.5009，0.8750，
　0.3828，0.8269，0.5009，0.8750……等。

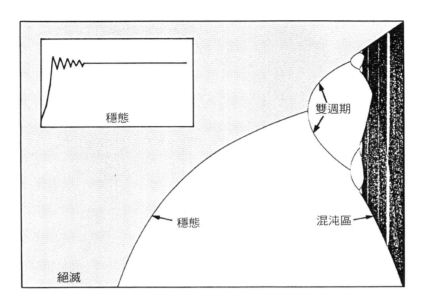

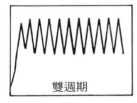
雙週期

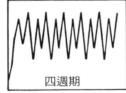
四週期

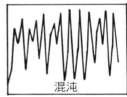
混沌

週期倍增與混沌。梅伊和一些其他的科學家採用一種分歧圖，容納所有的信息，藉以取代單張圖表，顯示族群不同程度的繁殖狀況。

這種圖由一項參數決定系統最終的行為，在本例中，這參數判斷族群之生死，參數值由左到右，最後的族群數量則沿垂直軸記載。大致來說，提高參數值相當於大力驅動這系統，增加非線性的程度。

當參數值很低的時候，族群絕滅。參數值逐漸增加，達到平衡的族群數量亦隨之增加（中央），但當參數超過某臨界值，平衡狀態一分為二，就像對流現象增溫過於猛烈，不穩定情形發生，族群數目開始在兩層不同狀況上下彈跳。最後，系統變成混沌一片（右），族群數目包括無限多種數值。（詳閱第88頁與89頁混沌區放大圖片）。

水平方向，由左至右增加，族群數量則以垂直軸來代表。梅伊為每個參數值畫一顆點，代表系統到達平衡狀態後的最後結果。靠近左邊參數值低的地方，結果只是一顆孤點，所以不同的參數值，產生了一條由左至右緩慢增加的曲線。當參數值超過第一顆臨界點，梅伊就必須畫出兩個族群數量：原本的曲線分裂為二，形成 Y 狀的叉路或音叉的模樣，分裂代表族群數量由一年的循環轉為二年。

當參數值再增加，分裂點的數目不斷加倍再加倍，這樣複雜的行為仍然遵循某種規律，不禁令人啞然。梅伊以「數學草地游滑的蛇」形容。分歧使它們不斷加倍，每處分歧意味重現類型又更進一步開裂，已穩定下來的族群數量會隔年交替起落，兩年循環的族群數量還會進行第三、第四年的變化，然後轉換成四年循環的週期。

分支會愈來愈快，從 4、8、16、32……迅速增加，然後突然天崩地裂。超越「聚點」後，週期性會變成混沌一片，波動不再有安定跡象，整塊圖形的區域會完全變黑。如果你追尋這項最簡單的非線性方程式控制的族群量，你可能會猜想，這些逐年變化毫無章法，好像隨環境任意飄蕩。但是在這種複雜情況當中，穩定的循環又會突然冒現。參數值繼續增加，也就是說，非線性更有力的驅動整座系統，但一扇呈現規律週期的窗子卻會突然打開，產生諸如 3 或 7 的奇數週期。族群數量的改變模式，按照三年或七年的循環重複發生，然後週期分支加倍，以更快速度展開，週期經過 3、6、12 或 7、14、28……的循環，然後再度碎裂，回到新的混沌中。

起初，梅伊看不到這整個輪廓，但他能計算的一小部分即足夠驚心動魄。在真實世界的系統裡，觀察者一次只能看到某參數值的垂直剖面。他只能看見一種行為，可能是穩定狀態，也許是七年循環，或者完全混亂。他不可能知道縱使針對相同系統，參數的少許

變化也能展現完全迥異的風貌。

約克在他的文章〈週期三意味混沌〉中，以數學的嚴謹來分析這種現象。他證明了在任何一維系統裡，如果週期為三的循環一旦出現，那麼同一座系統也會出現任何其他長度的規律循環，同時包含了全盤混沌的循環。這項發現對戴森這類的物理學家而言，恍如一次「電擊」，全然違逆直覺。你會以為，一座系統以週期三的振盪重複而不產生混沌現象，是輕而易舉的事，但約克證明這辦不到。

真理不分國界

儘管如此令人驚訝，約克相信他文章的公關價值要超過數學上的實質，這想法的確部分合乎實情。幾年後參加一次東柏林的國際會議，他花了一些時間四處觀光，當他在斯普雷河上搭船，突然有一位俄國佬靠近他，急著想溝通一些事情。經由一位波蘭朋友的幫助，約克終於弄清楚這位俄國佬宣稱早已證明了相同結果；他不願描述細節，只說他會寄論文給約克。四個月後論文寄到，沙可夫斯基（A. N. Sarkovskii）的確先抵終點。文章的標題是〈線性會連續對應自我的循環共存性〉（Coexistence of Cycles of a Continuous Map of a Line into Itself），不過約克提供了比數學結果更豐富的東西。他向物理學家傳達一項訊息：混沌無所不在，而且是穩定的，有結構的。他也提出理由讓人相信，其實經由簡單的差分圖形，便可理解傳統上，使用艱深連續微分方程式模擬的複雜系統。

那次觀光旅途中，受挫折、比手畫腳的數學家之邂逅，恰足以彰顯蘇聯與西方科學間其來已久的溝通障礙。語言是部分原因，蘇聯的限制旅行則為另外一項原因。鍥而不捨的西方科學家，時常

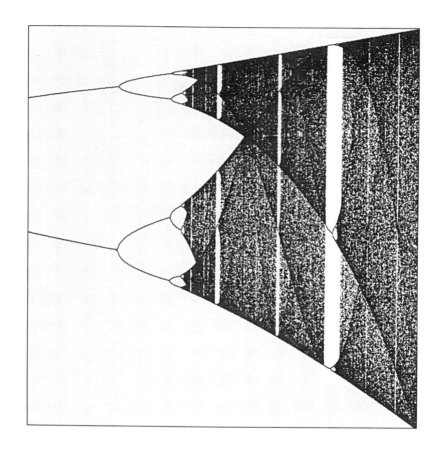

混沌裡潛藏的秩序天窗。甚至從最簡單的方程式畫出分歧圖,混沌地帶仍然
如迷宮盤繁複,其中隱藏著秩序的深層結構,遠比梅伊等人預期的要森嚴許
多。起初,分歧產生 2,4,8,16……然後混沌開端,看不見任何規律的片
段。但是,當驅動更強,出現單數週期的裂隙,穩定的週期三(放大,右頁
上圖)顯現,又開始新的週期倍增過程:6,12,24……這結構無限深沉,
若再放大局部(右頁下圖),又會重顯整體圖形。

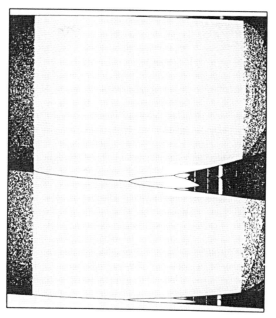

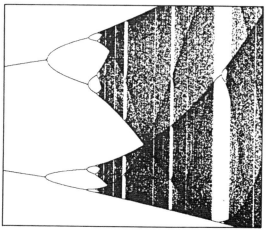

重複一些蘇聯刊物上已經發表過的研究工作，美國和歐洲的混沌研究，排山倒海鼓吹蘇聯在類似工作的成就；另一方面，這也激起相當程度的窘狀，因為許多「新科學」在莫斯科已經不那麼新了。蘇聯的數學家和物理學家，在混沌研究上一向維持強大的傳統，這使得數學和物理不致像別處背道而馳。

所以蘇聯科學家也能接受史邁爾。他的馬蹄鐵在 1960 年代亦曾風行一時。一位絕頂聰明的數學物理學家西奈（Yasha Sinai），很快將相似的系統引進熱力學中。當勞倫茲的研究在 1970 年代，終於進入西方物理學界時，在蘇聯也不約而同的散播開來。當約克和梅伊在 1975 年努力去吸引他們同事的注意時，西奈和一些人就在高爾基迅速集合起一組高明的物理學家。近年來，不少西方的混沌專家定期前往蘇聯，保持接觸。雖然如此，大部分專家只能將就滿足於他們西方版本的科學。

在西方，約克和梅伊首當其衝，感受到週期加倍的震撼，於是將這震撼傳送到科學社群之中。一小撮數學家注意到這現象，將它視為技術事項與數值奇談，幾乎像種遊戲。僅僅把它當作他們特殊宇宙中的一樁事。

生物學家忽略了朝向混沌的分歧，因為他們缺乏數學的專業技術，而且毫無探索混亂行為的動機。數學家看到這些分歧但又視若無睹。只有梅伊這種涉獵廣泛的人，才能了解自己正進入一處令人驚奇，而且奧妙無比的領域。

混沌無所不在

科學家需要更強大的計算能力，才能把一些最簡單的系統

看得更加仔細。紐約大學庫朗數學研究所的霍本史泰德（Frank Hoppensteadt）就擁有一部快速運算的電腦，於是他決定製作一部影片。

　　霍本史泰德是後來對生物學逐漸產生濃厚興趣的數學家。他使用 CDC 6600 電腦，放入後勤非線性方程式，經過數億次步驟，從上千個不同參數值和上千個不同調整，然後拍下每一張螢幕顯現的畫面，於是分支開始出現，然後是混沌，其後沉浸於混沌之中，一些秩序的綠洲飄浮，不穩定如蜉蝣曇花一現，週期行為飛快流逝。注視他自己的影片，霍本史泰德覺得他似乎飛越詭異的天外星球，上一瞬間它看來絲毫不像混沌，下一瞬間則充滿了天旋地轉的擾動，這種目瞪口呆的感覺是霍本史泰德前所未有的感受。

　　梅伊看了霍本史泰德的影片。他開始蒐集其他學門，諸如遺傳學、經濟學和流體力學的類似成品。身為一位混沌理論的吹鼓手，他具備兩項勝過純數學家的優勢。一項是他深諳簡單方程式僅具象徵性，不能完美代表真實，所以他懷疑象徵的適用範圍到底有多廣？另一項優勢是混沌理論的啟示，可對他學門中的激烈爭辯直接派上用場。

　　長久以來，族群生物學就是爭論的來源，生物學本身即充滿了緊張情緒，例如分子生物學家和生態學家之間就有歧見。分子生物學家覺得他們所做的才是真正的科學，探討乾淨俐落又具難度的問題，而生態學家所做的工作卻模糊不清。生態學家則認為分子生物學家的技術傑作，只是花巧的將仔細界定的問題包裝一番罷了。

　　如同梅伊所體認，生態學 1970 年代早期爭議的核心，在於族群數量改變的特性。生態學家幾乎任憑自己的個性採取立場。有些人認為世間訊息井然有序，族群數量規則而且穩定，偶爾帶點例

外；另外一些人則詮釋得正好相反，主張族群數量不守章法的起
落，偶有例外。這些對峙陣營不約而同，對複雜生物問題所需要的
深奧數學意見紛紜。穩定論者相信，會有一些決定性機制上下調節
族群數量；不規則論者相信，族群數必定受到無可預測的環境影響
而四處跳動，完全摒除決定性訊號之存在。不論由決定型數學產生
的穩定，或者因隨機外力產生的混亂，必須做非此則彼的選擇。

就此爭論的前後對照，混沌帶來了一項驚人的啟示：簡單的決
定性模式，也會產生看似混亂的行為。儘管它的每一部分，似乎和
噪訊無法區別，其中卻隱藏著絕頂精緻結構。這件發現直接剝開爭
執的核心。

當梅伊透過簡單混沌模式，觀察愈來愈多的生物系統，他不斷
目擊到那些違反專業工作者直覺的結果。舉例來說，大家都知道傳
染病學中主張，傳染病會循環反覆發生，有時規律有時不規律，麻

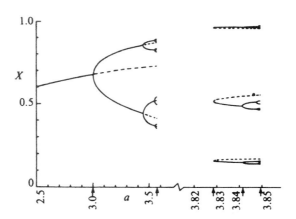

梅伊初次觀察之分歧圖外觀。這是更具威力的計算，
還未揭開其豐富結構前的早期作品。

疹、小兒麻痺、德國麻疹等都時常會忽盛忽衰。梅伊體會振盪可能由非線性模式所模擬，但他很好奇：如果這樣一座系統，受到像預防接種那樣突然的外力後，會牽動什麼結果？直覺會認為，系統將平滑轉向預期之路，但梅伊常常發現剛開始的時候，卻反而會掀起巨幅的振盪；即使長期趨勢的確朝向分明的下降，但前往新平衡狀態的沿途，往往會遭遇出人意表的奇峯突起。從實際執行的紀綠裡，例如英國曾經從事預防德國麻疹的醫生，就曾看到類似的梅伊模式振盪。任何衛生官員看到短期德國麻疹和淋病病歷，必定會認為預防接種的計畫徒勞無功。

　　數年之內，混沌研究煽起理論生物學強烈的刺激，促使生物學家和物理學家攜手合作，這在以前是幾乎無法想像的。生態學家和傳染病學家，挖掘出早先被科學家廢然拋棄的舊資料，發現決定性的混沌，出現於紐約市麻疹傳染病的紀錄，也出現在哈德遜灣公司記錄兩百年來的加拿大林曳族群數中。分子生物學開始將蛋白質視為運動中的系統。生理學家不再把器官視為靜態的結構，而是包括規律及不規律的振盪綜合體。

　　梅伊知道，專家經由科學看見系統的複雜行為，並且爭論不休。每門學科都以為混沌的光輝獨獨映照自己，這種想法令人洩氣。然而如果明顯的混亂，可以一視同仁從各種簡單模式中產生，如果相同的簡單模式能應用到不同學門的複雜狀況，究竟會怎樣呢？梅伊知道這些令人目瞪的結構僅僅是開端，和生物學並沒有本質上的關連。他不禁想到有多少其他學門的科學家會跟他一樣震驚，並開始著手自己認為是「先知預告」的論文── 一篇在1976年為《自然》寫的回顧文章。

　　梅伊認為，如果每位年輕學生都發放一台口袋型的計算機，而

且鼓勵他們摸摸弄弄後勤差分方程式，世界會進步許多。他為《自然》寫的文章，陳述纖毫畢現的細節，這種簡單計算可以平衡標準科學教育，對世界無限可能的扭曲認知，它會改變人們思索的方式，從景氣循環理論以迄謠言傳播途徑。

他認為，混沌已經可以教學。承認科學家的標準教育會誤導的時機已成熟。無論包括傅利葉轉換、正交函數或迴歸技術的線性數學多麼精緻華麗，梅伊認為它終究對科學家掩遮了有關非線性世界的真相。他寫到：「數學直覺經過如此不良的發展，學生無法面對最簡單之離散非線性系統，展現出的怪異行為。」

「如果更多人了解簡單的非線性系統，不一定只包含簡單的動力性質，我們都會變得更高明一些。不但是科學研究，日常的政治和經濟生活中也是如此。」

第 4 章

自然的幾何學

關連冉冉浮現，細緻的紋理漸漸擴張，
就像沙地上的雲影，已然在山側成形。

——美國詩人史提芬（Wallace Stevens）
〈混沌鑑賞家〉（Connoisseur of Chaos）

混亂之海中的秩序

真相的輪廓在曼德博（Benoit Mandelbrot）腦海中次第成形。1960 年時，整件概念不過像幽魂，模糊、茫然，但是當曼德博看到它時，一眼就認出來了，它就在郝撒克（Hendrik Houthakker）的辦公室黑板上。

曼德博是 IBM 公司研究部門的數學通，他曾經游獵過經濟學，研究高低收入的分配情形。郝撒克則是哈佛的經濟學教授，邀請曼德博前來演講，當這位年輕的數學家到達里托爾中心（Littauer Center）時，就在這棟哈佛廣場北邊的堂皇經濟大廈中，他赫然發現自己千方尋覓之物，已經好端端的出現在這位老教授的黑板上。曼德博半開玩笑抱怨——為什麼我的圖解會在開講前洩露天機？不過郝撒克並不知道曼德博咕噥些什麼，因為黑板上的圖表和收入分布絲毫無關，代表的只是八年來棉花的價格。

郝撒克也覺得那圖形有些詭異。經濟學家通常假設棉花類的期貨價格，必定跟隨兩種不同的節奏起舞：一種規則，一種混亂。長期而言，商品的價格應該受到經濟潮流穩定操縱，例如新英格蘭紡織工業的興衰，或者國際貿易路線的開放，但短期價格則或多或少會混亂彈動。不幸郝撒克的資料並不符合他的期望。上面有太多的大跳躍。雖然大多數的價格變化很小，但是小變化和大變化的比率並不像他所預期的那麼高，分布下降得不夠乾淨俐落，拖著一條長長的尾巴。

本來鐘形曲線一直都是繪製變異的標準模式。多數的資料集中於鐘形中間峯丘隆起處的平均值附近，而兩側高低的極值則快速下落。統計學家使用鐘形曲線，就像內科醫師手執聽診器，早已是不

常
態分布
從人類經驗
迸出放諸四海
皆準的自然律不論理
工醫農社會科學皆視之為
攻堅利器若要分析詮釋實驗或
觀測所得數據更加一日不可無此君

可或缺的工具。它代表事物的標準（稱之高斯）分布，簡單的說法就是常態分布。它陳述自然界的隨機性，最要緊的觀點就是事物雖有變化，卻始終聚攏在平均值附近，並且以合理平滑的方式散布。但是若想從經濟荒野中殺開一條血路，標準概念似乎牽強了些。正如 1973 年諾貝爾經濟獎得主列昂捷夫（Wassily Leontief）所說的：「沒有一種實驗調查，可以像統計機關那樣處理巨量而複雜的資料，然後得出漠然無動於衷的結論。」

不論如何，郝撒克就是沒辦法讓棉花價格嵌入鐘形模式，不過他勾勒出來的輪廓，卻在毫不相干的地方讓曼德博怵目驚心。曼德博和大多數數學家不同，他一向憑藉圖形和形狀的直覺來對付問題，他不相信分析，而是信任自己的心靈印象。而他早已胸有成竹，冥冥之中存在一些其他法則，控制隨機、混亂的現象。因此，當他返回紐約北維徹斯特郡約克城高地（Yorktown Heights）的龐大IBM 研究中心，郝撒克的棉花資料已經被他統統裝在一箱電腦卡片中，然後他又到華府的農業部蒐集回溯至 1900 年的資料。

如同其他學門的科學家，經濟學家正在跨越電腦世紀的大門，逐漸了解到他們擁有能力蒐集組織，處理前所未有恆河沙數般的資料。儘管不能隨心所欲拿到所有的資料，但到手的數據皆可能派上

用場。打孔機的時代剛剛開始，在更量化的學門，研究者已漸漸得心應手，去累積那些成千上萬的資料點。生物學家必須與任性的生命世界打交道，經濟學家研究的對象更是最難捉摸的傢伙。

　　好在經濟學家的周遭，源源不絕的冒出一連串數據。從曼德博的觀點，棉花價格就能夠提供一道理想的數據，不但資料完整而且悠久，足足追溯到一世紀前或更久。棉花透過集中市場，構成買賣世界的一環，所以紀錄也集中在一塊兒，因為二十世紀初所有南方的棉花，都經由紐約轉口到新英格蘭，利物浦的價格與紐約更息息相關。

　　雖然當分析商品行情或股票價格時，經濟學家只能袖手旁觀，但那並不意味他們缺乏解釋價格變化的基本觀點；相反的，他們牢牢抱持一些信念。其中之一截然劃分小而快速的起落，和大而長期的異動。快速擾動由混亂滋生。一天中交易裡的小幅度上下，只是一片噪訊，無法預測，便不必操心，長期的變化則又是一番局面。推動數月、數年或數十年的價格巨幅變化，來自深湛的總體經濟力量，來自戰爭或不景氣的潮流，這些驅力必須包含在詮釋理論中；一方面是短期擾動的嘈雜，另一方面是長程變化的訊息。

　　實情呢？這種二分法根本連不上曼德博心目中描繪的景象。在他腦中翻騰的微量改變和巨幅振盪是一回事，他所追尋的，不是某個特定尺度或另一個特定尺度長相如何如何，而是橫跨所有尺度的串聯。他內心的景象還不夠清晰，但他確知那必定具備對稱性，並且不是左右或上下的對稱，而是大尺度勾聯小尺度的對稱。

　　撥雲見日般，當曼德博經由 IBM 電腦篩選過棉花價格，他發現了千方百計尋覓的驚人結果，違背常態分布的歧異數字，產生尺度觀點所渴望的對稱性。價格變化隨機而無法預測，但變化形成的

序列，卻和尺度的大小無關，每天每天的價格變化和每月每月的價格變化曲線完全吻合。不可思議的是，按照曼德博的方式分析，歷經兩次世界大戰及經濟大蕭條長達六十年的紛亂中，所含的起落程度居然是個常數。

深藏於混亂之海中，隱隱支撐一種預想不到的秩序，想及這些數字皆順手拾來，曼德博不禁自問，到底有沒有橫括一切的通律？既能適用於個人收入，也能適用於棉花價格？

坦白說，曼德博在經濟學上的造詣，和他同經濟學家溝通的能力一樣乏善可陳，所以他正式發表這項發現的文章前面，必須放一篇他學生的作品，使用經濟學家的語言複述曼德博文章內容。其後曼德博又轉移了他的興趣，不過探究尺度現象的決心已經堅定不移，幾乎活生生呼之欲出，像一個深深的戳印。

挑戰傳統的奇才

數年後曼德博為一場演說開場時（他於哈佛講授經濟學，耶魯講授工程學，愛因斯坦醫學院講授生理學……）他躊躇滿志的宣稱：「每次當聽到我以前的經歷，不禁懷疑自己是否存在過，那些工作簡直找不到交集。」確實如此，在 IBM 工作的早期，曼德博一直無法在一長串學門裡占一席之地。他總是位邊緣人物，以非正統的方式摸索數學中冷僻的角落，處處遭人白眼。為了讓文章發表，必須吞吞吐吐一些最華麗的念頭，全靠上司的信任混一碗飯吃。當他侵襲諸如經濟學的領域又抽身時，留下一道香噴噴誘人的主意，但缺乏結實的佐證。

曼德博在混沌歷史中踽踽獨行，在不知不覺中，從 1960 年代

心中朦朧的真相孕育成熟，從怪胎長成羽毛豐碩的幾何學。跟隨勞倫茲、史邁爾、約克和梅伊等足跡前進的物理學家，視他為異數，不過他的技術和語言，已經成為他們新科學中不可分割的部分。

下面這些敘述，會讓一些晚近景仰他堂堂儀表和各種榮耀頭銜的人大為意外，了解曼德博最貼切之途，需從他的「難民」身分開始。1924 年他出生於華莎的立陶宛裔猶太家庭，父親是成衣批發商，母親為牙醫。面臨地緣政治現實的警兆，全家在 1936 年遷至巴黎，一部分理由係因為曼德博在那裡的數學家叔父索倫‧曼德博（Szolem Mandelbrojt）。當大戰暴發，全家又搶先納粹的虎口一步，拋棄了所有家當，只帶著幾件皮箱，捲進巴黎往南的難民潮，最後抵達帝勒城（Tulle）。

有一陣子曼德博充任製造工具的學徒。他的突出身高和教育背景隨時會招致危險，因而這段期間充滿了難以忘懷的景象與恐懼，然而事後追想這些困苦的日子，他寧可忘卻個人困境，而記懷帝勒和其他地方學校老師的親切善意。那些教師不乏因戰爭而困居一時的知名之士。整體來說，他的求學生涯並不完整，時斷時續，他宣稱未曾學過字母，甚至沒學過大於五的乘法表。即使如此，他擁有一項特出天分。

巴黎光復以後，儘管他缺乏準備，仍通過了長達一個月的高等師範學院，以及綜合理工學院的入學口試和筆試。其中有一項是測驗繪畫底子的考試，在複製米羅的維納斯雕像時，曼德博發掘到自己的潛能。另外，著手代數和綜合分析題目的數學測驗，他大大發揮幾何直覺，彌補缺乏訓練的短處。他體會到對任何一項分析題目，他都能在心中描繪成圖形，有一座形狀之後，他便能想辦法傾側、旋轉，改換其對稱性，使它看起來更勻稱。通常，他的轉換可

以直接弄出類似問題的解答。碰上物理和化學他就用不上幾何了，所以成績不佳，但只要是數學，他在處理時摸摸弄弄各種形狀便幾乎皆迎刃而解。

　　法國的高等師範學院及綜合理工學院，是美國教育體系中無法比擬的精英學校，每班學生約在三百名以下，訓練將來執教法國大學及公職的人才。曼德博先進入兩者中較小且聲譽較隆的師範學院，待不了多久就轉入綜合理工學院，這時他又成為布爾巴基（Bourbaki）的「難民」了。

數學社團布爾巴基

　　也許只有在崇尚學術霸權，和承受制式規則的法國，布爾巴基才能欣欣向榮。本來是索倫·曼德博和一群吊兒郎當的年輕數學家，在第一次大戰後建立的小圈圈，企圖重建法國數學。戰爭改變了人口結構，造成了大學教授和學生間之代溝，割裂學術其來有自的傳統，於是這些出類拔萃的年輕人，開闢了數學的新疆域。他們團體的名稱來自心照不宣的笑話，套用一個十九世紀希臘裔法國將軍怪異而吸引人的名字發音（這是後來猜測的），雖然如此，布爾巴基誕生時的玩笑態度很快便消失了。

　　它的成員祕密會面，實際上，有不少人的真名至今不為人知。人數是固定的，每當其中一位成員離開，例如年滿五十歲，隨即由其他成員推舉一位新人遞補。他們都是絕頂出色，又最聰慧的數學家，影響力不久便擴及整片大陸。

　　目標之一：布爾巴基從清算龐卡萊著手。這位十九世紀晚期的偉人，是位才華耀目，多采多姿的思想家兼作家，從來不受嚴謹

所拘束。龐卡萊常說：既然我清楚過它一定正確，為什麼還需要證明？布爾巴基認為龐卡萊留給數學一座搖搖晃晃的基架，成員開始建築恢宏的體系，風格上愈來愈熾熱，一心要正本清源。邏輯分析頂頂重要，數學家必須經由堅實的基本定律，一步一步演繹出其他部分。這個團體強調數學為科學的根源，同時又堅持數學超逸出塵，畫清與其他學科的界線。數學就是數學，不能從現實物理現象的實用觀點來衡量。此外，布爾巴基還特別反對使用圖象，避免數學家為視覺器官所愚弄。幾何學不足以信賴，數學必須純粹、形式化而且嚴謹。

　　這種觀念不只盛行於法國，在美國也是一樣，數學家遠離了物理科學的需求，就像藝術家和作家，與大眾品味的需求分道揚鑣。一種閉鎖的意識瀰漫，數學家但求自我滿足。他們尊奉一板一眼的公理化，並驕傲的宣稱他的著作和現實世界或科學毫不相關。這樣的態度帶來不少好處，數學家也敝帚自珍。就如史邁爾，即使在努力結合數學和自然科學的時刻，仍然深信不移數學應該擁有自己的天地。從自足圓融可以產生清晰度，而清晰度順理成章的加深公理化的嚴謹。每位認真的數學家都了解，嚴謹即是這學門的擎天支柱，如同鋼骨架構，一旦侵蝕則萬物崩壞。嚴謹一向是數學家思路遵循的指標，幾世紀以來都如此，並且絕無疑問會繼續下去。

　　即便如此，嚴謹的需求卻在二十世紀的數學界引發意想不到的後果。這領域經歷一種特別的演化而開展：當研究者選定問題時，他必須決定從何處著手，此時通常得面臨兩項選擇。一是在數學上行得通的，另一條則從了解自然的觀點出發。抉擇可說輕而易舉，數學家總會先放棄任何和自然的明顯掛勾，長此以往，他的學生也會面臨相似的抉擇，並得出同樣的決定。

在法國更變本加厲，嚴峻遵循這種價值觀，布爾巴基在此獲得了創建者無法想像的成功。它的法則、風格和概念逐漸染上壓制性的意味，控制了所有頭角崢嶸的好學生，製造出源源不絕的傑出數學產品，所以沒有人敢挑戰它的正統地位。它對高等師範學院的掌握更是根深柢固，曼德博無法忍受，便因為布爾巴基而逃離師範學院，十年後，他又為了同樣理由離開法國，赴美國定居。幾十年後，布爾巴基那種森嚴的抽象觀即將受電腦的震撼而飄散了，電腦帶給數學新鮮而開闊的視野，不過曼德博早已拒絕生存於布爾巴基的形式主義鐵幕之下，他不情願放棄自己的幾何直觀。

崎嶇不平的宇宙真相

曼德博一直深信他能創造自己的神話。他在《名人錄》（Who's Who）中曾補充：「科學（跟運動一樣），如果為競爭不擇手段，如果為了訂定簡化的規則，全面撤退至狹窄的領域，則會一敗塗地。少數特立獨行之士，對於太平盛世的學門具有驚醒刺激的必要貢獻。」這位野武士，又自稱「迫不得已的探險者」，從法國撤離時，亦背棄了學院派，此後安身於 IBM 的湯瑪士華生研究中心（Thomas J. Watson Research Center）。臥薪嘗膽的三十年歷程中，他的工作，從未受到那些被直接衝擊的學門緊緊擁抱。雖然看不出明顯的惡意，那些數學家總愛說，不管曼德博如何歸類，到底算不上圈內人。

他慢慢摸索自己的路，沿途欣賞那些科學史上遺忘的小道，他漫遊數學語言學，提出解釋字句排列的法則（他為象徵主義辯護；為了消磨搭地鐵的時間，他從一位純數學家的垃圾桶撿出一篇書

摘，因而注意起這項題目）。他研究對局理論，還涉獵經濟學，並撰寫大城小鎮分布的尺度規則；這時候統一他全部工作的大骨架，依然支離破碎藏在背後陰影。

在 IBM 工作的早期，研究期貨價格後不久，他遇上攸關公司前途，具重大影響的實際問題。電腦之間資訊交換的噪訊，深深困擾工程師，電流是以一堆一堆分開的包裹形式傳遞資訊，工程師發現電流愈強，壓抑噪訊的效果愈好，但他們發現有些突發的噪訊永遠無法消除，每隔一陣，就會清洗掉一段訊號，導致誤差。

儘管這些噪訊的本質是混亂的，但也常常成群結隊而來，一段毫無瑕疵的通訊，後面可能就會跟來一串錯誤。曼德博跟工程師討論之後，立刻體會到有種心照不宣的誤差特性，那就是愈湊近觀察那些噪訊，噪訊的結構似乎就愈複雜。曼德博提出一套有些驚世駭俗的描述誤差方法，能夠精確預測觀察到的形態，但不能夠算出誤差平均的發生率——每小時，每分或每秒誤差發生的次數。大致說來，按照曼德博的想法，誤差間隔的疏落並無章法。

他的辦法是把乾淨的時段和汙染的時段，一再做更細的割分。假設你把一天以「時」來割分，某小時內可能微塵不染，另一小時內則錯誤百出，然後另一小時又清清楚楚。

但假設你把包含噪訊的小時再分割成更小的二十分鐘間隔，你將發現仍會有完全清晰的時段，而另外的時段則出現陣陣噪訊。曼德博違逆直覺的強調，你根本不可能找到一段噪訊連續散布的間隔；經過一段雜音轟炸，不管多麼短暫，總會有一段完全清楚的時刻。更進一步，他發現了噪訊叢和清晰空間，存在一種固定的幾何關係。不論以一小時或一秒鐘為單位，乾淨時段和噪雜時段的比例是常數（只有一次新進的數據似乎違反這項規則，讓曼德博嚇了一

跳，幸好後來發現是工程師略掉認為無關宏旨的極值造成的）。

工程師的學習背景無法了解曼德博所敘述的內容，但數學家卻能領會。實情是，曼德博重新複製了稱為康托集合（Cantor Set）的抽象建構。這是十九世紀數學家康托（Georg Cantor）用下列步驟造成：先把 0 到 1 的數學區間，以一條線段代表。然後你移去中間的三分之一，這時還剩下二條線段，然後再移去這二條線段中間的三分之一（去掉從九分之一到九分之二，以及從九分之七到九分之八的部分），此時已變成四條線段，再移去每段的中間三分之一，

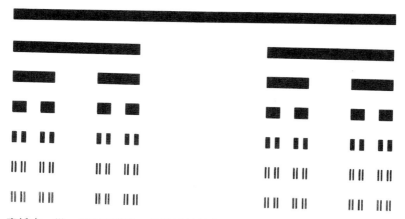

康托塵。從一根線段開始，先擦拭掉其中間三分之一，然後再擦拭剩餘部分的三分之一，以此類推，康托集合即是殘留下來的塵埃。它們數量無窮，但總長度為零。

這其間的弔詭曾經困擾了許多十九世紀的數學家，但曼德博認為康托集合可以充作原型，象徵電訊線路中出現的噪訊。經歷過一陣靜謐時段，夾雜著噪訊時段，噪訊成群出現，再仔細分析，噪訊期中必摻雜著靜謐期，如此交替不休，這是典型的碎形時段。從小時到秒，曼德博發現每種時間尺度噪／靜時段的比值皆為固定，他相信，這類的塵埃在處理間歇性時必定揮之不去。

這樣永無止盡的進行下去，最後會剩下什麼呢？只有一些奇異的「塵」點，成簇排列，無限數量，無限瑣碎。曼德博認為傳導的噪訊，就像排列在時間軸上的康托集合。

這種高度抽象的描述，對於設計控制誤差策略的科學家極為重要。從此引伸，工程師不需要再嘗試增加強度以消除更多的噪訊，可以先接受誤差無法避免的事實，只要維持一定強度的水平就好，然後採取偵錯與重複的策略。曼德博也改變了 IBM 工程師對噪訊來源的根本想法。以前當噪訊暴發，工程師就急忙派出帶著螺絲起子的人，現在曼德博的尺度型態指出，噪訊永遠找不到局部解釋。

從通訊、河川到股市

曼德博的興趣又轉向其他資料，這次是有關世界河川。埃及人保存尼羅河水位高度紀錄，長達數千年之久，這倒不是心血來潮的關心，而是因為尼羅河經常劇烈變化，有些年頭洪水氾濫，有些年頭水位乾涸，曼德博把這些變化分為兩種效應，採用經濟學中常見的術語，稱之為諾亞效應和約瑟夫效應。

諾亞效應意味不連續性，當一項計量改變時，它可以任性劇烈變化。經濟學家傳統上認為價格的變化不論快或慢，從一點到另一點必須是平滑的，必須經過每一點。這種運作的概念來自物理學，如同許多應用於經濟學的數學一樣。然而這其實是錯誤的，價格會突兀的跳動，當傳真機亮出一段新聞，成千上萬的股票經紀人會不約而同的改變他們的心意。曼德博強調，如果假設股票從六十元跌到十元的途中，必須經歷五十元價格中間站的話，這種股市策略想必要失敗。

　　約瑟夫效應則代表持續性。《聖經》上記載，埃及土地曾經遭遇七年大豐收後，緊接著七年大饑荒，如果說《聖經》上的傳說隱含著週期性，顯然太過於簡化了，但是洪水和乾旱的確有持續的情形。不考慮穿梭的隨機性，假使一處地方的乾旱已經持續甚久，那麼該處繼續旱災的可能性愈大。更進一步說，對尼羅河水位的數學分析顯示，持續性可能連綿數世紀，不只幾十年。諾亞和約瑟夫效應作用於不同的方向上，但它們加總在一起的效果是：自然的*趨勢*千真萬確，但它們也會暴起暴落，來去無蹤。

　　不連續性、噪訊叢、康托塵，過去兩千年以來的幾何學對這些現象視若無睹，古典幾何的形狀包括直線、平面、圓、三角形和錐體，它們代表現實世界有力的抽象化，激發了柏拉圖式和諧的豐富哲學。歐幾里德將它們組合成幾何學，兩千年來仍是大眾學習的唯一幾何學，藝術家也在其中尋覓理想的美感，托勒密派天文學家，運用這些素材營造了宇宙理論。但是面對複雜性，這種抽象化完全束手無策。

　　曼德博常喜歡說，雲朵不是球體，山川不是圓錐體，閃電也從來沒有沿著直線進行過。新的幾何學，反映出的宇宙真相是崎嶇不平的，皺巴巴的；是一種包括凹洞的、滿布斑點的、破裂的、扭曲的、糾結混亂而理不清的幾何學。了解自然的複雜程度，心裡需暗自思忖，這種複雜性好像不似隨機的，不像是意外的。比方說，需要相信閃電路徑的有趣之處，並不在於襲往何處，而是在那些彎彎曲曲的分布。

　　曼德博的工作對世界做出一項宣告，那就是任何奇怪的形狀也自有其意義。這些凹褶和糾結絕非歐氏幾何古典形狀的瑕疵，它們常常是開啟物質本質的鑰匙。

　　舉例說，海岸線的本質如何？曼德博一篇幾乎算他思想轉捩點的論文中如此發問：〈英國的海岸線有多長？〉

　　曼德博之所以會想到這個海岸線的問題，靈感來自英國科學家理查生（Lewis F. Richardson）遺稿中一篇晦澀的論文，其中他摸索一大堆爭議題目，後來成為混沌理論的一部分。他曾經在 1920年代撰寫數值天氣預報，又把一袋白色的防風草擲入科德角運河（Cape Cod Canal）研究紊流，而在 1926 年的論文中提出：「風是否具有速度？」（他寫道：「這問題乍看之下似乎很愚蠢，但弄清楚後會大有進展。」）理查生翻閱西班牙、葡萄牙、比利時和荷蘭的百科全書，想了解海岸線及鋸齒形的國界，發現各國在估計它們的共同邊界時，竟然有百分之二十的誤差。

　　當曼德博分析這問題時，聽眾的反應不是理所當然，就是認為極端荒謬，他發現大部分的人會用下列兩種方式之一來搪塞。一個是：「我不知道，這不在我的專業範圍內。」或者說：「我不知道，但我會查看百科全書。」

　　他想說服的是，其實任何海岸線在某種意義下皆為無限長；換另一種說法是，答案端視量尺的長短而定。設想這種滿像回事的測量方法：測量員拿著兩腳器，先撐到一公尺長，然後沿著海岸線行進，結果所得的公尺數，僅僅是實際長度的近似值，因為兩腳器忽略了小於一公尺的扭曲、轉折，但是測量員依舊照章行事。如果他把兩腳器的距離調小，例如三十公分，然後再重複一次，必定會得到更長的海岸線，因為兩腳器會掌握更多細節，這時候不止要走三個三十公分，才能到達先前被一公尺步伐所涵蓋的距離。他記錄下這個新數字，再將兩腳器的距離調成十公分，重頭開始。這種思考練習使用兩腳器量化從不同尺度及不同距離觀察事物，而帶來的效

應。假如觀測者從衛星上估計英國海岸線的長度，一定會比徒步經過海灣及沙灘的觀測者所估計的數值要小，而徒步者的估計值，又比一隻慢慢吞吞爬過每顆鵝卵石的蝸牛得的結果為小。

也許會根據常識猜測，雖然這些估計值愈來愈大，但他們最後會逼近某個特別的定值，於是得出海岸線的實際長度。換句話說，測量值應當會收斂。這想法並不離譜，倘若海岸線具備歐幾里德形狀，比如圓弧，那麼，合計所有細節的方法的確會收斂。但是曼德博發現，當測量尺度愈來愈小，海岸線長度卻會毫無止境的延長；海灣和半島隱匿著更小的海灣和半島，或許要小到原子間距的時候，才能算到達盡頭，或許。

碎形誕生

既然歐幾里德式的長度、深度、厚度測量，無法掌握不規則形狀的本質，曼德博開始挑戰維度的概念。對科學家而言，維度具備非常豐富的內涵。我們生活在三維空間之中，所以我們需要三項數字來描述一點，比方經度、緯度、高度。這三根軸（向度）被想像成順沿相互垂直的不同方向上，這仍然是歐幾里德幾何學的包袱；空間有三個維度，平面算二維，直線算一維，一點的維度則為零。

這種概念化過程使歐幾里德相信，一維或二維物體很容易運用到日常生活上，街道地圖就是典型的二維事物。它是一小塊平面，使用兩度坐標精確涵蓋所有二維的資料。在現實中，街道地圖當然像其他事物一樣是三維的，但是地形的起伏跟我們所要的目標無關，因此街道地圖維持二維是很恰當的，即使折疊起來仍然如此。同樣的，一條線有效的維度是一，而一顆點則沒有維度。

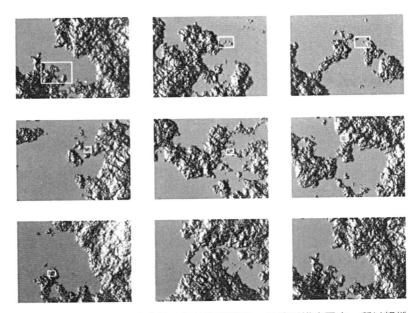

碎形海岸。電腦模擬的海岸線，細節為隨機的，但碎形維度固定，所以粗糙的程度不會因圖片之放大或縮小而改變。

　　那麼毛線團的維度又是多少？曼德博提供的答案是：這要視你的觀點而異。如果從遠距離來看，繩團凝聚成點，便沒有維度，再湊近一些，毛線團開始占據球形的空間，維度擴展成三，如果更走近一些，一根根毛線進入了視覺範圍，雖然這種一維似乎已糾結充斥了三維空間，這時物體又變成一維的。因此用數字去描述任何一點的概念仍然有用。從遠處它不需要數字，因為點就是全部，稍近些則需要三項數字，更近時一項數字就夠了。不管毛線被拉長或是纏繞成線團，長繩上任何一個位置都能用唯一的數字代表。

　　再深入微觀透視，線繩又放大成三維空間的圓柱，圓柱次第分

解為一維的纖維，纖維再串成零維的顆粒。曼德博以非數學的方式訴諸相對性：「數據結果視觀測者與其對象而改變，這種概念正是二十世紀物理學的神髓，甚至是凸顯的典範。」

撇開這類哲學思維不談，物體的有效維度和流俗的三維空間截然不同。曼德博如簧之舌的弱點，即是太依賴模糊的概念，像「從遠處」和「湊近些」，那麼遠近之間又該如何說？當然繩球從三維變為一維時，其間並無明顯的界線，這種曖昧不但不是缺點，反而激發了維度上嶄新的想法。

曼德博超越維度。一、二、三……一直到不可思議的分數維度。這種另闢蹊徑的想法如走鋼索，對非數學家而言，需要摒息凝神以待，結果卻證實無比輝煌。

分數維度是一種迫不得已的測量方式，完全憑物體的粗糙、破裂及不規則程度而定，舉例來說，儘管一條扭曲的海岸線長度難測，卻具備某種粗糙性質的特色。曼德博不厭其煩說明計算實物分數維度的方法，一旦洞悉建構某形狀的程序或提供一些資料，他揮灑自如他的幾何學，對於其不規則程度發出宣告，指稱不論任何尺寸的大小，不規則的程度永遠是常數，出乎意外的是，這件宣告確實成立。經過一再測試，這世界呈現出一種有秩序的不規則性。

1975 年某個冬日午后，曼德博意識到物理界也出現類似的流派。他正準備將第一本結集的重要作品出版，在替他的形狀、維度和幾何學命名。恰好他兒子從學校返家，曼德博不知不覺的翻掉男孩的拉丁字典，找到了一個從動詞殘破（frangere）衍生出的形容詞「殘碎的」（fractus），而英語中跟本字同語根的字語有破碎（fracture）和破片（fraction）似乎都很合適，於是曼德博創造了碎形（fractal）這字眼（英語和法語同為名詞兼形容詞）。

自我模仿開啟新世界

透過心眼凝視，碎形通往無涯之涯。

想像一塊三角形，每邊長一英尺，再假設某種特殊、定義明確又易於複製的轉換規則。比方將每邊中間三分之一的區域，再貼上一塊新的三角形，形狀和原來相同，但邊長只有三分之一。

結果即是大衛之星。原來每邊一英尺的等邊三角形，現在有十二段四英寸長的線條；原來只有三個頂點，現在有六個。

現在再用這十二段邊線重複進行同樣的變形，在每邊中間的三分之一處，加入一塊更小的三角形，如此無止境重複，正如康托集合愈來愈瑣碎，這道輪廓愈來愈細膩，看上去像某種想像的雪花。這就是膾炙人口的卡區曲線（Koch curve）。這條既非筆直又非圓形的連結曲線，是瑞典數學家范卡區（Helge von Koch）1904 年首創的。

仔細尋思，顯然卡區曲線包含一些饒富趣味的特性。首先，它是一根連續的迴圈，自己和自己並不相交，因為在每一邊新加上的三角形都很小，正好不會碰撞到一塊兒。而每次變形雖然增加了原來周邊上一些小區域，但實際上包容的總面積仍然有所限制，不至於超過原始的三角形太多；如果你在原始三角形外圍畫一個圓圈，卡區曲線絕不會擴張到圈圈以外。

然而曲線本身卻無限長，就像歐幾里德直線伸延向茫茫宇宙的深淵，當第一次變形時，一英尺線段拉長成四根四英寸長的線段，每次變形都使總長度拉為原來的三分之四。弔詭的結果是：無限邊長包裹了有限空間。二十世紀初，許多思索這問題的數學家因之困擾，卡區曲線實在是件怪物，完全脫逸我們對形狀合理的直覺。不

必說，大家心理有數，日常生活絕不會碰到這類怪胎。

　　因此他們的工作對當代毫無衝擊力，只有一小撮同樣彆扭的數學家，想像出類似卡區曲線的山精海怪。包括皮亞諾曲線（Peano curve）、西爾平斯基地毯（Sierpiński carpet）與西爾平斯基襯墊（Sierpiński gasket）。從方塊開始製造地毯，先將地毯畫分成三乘三共九個方塊，然後移去中央方塊，再從剩餘的八個方塊上重複施行同樣過程，於是每個方塊中央都穿透一個方洞。襯墊也差不多，不過這是以等邊三角形代替方塊，它具備無法比擬的性質，上面任意點都是分歧點，結構上會不斷分叉，看來難以想像，不過想及艾菲

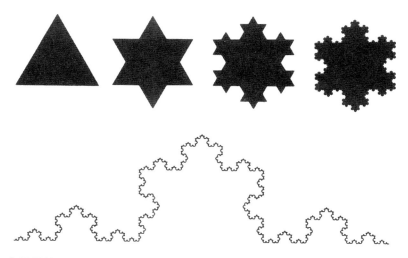

卡區雪花。用曼德博的語氣，就是「粗糙但活躍的海岸線」。從一塊每邊長度為 1 的三角形著手，在每邊中段，樹立另一塊邊長三分之一的等邊三角形，不斷重複，邊界的總長度按照 3 × 4/3 × 4/3 × 4/3……擴張至無限，但面積仍然被限制於環繞最初三角形的正圓之內，於是，一條無限長的線段被關在有限區域內。

爾鐵塔就會容易多了。艾菲爾鐵塔是一座很好的三維近似體，它的橫樑、鋼架和桁骨交織成精緻的晶格，一件飽含細節的神妙網路。艾菲爾鐵塔當然不可能讓這種細緻發揮至極限，不過從匠心獨具的工程觀點，在維持結構強度的條件下，鐵塔重量得以減輕。

　　心靈不能抓住無窮無盡、自我隱藏之複雜性的全貌，但是，對受過幾何學思索形體訓練的學者，這種朝細微尺度一再重複的結構開啟了全新的世界。探索這些形狀，讓心靈觸角撫摸各種像柔軟橡皮的邊緣，就像玩遊戲。曼德博帶著童稚的喜悅，檢閱這些前所未見或未聞的花樣，倘若還未命名，他就稱它們繩索、紙張、海綿、泡沫、凝乳或襯墊等等。

　　分數維度證明是最恰當的量尺，就這層意義而言，不規則之程度，和物體占用空間的效率相對應。一根簡單的歐幾里德一維線段，絲毫未占用空間，但卡區曲線的外廓卻會以無限長度擠進有限的區間內，它的確占據了空間。比一根直線要長，比一塊平面要稀疏，所以應該算做比一維大而較二維小的形狀。使用這種二十世紀初數學家發明後旋即失傳的技術，曼德博能精確描述分數維度。例如無窮擴張三分之四的卡區曲線，其維度即是 1.2618。

　　在這段心路歷程中，曼德博比起那一小撮追尋同類形狀的數學家占有兩項巨大優勢。其一是擁有 IBM 公司的電腦使用權，這一類任務頂頂適合電腦不辭勞苦、高速計算的特性。恰似氣象學家必須反覆計算，大氣中數以百萬鄰近點的變化，曼德博必須一次又一次執行簡明程式的指令。絕頂聰明的腦袋能夠浮現變形的景象，但電腦才能真正具象化，甚至帶來驚喜。二十世紀早期的數學家，很快就面對計算困難的瓶頸。就像早期原生生物學家，在顯微鏡發明以前遭遇到的阻礙；若心懷壯心觀察宇宙精微的細節，想像力到底

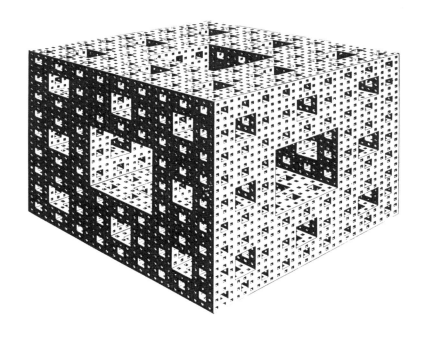

製造空洞。二十世紀早期，一小撮數學家採用不斷增、減等技巧，開發出某些怪物般形體。例如西爾平斯基地毯，於方塊中央剪掉九分之一的小方塊，然後在剩餘的八小方塊中央，又各自剪掉中心，重複進行。三維空間的類比稱為明吉海棉，一塊看來結實的晶塊，表面積無限寬廣，但體積為零。

有其上限。

　　按照曼德博的說法：「繪圖在數學中扮演的角色已經式微了上百年，因為手、鉛筆和直尺都已經竭盡所能，它們已為人爛熟，不再能刺激新意，而那時電腦還未出現。」

　　「當我參與這場遊戲，日常直覺已經消聲匿跡，一個人必須無中生有，創造直覺，經由手、鉛筆和直尺這些常用工具所訓練出來的直覺只會排斥這些形狀，感到畸形、病態，這些陳舊的直覺走入歧途。那些早期的圖形讓我如夢初醒，根據一些圖形導引我了解另外一些圖形，如此開展下去。」

　　「直覺並非天賦。雖然起初會認為荒謬而排斥，我讓自己的直覺適應一些一目瞭然的圖象，相信其他的人也能夠辦到。」

　　另一項曼德博的優勢，來自他處理棉花價格、電子傳導噪訊和河水氾濫時，逐漸形成對真相的概念。那些概念如今已清晰現身，研究自然過程的不規則類型，和剖析無窮複雜形態，最後匯集成智力的焦點：一種自我模仿的特質。追根究柢，碎形便意味著自我模仿。

　　自我模仿就是尺度一層一層縮小的對稱性，它意味循環重現。曼德博的價格表和河水變化圖，都展現了自我模仿，它們不僅在愈來愈小的尺度裡重複製造細節，而且是以某種固定的方式將細節縮小尺寸，如法炮製。像卡區曲線這種怪物，即明顯的展現自我模仿的風格，如果用高倍顯微鏡放大，看來內容依舊相同，自我模仿已經進入創造曲線的技術深處，使用同樣的變形策略往更小更小的尺度一再重複。自我模仿是一種極容易辨認的特質，在我們四周到處可見它留下的蹤跡，一個人站在兩面鏡子間無窮反射的倒影，或者卡通裡大魚吃小魚，小魚吃小小魚的奇想。曼德博喜歡引用英國諷

刺作家史威夫特（Jonathan Swift）的詩句：「所以，即在博物學家觀
察跳蚤的時刻，還有更小的跳蚤大快朵頤，也有更小的跳蚤將之叮
咬，就這樣無止境繼續下去。」

對付維度的唯一模式

　　位於美國東北部研究地震最佳之處，正是拉蒙道荷提地球物
理天文台（Lamont-Doherty Geophysical Observatory），一群樸素的
建築隱匿在紐約州南方，緊靠哈得遜河西岸的樹林中。就在此地，
哥倫比亞大學專攻固態地球形狀及結構的教授蕭滋（Christopher
Scholz），開始思索有關碎形的問題。

　　當數學家和理論物理學家尚未重視曼德博的工作時，開明而又
活力充沛的蕭滋即已經躍躍欲試，準備利用碎形幾何學大顯身手。
1960 年代，他曾經領教過曼德博。那時曼德博正在研究經濟學，蕭
滋則是麻省理工學院的研究生，還在懸樑刺骨探究地震這種頑固的
題目。二十年來，眾人皆知大小地震的分布，係遵循某種特殊的數
學形態，恰巧一模一樣的尺度形態，也主宰著自由市場經濟中個人
收入的分布。這種分布放諸四海皆準，只要有地震發生或紀錄則成
立。這種規則顯得特別蹊蹺，若想及地震來襲無端又驟然，其中的
物理奧妙何在值得探尋。蕭滋甚有同感，不像大多數地震學家，知
道有這麼一回事就已經心滿意足了。

　　蕭滋記得曼德博的大名，1978 年他買了一本插圖豐盛、淵博得
邪氣，又塞滿方程式的書籍《碎形：形態、機會和維度》（Fractals:
Form, Chance and Dimension）。它包羅曼德博胸臆中，所有對宇宙
的了解和懷疑，拉拉雜雜蒐集在一本冊子裡，數年後這本書和它

的增訂修改版《自然界的碎形幾何學》(*The Fractal Geometry of Nature*)，成為超過歷史上任何高等數學專題的暢銷書。雖然它艱深、咬文嚼字、令人冒火，又充滿迷宮般智慧、文學性與晦澀。曼德博自己稱它是「一篇宣告兼一本病歷檔案」。

就像零零散散幾個學門中之極少數人，特別是一小群物質科學的研究者，蕭滋花了好幾年功夫，想從這書裡摸出一些頭緒，但仍舊如墜五里霧。用蕭滋自己的語氣，碎形「是一本讓人張口結舌，但無從下手的書」。蕭滋本人最來勁的就是表面、地面，而這本書到處都充斥了有關表面的討論，他發現被曼德博概念中的允諾蠱惑了，他開始嘀咕碎形來描敘、分類和測量他領域中的素材。

雖然這時，距離碎形討論會和專題演講蔚為風尚還有好幾年，不久他便意識到自己並不孤單；對於碎形幾何學的有志一同，使得一群科學家相聚了。這些人本來疑心到手的觀測有些神經兮兮，又無法有系統的分析，而碎形幾何學提供之洞察力，大大有助於科學家了解事物混合、分歧及迸裂的方式，這才是看待事物的正途：金屬精緻的鋸齒表面、多孔油岩上的縫隙和溝槽、地震帶上破碎的景觀。

蕭滋認為，描述地球表面應該是地球物理學家的任務，地面與平坦的海洋相交成海岸線，而固態地球最上層覆蓋了另外一種綴滿瘡痕的表面，斷層和裂縫布滿了地表，這是故事的關鍵，它們彼此的勻稱比所組成的物質還要重要。裂縫在三維地層中交錯，構成蕭滋靈感橫溢的稱呼「分裂層」(schizosphere)，它們控制了地層中液體的流動，水河、油河與瓦斯河，同時又控制地震的活動。了解地層是千秋大業，然而蕭滋相信地球物理已經走入死胡同，實情是，體系根本未建立。

地球物理學家打量地表就像非專業人士，只注意到形狀，某處表面看來很平坦，也可能奇峯突起。例如你注視福斯金龜車的輪廓，那表面可以畫成弧形，弧形又可以用熟悉的歐幾里德方式測量，甚至挑出一項方程式來形容。但是照蕭滋的說法，這種觀察好像經過一束狹窄的光譜帶去認識表面，就像透過紅色濾光鏡觀照世界，你看到的僅僅是某段特殊波長的光線所反映的景象，卻整片遺漏掉其他顏色波長中發生的事，更別提紅外線或無線電波中一大片熱鬧的活動。在這譬喻中，尺度與光譜對應。歐幾里德形狀描述福斯金龜車的輪廓，對於十公尺或一百公尺外之距離尺度的觀察者有效，但一公里或一百公里以外的觀測者，就要抓瞎了。一釐米或一微米遠的觀測者又會摸不著頭腦。

生活處處是碎形

試想從外太空一百公里遠的高度俯視地球表面，這時線條順著樹木、山岳、建築物以及停在某處的小汽車起伏，在這大尺度下，金龜車表面只是許多凹凸中，一塊不經意的小包包。

再想像愈來愈湊近觀察金龜車，利用放大鏡或顯微鏡連續變焦把影像擴大，起初車子外形很滑溜，保險桿和引擎蓋都融成一體，但漸漸的，鋼板細節表面冉冉現身，輪廓明顯處處崎嶇而且遍體鱗傷。

蕭滋發現碎形幾何學提供了描述地表特殊崎嶇性的犀利工具，冶金學家也同時採用這種方法於不同鋼鐵的表面分類上。比方說，金屬表面的碎形維度，常常顯示金屬的強度；地表的碎形維度，同樣是洩露天機的重大線索。蕭滋想及一件地質形成的範例：從某

段距離去看山邊一處坍方，它具備歐幾里德形狀，維數是二；當地質學家靠近些，雖然自己覺得沒走幾步，而坍方已經變成一塊一塊汽車大小的圓石頭，因為圓石頭表面依偎堆纏，幾乎填滿了三維空間，好像海綿表面，它的有效維數變成 2.7。

　　碎形描敘能很湊手的應用於一系列表面黏貼的事物上，像輪胎溝槽和混凝土間的接觸即為一例，機器軸承和電路接觸也是如此。表面之間的接觸和實體無關，它們的特性完全視凹凸的碎形程度而決定。一項表面碎形幾何學昭示的簡潔有力結論，即是接觸時，並不需要表面上每處地方都確實接觸到，各種尺度的凹凸也不允許它如此。即使岩石受到巨大壓力，低於某種細小尺度之區域中，溝槽仍舊能倖存，可以讓流體通過。對蕭滋來說，這是矮胖子效應（Humpty-Dumpty Effect）。正如兩塊茶杯的碎片永不能再接合如新，雖然從較大尺度看來，它們似乎黏合在一起了，但在更小尺度裡，不規則的凹凸不可能完美的吻合。

　　蕭滋在他的學門中，成為少數使用碎形技術之一員。他心裡有數，一些同仁視這個小團體為離經叛道之徒，如果他想在論文標題裡用上碎形這字眼，外面馬上就會側目，當成潮流先鋒或趕時髦。甚至文體也需要天人交戰一番：究竟寫出來給碎形狂熱份子閱讀，或按部就班，訴諸地球物理界大眾。無論如何，蕭滋認為碎形幾何學是隨身必備之物。

　　他說：「這是唯一能讓我們對付地球上維度變化的模式。它給你描述及預測的數學和幾何工具，一旦突破障礙，搞清楚典範，你就可以大展身手，實際測量現象，並且以新鮮方式思索。這使你耳目一新，和過去的看法完全分家，你開始有更寬宏的視野。」

人體中的碎形

　　它有多大？它能持續多久？這些是科學家抽絲剝繭最根本的問題，人們透過這種基本的探詢，概念化世界，而不易覺察其中所懷的偏見。他們總覺得大小及時間這類取決於尺度的性質具有意義，這些性質的確適於用來描述一件物體或歸類。當生物學家描述人類，或物理學家描述夸克，「多大」和「多久」確實是恰當的問題。動物一股腦將就排列，他們的外形大致限制於某種尺度之內。設想某人放大兩倍而保持原有的比例，這種結構下，他的重量必將壓碎骨骼，所以尺度非常要緊。

　　地震現象的物理大半與尺度無關，一次大地震只是一次小地震加碼放大的版本，這是地震和動物的不同處。舉例來說，十公分大小的動物，必定和一公分大小的動物結構迥異，而超過一公尺大的動物更需要脫胎換骨，否則牠的骨骼在加重之後會吃不消。另一方面，雲朵跟地震同屬尺度複製現象，碎形維度正好派上用處。不論從何種尺度觀察，它們不規則的特性絲毫不改。所以懸浮空中的旅客，會喪失對雲朵遠近判斷的能力，倘若沒有薄霧之類的線索協助，二十公尺遠的雲和二千公尺外的雲朵根本無法分辨。從幾百公里距離的衛星圖分析，雲朵的碎形維度依舊不變。

　　但是習於用「多大」和「多久」的眼光，來打量事物的老毛病很難改過來。碎形幾何學一再呼籲，光光釘住某特定的尺碼，往往造成顧此失彼的遺憾。颱風，依照定義是有一定尺寸的暴風雨，但是定義是由人加諸自然的。大氣科學家早已體會，從城市街角席捲垃圾的小旋風，到太空中眼睜睜看到的巨大氣旋系統，其實都是同樣的氣柱轉動，大小分級是誤導了，沿尺度整條連續現象兩端都看

不見終點。

　　在許多脈絡中，流體運動的方程式皆無因次，意即運用時不必考慮尺度的大小。因此，具體而微的飛機翼或船舶推進器可以放進風洞和水槽中「試驗」，在某些限制下，小暴風雨和大暴風雨亦異曲同工。

　　大動脈分歧成微血管又是另一種連續串，它們分歧、岔開、又再分歧，直到血管纖細到足以讓血球排成單行滑動。它們分歧的依據也是碎形的，這些結構非常神似世紀初數學家所浮想出來的幽冥怪物。基於生理學上的需求，血管必須施展一些維度的奇蹟，類似卡區曲線把一條無限長的線，塞進一塊有限平面，血液循環系統必須將一片龐大的表面，壓縮至有限空間中。從軀體資源的觀點分析，血液極為珍貴，而空間寸土必爭，不得不採用碎形高效率的設計，如此生理組織中所有的細胞都能貼近血管，不會超過兩、三粒細胞的距離，而血管和血液占用極微小的空間，不超過身體的百分之五。就像是曼德博所說的俏皮話，這是「威尼斯商人病」：想要不流一滴血切下一磅肉，做夢！連一公克肉都休想。

　　動脈和靜脈糾結成兩片叢網，這種精妙無比的結構還算不上特殊，身體中司空見慣這種複雜性。消化道的組織中彎曲又包裹彎曲，肺臟也需要盡可能將最大表面裝入最小空間。動物吸收氧氣的能力，約莫和肺部表面積成正比，人類正常的肺攤開來比一座網球場還大，更添麻煩的是，迷宮般的氣管最後得順勢沒入動、靜脈裡。

　　醫科學生都曉得，肺臟設計成能容納極為遼闊的表面積，但解剖學家則訓練成一次只看一小段尺度。例如，分支氣管末端纍纍連結數以百萬計的肺泡。照解剖學的語言，對於各種尺度之間的一

致性向來含混其詞。相反的，碎形切入的角度卻強調一再分歧的整體結構，從大到小井然有序的自我模仿行為。解剖學按粗、細將血管分類畫分成動脈、小動脈、靜脈、小靜脈來研究循環系統。這類分類雖然亦具用途，但弊端也不少，有時標準教科書似乎繞真相打轉：「當一種動脈逐漸轉變成另一種動脈時，有時很難分辨彼此交接的區域，有些普通管徑的動脈卻裝上較大動脈的厚管壁，而有些大動脈卻具備普通動脈的管壁，至於交接的區域……通常稱為混合型動脈。」

　　曼德博發表過他的生理學理論後，漫漫十年飛逝。有些理論生物學家開始發現身體內碎形結構無所不在，傳統上對支氣管分歧的「指數」說法證明是錯誤的，碎形的描述才符合數據。集尿系統顯然是碎形，還包括肝臟中輸送膽汁的導管，心臟中傳遞電流脈衝至收縮心肌的特殊纖維網路，最後這項結構，心臟專家通稱為希氏一普金杰網路（His-Purkinje network），曾經刺激過一陣轟轟烈烈的研究。看來，心臟健康與否，一大因素即取決於左、右心房是否同步收縮。幾位偏嗜混沌的心臟學家發現心跳頻率的頻譜，很像地震及經濟現象。依照碎形規律分布，他們主張解開心跳參差的關鍵，就是希氏一普金杰網路的碎形結，一座不斷向更小尺度分歧又自我模仿的迷宮。

　　自然如何演進成如此複雜的亭臺樓閣？曼德博認為複雜只會出現在傳統的歐幾里德幾何，至於碎形，再也找不出更一目瞭然的簡單製造方法，只需要兩三句話就交代清楚了。那些簡單的變形規則，由卡區、皮亞諾及西爾平斯基想出的形狀，很可能錄製在組織基因的密碼指令裡。DNA當然不能一一列舉如恆河沙數之氣管、支氣管、肺泡或樹形的特殊空間結構，但它可以用寥寥數語，傳遞

分歧發展這樣的重複過程，這種辦法渾如天成。當杜邦公司和美國陸軍開始生產人工合成鵝毛，終於領悟到天然物貯藏空氣的神奇能力，來自毛絨含蘊的主要蛋白質「角蛋白」所構成的碎形節結和分支。曼德博理所當然從肺和血脈的分枝樹形，聯想到植物學上活生生的樹。樹木需要碎形的枝椏，和碎形的樹葉攫捕陽光、阻擋狂風。理論生物學家開始臆測碎形結構不止常見，甚至具有形態演化學上的共通性。以此類推，解碼的謎題勢必成為今後生物學最巨大的挑戰。

爭議性人物

「我為了這類現象開始翻撿科學的垃圾桶，因為我懷疑我所看到的不是例外，而是家常便飯。我參加各種演講，翻閱冷僻的刊物，大部分皆空洞無物，但偶爾也會碰上寶貝。說起來它應該算博物學家的伎倆，而不像理論工作者的手法，不過我的冒險已大功告成。」

曼德博窮畢生之力，總結對自然和數學歷史的看法，濃縮成書，一夕成名，爬上學術界的頂峯。一頭稀疏白髮的他，成為科學巡迴演講圈最叫座的人物，隨身必備幾盒彩色幻燈片，獲得洶湧而來的授獎和專業榮譽。他的大名開始家喻戶曉，不輸給歷史上任何一位，一部分理由，是他的碎形圖片實在太驚心動魄，另一項理由，則因為成千上萬的微電腦愛好者，開始沉醉於碎形世界，再加上他很會捧紅自己。他的名字也出現在哈佛科學史學者柯漢（I. Bernard Cohen）的短短名單上。柯漢到處搜索發現之年鑑已經好多年了，尤其想找尋那些號稱從事「革命性」工作的科學

家。他一共才蒐集到十六位：辛門（Robert Symmer），一位和富蘭克林同時的蘇格蘭老兄，他的電觀念雖然離譜但具有創意；今天人們只記得他在法國大革命血腥貢獻的馬拉（Jean-Paul Marat）；馮李比希（von Liebig）、漢米頓（Hamilton）、不能遺漏的達爾文、費耳孝（Virchow）、康托、愛因斯坦、明可夫斯基（Minkowski）、馮勞厄（von Laue）、提出大陸漂移說的韋格納（Alfred Wegener）、康普頓（Compton）、賈斯特（Just）、解開 DNA 結構的華森（James Watson），以及曼德博。

就在純數學家的陣營裡，曼德博一直被視為圈外人，這使他不斷酸楚的抗議學術霸權，縱使在之峯頂，他仍然受到一些同仁排斥，認為他過分在意自己的歷史地位，又傳說他極力爭逐名聲。無疑的，在他那異教徒般力爭上游的坎坷歲月中，他的戰略和他的科學成就同樣受人矚目。只要論文中包含了碎形幾何學的概念，他會打電話或寫信給作者，埋怨他們忽略引用任何有關他或他作品的參考資料。

他的仰慕者皆很寬宏的諒解他的自大，只要想一想他歷經艱辛才實至名歸。「當然，他確實有點自我膨脹，自信心大得嚇人，但是他完成了如此優美的作品，所以人家都縱容他。」有人這麼說。另外有人說：「他和其他數學家關係緊張，其實有不得已的苦衷，這是他唯一的求生策略。如果他不是百分之百說服自己的確眼光獨特，根本不可能得到成功。」

科學界中，爭取功勞及認定功勞，已經激烈到走火入魔的地步，曼德博兩方面皆全力以赴。他的著作以第一人稱強調：我在此聲明……我構思並發展……於是建立……我確定……我證明……我命名……當我跋涉處女地及新開發的領域時，我常常不由自主的替

新里程碑命名。

很多科學家無法欣賞這種風格,他們也很惱火曼德博旁徵博引的前輩,大多都屬於沒沒無名之流。他們覺得這是他襯托自己的策略,前呼後擁,簡直像教皇,從一處學門到另一處學門,廣布福音。不服氣的這些人也弄些小動作。現在科學家不得不和碎形這字眼打交道,但是他們盡力避免提到曼德博的名字;他們硬把分數維度稱為豪斯多夫—貝西高維契維度(Hausdorff-Besicovitch dimension)。有群數學家,特別憎厭他游學無根的方式:東提一項宣稱,西提一件臆測,然後把真刀真槍的證明工作全留給別人。

墾闢碎形之路

這倒是耐人尋味的疑問。如果某科學家宣稱一件事可能是真的,而另一位科學家嚴格予以證實,到底誰對科學的進展功勞比較大?一項臆測算不算大發現?或只是冷靜的賭注?數學家一直面臨這種困局,但是當電腦開始扮演新角色的時代來臨,爭論變得更加火熱了。那些使用電腦摸摸弄弄的人,愈來愈像實驗室裡的科學家了,他們不必用標準數學文章證明這個、證明那個,只需要寫寫程式就能發現前所未見。

曼德博那本書涵蓋天文地理,無所不包,其中又塞滿了數學史的傳聞軼事,不論混沌發展到哪裡,曼德博總能夠據以宣稱他早已捷足先登。大部分讀者發現他的參考資料來源隱晦或毫無用處,但仍不得不承認此人的確天賦異秉,能夠在稍微涉獵的學門,如地震和生理學上見人所未見,聞人所未聞。有時候不可思議,有時候又令人哭笑不得,甚至是崇拜者有時也會忍無可忍:「曼德博不可能

是全知全能的。」

　　這倒不必介意，天才的外貌不見得僅僅限於愛因斯坦式的聖者風範。最近數十年來，曼德博相信他必須替自己的工作裝點門面，他必須研究一下措辭，避免他的創意流彈四射，他必須刪掉那些帶著先知語氣的前言，好讓文章順利發表。1975 年，當他在法國印行第一版時，他覺得必須要對其驚天動地的內容裝成若無其事，所以他在最新版上露骨的表明「這是一篇宣告兼一本病歷檔案」，他漸漸嫻熟科學權術的辭令。

　　「我後來追悔當初讓權術影響自己的風格，當我說『這很自然的……這是件相當有趣的觀察……』而實際上，它非常違逆常理。而所謂的有趣的觀察，其實來自多年來苦心孤詣的研究。它包含哲學與不同流俗的理念，我認為需要認可，但如果我先聲明這是一項激進的革命，所有的讀者都會望之卻步。」

　　「後來，我再聽聞這些敘述時，當人們說『很自然的，我們會察覺……』，這根本不是我的本意。」

　　回溯往事，曼德博發現不同學門的科學家，對他的工作顯示出令人失望的固定反應，可分成以下階段。第一階段千篇一律：你是誰？你為什麼對我們的學門感到興趣？第二階段：這和我們一向動手的東西又有什麼關係？為什麼不根據我們所了解的基礎好好解釋？第三階段：你確定這是合格的數學？（是的，我確定。）那又為什麼我們弄不懂？（因為它雖然合格，大多數人卻都不知道。）

　　在這方面，數學和物理或其他應用科學出入甚大。物理學的分支一旦過時或招式用老，很可能永遠凍結在歷史裡，最多引起一點考據的好奇心，或激發某些近代科學的靈感，但凋零的物理通常具有安息的充分理由。相反的，數學則充滿了隧道和叉路，某段時期

走進死胡同的東西，可能在另一時期又柳暗花明，永遠料不準一件純粹透明的思想結晶，何時會一展潛力！這就是數學家常常以美學眼光衡量工作價值的理由，曼德博像藝術家一般追求高雅和秀麗，秉持懷古心情，擦亮了不少深埋歷史的數學骨董。

　　所以第四階段會像這樣：那些從事這行的傢伙如何評價你的工作？（他們不太在乎，因為它不能增加數學內涵，而且如果他們知道自己的想法居然能表達自然現象，或許會大吃一驚。）

　　最後，碎形這字眼代表描敘、計算和思索零亂的、碎裂的、鋸齒狀的和散成片片的形狀，從雪花結晶弧線到星系中星塵的形狀，一條碎形曲線，意味嚇死人的複雜性裡，隱藏著亂中有序的結構。中學生程度就能了解碎形並且玩得不亦樂乎，它們和歐幾里德幾何立足點基礎一樣，簡單電腦程式就能夠讓個人電腦玩家，得心應手的繪製碎形圖案。

　　曼德博發現，最熱中接受碎形的應用科學家就是那些和石油、岩石、金屬等工業打交道的傢伙，尤其在大公司的研究機構。1980年代中期，艾克森（Exxon）石油公司的龐大研究部門，全力鑽研碎形問題；奇異公司（General Electric）將碎形當作研究高分子組織的理論基礎，並據此機密進行關於核能安全的研究。好萊塢也趕上潮流，碎形大顯神威，畫出從地球或太空鳥瞰栩栩如生的自然景觀，製造出光彩奪目的銀幕特殊效果。

　　梅伊和約克這些人在1970年代早期發現的類型，沿著秩序和混亂區之交界，隔著詭變複雜的邊緣；這裡面隱隱潛藏著規則性，只能用大尺度和小尺度的關連來解釋。這種結構證明非線性動力的關鍵正是碎形，在最直接實用的層面，碎形幾何提供一項物理學家、化學家、地震學家、冶金學家、機率理論家和生理學家可揮灑

自如的利器。這些研究者不但自己相信，同時也試圖去說服別人，曼德博的新派幾何天衣無縫。

雖然曼德博自己從未獲得社群的敬意，這群信徒卻造成傳統物理及數學界排山倒海的衝擊。不過，現在他們不再假裝不認識他了。一位數學家告訴朋友，有天晚上他陷入噩夢，醒後還直打哆嗦，夢裡這位數學家已升上天國，突然聽到無可置疑的上帝聲音，祂說：「你知道，曼德博還真有兩把刷子呢。」

科學之美

自我模仿的概念撥動了我們文化中一根古老的心弦，西方思想中早已有這樣源遠流長的念頭。德國數學家萊布尼茲曾想像一滴水中，蘊涵了整座豐富的宇宙，而宇宙又包含了水滴，以此無盡循環下去。英國詩人布雷克（William Blake）則寫道：「從一粒沙窺見塵世。」通常，科學家最偏愛這句話。當初發現精蟲時，便想像每條精蟲代表具體而微的人；就是活生生的一個人，微小但五臟俱全。

但早期的自我模仿概念不太符合事實，因此漸漸式微。精蟲並不等於尺度縮小的人類，他們遠比那樣要有趣多了，胚胎發育的過程比起單純放大，簡直不可同日而語。因為人類對尺度經驗所知有限，早期才視自我模仿為組織的原則。除了延伸已知的現象，又如何去想像極大和極小，非常快和非常慢？

當人類藉由望遠鏡和顯微鏡擴增視覺時，神話便枯萎了。首先人們發現開發後，每一種尺度都會帶來新的現象和活動。對現代粒子物理學家而言，這種過程至今尚未走到盡頭，每座新加速器都邁往更快的速度、更高的能量，使得更微小的粒子和更短暫時間尺度

的科學領域再次揭曉。每次擴展似乎都帶來一些新的訊息。

乍看之下，尺度之間存乎一貫性的概念，似乎缺乏建設價值，這是因為科學的另一道平行趨勢朝向化約主義，科學家肢解事物，一次只研究一件事。如果他們想檢查次原子粒子的相互作用，他們才再把兩、三個次原子粒子又放在一起，而這已經夠複雜了。自我模仿的力量運作於複雜度更高的層次，這是綜觀全局的視野。

雖然曼德博從幾何用途上凸顯了尺度概念，然而在 1960 和 1970 年代，這想法已經烽火燎原，蔚為知識潮流。自我模仿暗暗隱藏於勞倫茲的工作中，對他系統繪製的細緻結構，懷抱直觀的透視，他當時已若有所感，但是還未能在 1963 年的電腦上目睹。尺度分類也成了物理風潮的一部分，比曼德博的工作更直截了當開啟了稱為混沌的學門，甚至連更僻遠的學門，也有科學家開始使用尺度階層的理論來思索。像演化生物學，必須了解基因發展的類型、個體、物種、族群，才能窺其全貌。

非常弔詭的是，尺度現象開始盛行，歸功於人類視野的擴張。起初，這種成就扼殺了自我模仿的原始概念。二十世紀晚近，人們從未料到不可思議的微小，和不可思議的龐大，會變成日常視覺經驗的一部分。文明讓我們目擊星系和原子的照片，不再需要像萊布尼茲憑幻想行事，宇宙長什麼模樣？望遠鏡和顯微鏡早已普及那些經驗，腦袋迫不及待把最大和最小梳理出頭緒──成果輝煌！

當科學家被碎形幾何迷醉時，常會同時為新數學之美，及二十世紀下半葉的藝術演變而深深感動，他們自覺正從捉摸不定的文化裡，汲取內在之火焰。曼德博認為數學之外，反映歐幾里德理性最忠實的縮影，要算是包浩斯（Bauhaus）風格的建築。它恰像美國藝術家艾爾伯斯（Josef Albers）完全用顏色方塊組成的繪畫風格，

可以視為最好例證：簡潔、秩序、線性、化約主義、幾何。對了！幾何！這字眼歷經千年不滅不朽，被稱為幾何的建築皆由簡單形狀構成，直線和圓，只消用幾行數字即足以描述。幾何建築和繪畫曾經時髦過又落伍了。雖然紐約西格瑞姆大樓（Seagram Building）曾贏得喝采並風行一時，但建築師不再情願建造那種死板板的摩天大樓了。對曼德博和他的伙伴來說，這是理所當然的。簡單形狀違反人性，它們不能和自然組織自己的方式，或人們認知世界的方式發生共鳴。德國物理學家艾連柏格（Gert Eilenberger），這位超導專家在從事非線性科學研究時，有感而發：「為什麼一株被風暴拉扯的枯樹，浮現於冬日黃昏的剪影，會帶來絕美的感受？而建築師千辛萬苦，設計出多重功能的大學校舍，卻讓人無動於衷？雖然有些猜測成分，但是我認為答案可以從動力系統的嶄新觀點尋找。我們對美的感覺，來自於自然界一亂一序，疏落有致的安排，比方雲朵、樹林、山嶺或雪花。所有這些形狀，都是經由動力過程誕生的物理實體，這種摻揉亂和序的組合最尋常不過。」

　　幾何形狀都有大小及尺寸的特徵，對曼德博而言，讓人滿意的藝術卻無特定尺度，那是因為它在任何一段尺度，都具備了重要的元素。相對於西格瑞姆大樓，他舉出美藝學派（Beaux-Arts）的建築，包含雕刻、承溜、突角、側柱石、以漩渦纏繞的卷軸，飾以齒狀飛簷；一座像巴黎歌劇院的美藝宮殿並無尺度，因為它包羅所有的尺度。觀察者從任意距離欣賞，都能找到耐人尋味的精緻細節，走近一些又是一派新氣象，這建築物會不停炫耀著新的美感。

　　欣賞建築物的和諧結構是一回事。而傾慕大自然的野趣則是另一回事。以美感衡量，在碎形幾何的新數學引領之下，嚴謹科學逐漸趕上現代感性的潮流節拍；那些桀傲不馴的、野性的、幻想的素

質。曾經有一段時期，雨林、沙漠、灌木叢和荒地，意味社會竭力要征服的對象，如果人類要欣賞花花草草，他們瞪著花園就好了。如英國小說家福爾斯（John Fowles）描寫十八世紀的英格蘭：「這時代對於不整齊或不修剪的大自然毫無好感，荒地被視為醜陋的、威脅性的，讓人聯想起大墮落，想到人類自伊甸園被永遠放逐……即使自然科學……基本上亦排斥蠻荒於千里之外，視它為有待馴服、分類、使用及開發的事物。」幸好二十世紀結束前，文明改觀了，而科學亦改換腳步。

所以，科學終於在康托集合和卡區曲線等等沒沒無名又愛做白日夢的表親之中，發現了一件妙用。起先，這些形狀被當作二十世紀初數學和物理分家的證物，自牛頓以來，一直扮演男、女主角的一場婚姻就此結束。類似康托或卡區這樣的數學家，很為自己的點子暗中得意，他們以為打贏自然，其實他們在苦苦追趕自然的創意而不自知。物理界不可一世的主流，也偏離日常經驗的世界。只有當史邁爾把數學家帶回動力系統之後，物理學家才能說：「我們必須感謝天文學家和數學家，又將這門手藝傳回給我們。經過他們發揚光大，動力系統比起七十年前要健康多了。」

暫且不論史邁爾和曼德博，現在要等物理學家顯露一手，鑄造混沌為新科學。曼德博提供了一套方便的語言，加上整本眩目的自然圖片。曼德博自己有數，他的節目宜於展示，不適說明。他可以列出一長串碎形維度的大自然景觀——海岸、河川脈絡、樹枝、星系等等，而科學家據以預測，但物理學家更想知道為什麼。他們要往前走，一些肉眼未見，深藏於運動流逝的形體，掠過自然舞台，正等待揭幕呢！

|第5章|

奇異吸子

大漩渦中有小漩渦，依賴速度供養來過活；
小漩渦中還有小小漩渦，一直趨往摩擦無底國。

——英國數學家理查生

紊流難於相對論

　　紊流這套學問譜系高貴，所有偉大的物理學家都曾公開或私下尋思過。一條平穩的水流突然劈開成瀠洄與漩渦，狂亂的模樣打破流體與固體的界限，能量快速從大尺度輸送向小尺度。為什麼？最出色的想法往往來自數學家；對大多數物理學家而言，紊流是精力的黑洞，風險奇大，幾乎無從著手。盛傳量子理論大師海森堡（Werner Heisenberg）臨終前宣稱，他將要詢問上帝兩道問題：相對論是什麼？紊流是什麼？海森堡說：「照我猜想，祂很可能對第一道問題有些解答。」

　　理論物理學家對紊流早已敬而遠之。科學家已經自我設限，絕不越雷池一步。在底線之內，液體安安分分的流動，研究素材絕對不虞匱乏。更幸運的是，平順流體中近乎無限多的獨立分子皆安分守己，一點也不像各自能獨立的頑皮分子；如果兩滴液體開始就是鄰居，它們會始終湊一塊兒，好像上了軛頭的雙馬。只要流體保持平靜，工程師計算起來頗為得心應用。他們那套手法源於十九世紀，那時候研究流體和氣體的運動，算是物理學的尖端學問。

　　到了現代，它已經不再拉風，在硬碰硬的理論家眼中，除了那件上帝也束手無策的謎題之外，流體力學已經失去神祕的光采。實用部分早已收發由心，交給技師就成了。流體力學已經不再算是物理的一個支派，物理學家會說：「那是工程問題而已，頭腦靈光的青年物理學家還有更急迫的事情要擔心呢！」所以流體力學家通常待在工學院裡，大家眼中盯著的只有系統的應用層面，而這方面的考慮重點也只有一項，就是如何把紊流消除掉！在少數特例中，紊流居然還能派上用場。例如噴射引擎內部若要有效燃燒，必須靠快

速的混合效應；但絕大部分時候，紊流意味麻煩，像緊貼機翼之紊流會破壞攀升作用，油管中的紊流會增加黏滯程度。因此政府和法人組織投入大量金錢，去設計飛機、渦輪引擎、推進器、潛水艇船體及其他要順利穿越流體的裝置。研究者還要操心，什麼樣的形狀最適合血管和心臟瓣膜中的流體，還有爆炸過程、漩渦、小擾動，火焰和音爆。理論上，二次世界大戰之原子彈計畫要算是核物理的對象，但其實大部分核物理的問題在計畫執行前都已經解決了，那一群在羅沙拉摩斯動員的科學家最棘手的問題，就是流體力學。

　　紊流到底是什麼？它是一團混亂，包括各種尺度，大渦流中藏著小渦流。它不穩定，又很容易耗散，也就是說紊流會消耗能量，產生阻力。它往往從平穩跳至混亂，其過程又為何？假設你有一條完美無瑕的平滑管路，加上極其穩定的水源，你刻意保護這系統，不受任何振動影響，然後眼睜睜的看到這流體亂哄哄全面潰散！

　　所有的規律一一失敗。當流體平滑如線，小擾動會漸漸自動消滅，但超過一定限度，紊流就會爆炸，擾動如災難般快速成長。至於如何觸發及如何轉變，始終是科學界一項重大謎團。溪中岩石下游的沙道常常滋生漩渦，一路咆哮、裂殖、增大，順流而下。當香菸煙霧從菸灰缸穩定上升，加速到超過某個臨界速度後，突然潰散成狂亂的一團渦流。實驗室中可以觀察和測量紊流的觸發。任何新機翼或推進器必須經過風洞測試，雖然它的本質仍然難以捉摸。我們過去經驗中知道的都是特例，而非通則，由嘗試錯誤研發出來的波音 707 飛機翼，對於 F-16 戰鬥機的嘗試錯誤過程，一點都幫不上忙。碰上不按理出牌的紊流，甚至超級電腦也失去威力。

　　搖晃搖晃流體，攪拌攪拌它；流體是帶有黏滯性的，所以加進去的能量很快會消耗掉，如果你停止搖晃，流體自然會靜止下來。

當你在搖晃時，能量以低頻或長波（大小如容器）的方式注入，我們立刻會注意到，長波將被分解成短波，各種大大小小的渦流一起來消耗流體的能量，各自有其特有的律動。1930 年代，俄國數學家柯莫格洛夫（A. N. Kolmogorov）提出一些數學描述，大致說明這些渦流如何運作。在他心目中，能量沿著尺度的波段，像瀑布逐漸下降，一階一階由大而小至愈來愈小的尺度，最後到達一個極限。當渦流小到不能再小，分子間距的摩擦力就會出面收拾所有殘局。

更視覺化的描述：柯莫格洛夫設想這些渦流，均勻塞滿整個流體的空間，使流體處處都有均勻的結構。這種同質的假設並不符合事實，龐卡萊早於四十年前就已曉得實情。看看洶湧的惡水，總是一塊塊渦流的補丁，夾綴著平靜的區域；漩渦都是局部性的，而能量實際上只有在一些特定小區域才會被吞噬。如果再詳細檢視紊亂渦流，你又會發現其中佇留著更小的平靜帶，與其假設同質，不如說是時斷時續，稍微間歇性。間歇性的形態予以理想化，就是不折不扣的碎形，從大尺度至小尺度，一直是秩序與混亂區交織。這樣的概念離真相雖不中，亦不遠矣。

藍道初探紊流

另外還有一件相互呼應的問題：到底在什麼狀況下會觸發紊流？從平滑至紊亂的關鍵在哪裡？一直到紊流不可收拾之前，會歷經哪些逐步轉變的階段？對這些問題，僅有獨一無二，差強人意的理論。這座正統典範來自偉大的俄國科學家藍道（Lev Landau），他所著的流力教科書至今為止仍是標準本。藍道的想法，可說是所有你爭我奪的尺度一股腦堆積起來。他推測，當愈來愈多的能量注

入系統，每出現一個新頻率，必定不能和已有的振動共存，就好像施蠻力拉奏小提琴，琴弦便反應出第二種不和諧音，然後又有第三種，第四種……一直到變成無法辨認的噪音。

任何液體或氣體，皆由多到無窮地步的單獨小塊集合而成。如果每一小塊都能獨立運動，那麼流體就該擁有無限多的可能性，專門術語稱之無限多的「自由度」。那麼，描述流體的方程式勢必要處理無限多個變數。幸好每顆粒子並非獨立運動，它的動態和其鄰居息息相關。當流體平穩時，自由度非常低，會出問題的複雜運動都成對成對的綁在一起，相鄰小塊一則永遠保持親密，或者以平滑、線性的姿態分開，畫出風洞中常看到的俐落線條。一剎那間，香菸上升的煙柱，也是很好的例子。

接著動亂就發生了，一下子跑出成群結隊神祕狂野之運動，有些還能對上名號，像搖擺、緊密突起、捲波、結、鋸齒等等。從藍道眼中，這些不穩定而推陳出新的運動只是單純的大雜燴，速度和大小全部胡亂湊合在一起的大合唱。這種想法倒很符合傳統對紊流的概念：既然理論寫不出漂亮的數學，也只好認了。藍道的典範是當你無計可施時，保留顏面的唯一可行之道。

自來水流經鉛管，繞過拐彎，會發出暗暗的穩定啾聲。你心念一轉，增加壓力，開始聽到來回的振動，鉛管被緩慢的搖晃，就像波浪。再扭大水龍頭，不知從何處又有第二種頻率加入，和原來的頻率不太搭調，這些節奏重複、互相競爭，彼此要淹沒對方；它們已經製造出相當複雜的運動，管壁痙攣，魔音四起，你幾乎無法掌握。現在再轉大水龍頭，讓第三種頻率介入，然後第四、第五、第六……所有的都不能相互配合，流動變成極端複雜，也許這就是紊流。物理學家接受這種概念，但是沒有人知道能量要增加到什麼程

度,才會產生新的頻率,或者新的頻率究竟多長。也沒有人動手實驗,量量這些神祕莫測的頻率。其實,從來沒有人試驗過藍道對紊流觸發所提的理論。

相變與史文奈

　　理論家可以在腦海裡進行實驗,而實驗家必須動手。理論家是思索者,實驗家則是匠人。理論家不需要助手,實驗家必須召集研究生,籠絡技師,討好實驗助理。理論家的工作乾乾淨淨、悄然無聲,實驗家和材料纏黏在一起,好像雕刻家玩泥巴;奮戰、修補、投入。理論家虛構他的對象,像純潔的羅密歐幻想完美的茱麗葉,而實驗家的愛人邋遢、抱怨、一肚子悶氣。

　　但他們彼此需要;理論家和實驗家容忍彼此關係中必須之不平等,這種默契從古代就建立起來了,那時候每位科學家還都需要身兼雙職呢!雖然最好的實驗家中還有一些充任理論家,反過來就沒有了,到最後,榮耀皆歸諸理論家。特別是在高能物理的領域,實驗家變成極度專業的技術員,操縱昂貴又複雜的設備,理論家卻獲得所有光采。二次世界大戰後的數十年,當物理學和基本粒子的研究畫上等號,最著名的實驗都來自粒子加速器,旋轉、對稱、顏色、風味,這些成為最迷人的抽象概念。對關心科學的大眾或不少科學家來說,原子粒子的研究就是物理。若要研究更短的時間尺度和更小的粒子,則需要更巨大的能量。所以機器年年膨脹,實驗的本質也逐漸改變了。這學門變得十分擁擠,大型實驗鼓勵團隊合作,經常刊載在《物理評論通訊》(*Physical Review Letters*)的粒子物理論文中,作者名單往往會占據論文四分之一的篇幅。

　　有些實驗家，喜歡使用湊手方便的東西單打獨鬥或成對工作。當流力這學門失勢，固態物理取而代之，最後擴張其版圖，被冠以更廣泛的名稱「凝態物理」，意即有關物質的物理。在凝態物理中，所使用的機械更簡單，於是理論家和實驗家之間的鴻溝縮短了；理論家不再那麼勢利，實驗家也不那麼心懷戒意。

　　即使如此，二者的認知到底不同，本性難移的理論家很喜歡打斷實驗家的講演，質問：「再多點數據不是更有說服力嗎？那張結果是不是稍微零亂了一點？如果這些數字再增加或降低幾個數量級，豈不就更理想了？」

　　碰上這種狀況，美國物理學家史文奈（Harry Swinney）本諸天性，就會挺直他那不到一百七十公分的身高，如此回答：「絕對正確。」混合了遺傳的路易斯安納魅力，加上後天紐約的火爆，他說：「絕對正確──假如你擁有無限龐大而又乾淨的數據。」他會輕蔑的轉回黑板，再補充：「當然囉，面對現實，你只能將就這些有限的、髒巴巴的資料。」

　　史文奈正在進行一些實驗。對他而言，一生的轉捩點發生於約翰霍普金斯大學研究生時期。那時正逢粒子物理所向披靡的熱潮，葛爾曼發表一席熱血沸騰的演講，史文奈深深為之傾倒，但當他再探頭看看，其他研究生都在苦寫電腦程式或者焊接火星栓，和他的預想大相逕庭。從這時候起，他開始向另一位年長的物理學家求助，把注意力轉移到相變；包括從固體熔成液體，從非磁性轉到磁性，或由導體變成超導體。不久史文奈就擁有一間空蕩蕩的研究室，比衣櫥大不了多少，但完全屬於他自己。他照儀器目錄開始送出訂單，很快的桌子、雷射和一些冷凍設備還有探針都送來了。他設計了一套儀器，測量二氧化碳從氣態改變成液態時，臨界點附近

的導熱效應。大部分研究者相信，熱傳導僅僅做輕微的改變，但史文奈卻發現它改變了一千倍。他獨自在小房間裡十分興奮，他發現了一些別人都不知道的事。他看到靠近臨界點的蒸汽會發射一種宛如幽冥的光，他稱之為「蛋白石光」，因為那溫潤的光線散發出蛋白寶石的瑩輝。

相變跟混沌本身極像，所包含的巨觀行為很難從微觀細節來捉摸。當固體加熱時，它的分子受到額外的能量刺激而振動，掙脫原子鍊往外衝刺，使得物體膨脹。愈加熱，膨脹得愈厲害。但在超過某種溫度和壓力下，變化開始突兀而不連續；繃緊的繩子現在繃斷，結晶的形態分解了，分子四分五裂。它們改而遵循流體規則，不再受到固體特性所羈絆。原子的平均能量幾乎不變，但物質已經變成液體、磁體或超導體，進入全新紀元。

物理學家亞勒士（Günter Ahlers）在紐澤西州美國電報電話公司（AT&T）的貝爾實驗室工作。他檢驗液態氦中所謂超流相變的現象，發現當溫度降低至某種臨界值時，物質變成一種神奇的流體，覺察不出任何黏滯性或摩擦力。史文奈已經研究過，物質在液態和氣態間變化的臨界點，另外還有一夥人研究超導，包括史文奈、亞勒士、柏巨（Pierre Bergé）、古勒伯（Jerry Gollub）和吉格里歐（Marzio Giglio）。1970 年中期，這些實驗家分別在美國、法國和義大利探索相變，建立起年輕的傳統，尋求新問題。像郵差在熟稔大街小巷一般，他們學習物質變貌的特殊路標，這時候他們研究的對象巍峨峨的面臨相變的深淵。

相變研究踩著類似事件的石階爬升，非磁性與磁性的相變恰像液態、氣態的相變，流體和超流體的相變神似導體和超導體的相變。因此一次實驗發展出來的數學技巧可以廣泛運用。1970 年代這

類問題大部分解決了，剩下的問題是結果能夠推展到多遠？仔細觀察，世上還有哪些變化可以用相變理論詮釋？

應用相變的技術到流體其來有自，雖然不見得理所當然。最早的淵源上溯二十世紀初期，偉大的流力開創者雷諾（Reynolds）和瑞立（Rayleigh）加上一群後進，已經記錄過嚴謹控制下的流力實驗，結果產生運動性質的改變——數學行話稱為分歧。舉例說，當液體從底部加熱，流體突然由靜而動，物理學家假設這種分歧的特性，很接近相變規範下物質的改變。

所謂不見得理所當然，是因為它並非真的相變。這些流體運動的分歧，不需要物質本身改變，改變的只是流體運動的方式。靜止的液體活動起來。但是，這種改變所用的數學和蒸汽凝結的數學，怎麼居然會大同小異呢？

巧奪天工的實驗

1973 年時史文奈在紐約市立學院任教，認真而帶著稚氣的哈佛畢業生古勒伯，則在哈佛德學院（Haverford College）教書。哈佛德是費城附近一所溫煦恬靜，田園式的開明學院，壓根也難想像一位物理學家能在此安身立命。由於缺乏研究生協助實驗工作，師徒一脈的傳承缺了下半環。雖然如此，古勒伯仍舊興致勃勃的傳授這些大學生，著手把學校的物理系建立成品質卓越的實驗中心。那一年他利用年休機會，來到紐約和史文奈合作。

他們猜測相變和流體不穩定性有異曲同工之妙，兩人決定測試一項古典實驗，就是將液體注入內外兩層圓柱體之間，然後轉動圓柱體，流體便封閉在系統之內，而不像空曠水面的噴射流或水痕；

這便是大名鼎鼎的柯艾—泰勒流體（Couette-Taylor flow）。為了方便
起見，通常將外殼固定，任內層的圓軸旋轉。一旦轉動開始，加快
速度，第一種不穩定狀況便產生了。液體會形成優雅斑駁的圖案，
類似汽車內胎的花紋，一道一道像甜甜圈的帶狀，纏繞著圓柱，若
魚網交疊；流體中每顆水滴不但由東向西旋轉，而且是繞著甜甜圈
上下進出兜圈圈。泰勒（G. I. Taylor）早有所知，他在 1923 年觀察
並測量過這種情形。

　　為了研究柯艾流體，史文奈和古勒伯製作了一套適合放在書桌
上的儀器，大小如網球罐，外殼是玻璃。大約三十公分高、直徑五
公分，裡面鐵製的內圓柱滑動靈活，內、外圓柱間只剩下三公釐的

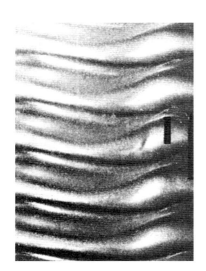

旋轉圓柱間的流體。史文奈與古勒伯觀察圓柱間的流體形態，難以分辨紊流
觸發的機制，當轉速加快，結構愈形複雜。起先，水流像一疊甜甜圈（左
圖），然後甜甜圈激起波紋（右圖）。物理學家用雷射量度速度的變化，確定
另一次不穩定現象發生之處。

縫隙裝水。「這是一件值得博物館陳列的貨色，」幾個月後戴森這位意外闖進來的大師說道：「你瞧瞧這兩位紳士，擠在這間轉身都困難的小實驗室，囊空如洗，卻做出一件巧奪天工的實驗。這是開始將紊流量化的重要工作。」

他們心裡明白，一件正經八百的科學成果，只會帶給他們普通的認可，然後大家就忘得一乾二淨。於是，雖然實驗者不應該去懷疑這種事情，史文奈和古勒伯仍決定直搗黃龍，動手證實藍道對紊流觸發的觀念。他們知道流力學家全體相信藍道的概念，而物理學家喜歡這張圖形，是因為它適合相變的一般想法，而藍道自己就是相變研究的開山祖師！他對這類現象瞭如指掌，相信會有一種普通性的法則存在，不必去理會物質之間的小差異。當史文奈研究二氧化碳的液─氣態臨界點時，他謹遵藍道的信念，認為自己的發現將會推展到氙的液─氣態臨界點，結果也的確如此。為什麼紊流不能如法炮製，讓各自為政的振動──堆積起來？

史文奈和古勒伯準備用一套非常精確的實驗技術，對付流體可能一塌糊塗的狀況。這是多年來研究相變留下來的寶貴經驗，適用於極細膩的研究。他們擁有那類的實驗風格和測量設備，一般流力學家根本無法望其項背。他們使用雷射光探測旋轉流。光束穿透水，產生折射或散射，然後應用一種稱為「雷射都卜勒干涉」的技巧予以測量，資料序列送進電腦儲存處理。在 1975 年，電腦還是迷你實驗室少見的工具。

藍道預測當流動加快時，新頻率會次第出現。史文奈回憶道：「這是書本上的說法，我們想：行，現在要讓它們現身。我們的確觀察到涇渭分明的形態轉變，於是變過來，變過去，一會兒加快，一會兒減慢圓柱速度，轉型的分界確實乾淨俐落，非常清楚。」

當他們開始發表結果時，史文奈和古勒伯得面對科學界內部訂下的規矩：一邊是物理幫，另外一邊是流力幫，這是井水不犯河水的。尤其是這區別可以決定，國家科學基金會哪一個部門管他的經費。1980 年代柯艾—泰勒實驗算作物理學，但是在 1973 年它卻歸流力部門管。對那些弄慣流力的傢伙來說，從紐約這家小型市立學院製造出來的實驗數據，簡直乾淨得不像話，教人難以置信。這批傢伙面對相變物理這種精確的風格，紛紛覺得格格不入。再說，從流力學家的眼光打量，這種實驗摸不著它的理論立足點。當史文奈和古勒伯再度申請國家科學基金會的補助時，他們被拒絕了。一些審查人不願意相信他們的成果，還有一些人則說結果沒什麼稀奇。

不過實驗並未因而中輟，史文奈說：「的確看到貨真價實的形態轉變，真的棒極了，我們得再接再勵，尋找下一個。」

按照預期，藍道序列一階一階的演化，最後會崩潰，但實驗無法證實。在下一個階段轉型中，流動一下子跳進混亂狀態，根本理不清其中有幾道頻率。看不出新的頻率，也沒有按部就班，循序漸進導向複雜性。「我們發現的是混沌一片。」數月之後，一位高瘦而迷人的比利時人在他們實驗室門口出現。

奇異吸子現身

惠依（David Ruelle）偶爾談及，物理學家大致分成兩類。一類從小拆收音機長大，這是指印刷電路以前的時代，當時你還可以看到電線和放射橘紅燈光的真空管，想像著電子流動。另外一類則是摸弄化學燒杯長大的。惠依就是玩化學燒杯長大，也不能算那種美國人家常弄的化學道具，而是一些會爆炸或劇毒的化學藥

品。他生長的比利時北部，一位藥劑師待他很隨和，於是小惠依歡天喜地的把它們混合、攪拌、加熱、結晶，偶爾炸它幾下，完全一手包辦。這位體育老師和大學語言學教授之子於1935年生於肯特（Ghent）。雖然他獻身科學的抽象領域，但一直嚮往自然界的危險，每當看到有毒的蕈類或硝石、硫磺和木炭等就會怦然心動。

惠依最後在數學物理大放異采，對混沌理論做出不朽的貢獻。1970年他加入賀堤科學院（Institut des Hautes Etudes Scientifiques），這是位於巴黎郊區，類似普林斯頓高等研究院的思想庫。這時候他已經養成週期性隱遁的終身嗜好。遠離科學院和家庭，帶著簡便行囊獨自漫步數星期，穿越冰島荒涼的曠野或墨西哥田園。經常看不見一人，偶爾邂逅陌生人。他會接受他們的款待，也許是一餐炸玉蜀黍餅，沒有大魚大肉或蔬菜，彷彿時光倒轉，進入兩千年前的世界。回到科學院後，又恢復他的科學身分，臉龐也許稍稍憔悴，眉梢、下巴的皮膚則更加緊繃。惠依聽過史邁爾談到馬蹄鐵的圖案，和動力系統暗示的混沌可能性，他也想到紊流和藍道的理論，他臆測這些觀念私底下都聯結在一塊兒，但又有些矛盾。

惠依對流體沒有什麼經驗，但那並未使他卻步，就像以前許多前仆後繼的先賢一般，他說：「往往是非專家先發現了新事物。本來就無所謂深度的紊流理論。所有想得到的紊流問題，都不超出常識層面，所以非專家也能登堂入室。」紊流抗拒分析的原因顯而易見，流體運動的方程式是非線性偏微分方程式，除了特別狀況皆無解，不過惠依尋出了一件藍道典範抽象代用品，依史邁爾的術語包裝，把空間想像成一塊可以擠壓、拉長、折疊或馬蹄鐵的橡皮。1971年，他和客座荷蘭數學家塔肯斯（Floris Takens）在賀堤科學院發表了一篇論文。這篇文章以道道地地的數學風格寫就，所以物

理學家得當心；那意味著段落會按照定義、命題、證明開始，然後
接著不可避免的玄奧，例如……

　　「**命題**（5.2）。假設 $X\mu$ 屬於希爾伯特空間（Hilbert Space）H
中 C^k 向量場之一組單一參數群，則……」

　　還好標題居然聞得出一絲人間煙火味：〈紊流之特性〉，這是暗
中呼應藍道著名的論文標題〈紊流之問題〉。惠依和塔肯斯論點的
目標，顯然不止於數學，他們要顛覆紊流觸發的古典理論，推翻頻
率一再堆積的說法，以迄於無限個各自獨立的重疊運動。他們主張
三種獨立的運動，就足以造成紊流的複雜性。從數學方式檢討，他
們的若干推導是曖昧的、錯誤的、抄來的，或者三罪復發——十五
年後像這樣的意見仍然活躍。

　　但無人能否認，這篇文章也是交織著洞察力、詮釋、附注和
物理的傑作，使它意味深長，流傳久遠。其中最具魅力的是，作
者稱為奇異吸子的形象。惠依後來覺察這詞彙滿有點心理分析稱
為「挑逗」的暗示，這是混沌理論中超級耀眼的大招牌，甚至使惠
依和塔肯斯表面上彬彬有禮，私下卻偷偷較勁，爭取發明這名詞的
榮譽。雖然兩人都記不清真相了，但是塔肯斯，這位魁梧、紅潤、
一副北歐派頭的人會說：「你是否曾問過上帝，這地球是不是祂的
作品？……我完全不記得了……我常常創造出一些東西而毫無記
憶……。」而惠依這位論文的第一作者，會慢條斯理的解釋：「塔
肯斯只是恰巧來到賀提科學院，每個人工作的習慣都不一樣；有些
人喜歡獨占所有的功勞，論文從頭到尾自力完成。」

　　奇異吸子存在於相空間，是現代科學最具威力的發明之一。
相空間將數字轉換成為圖形，把系統中隨時間改變的部分，無論是
機械或流體，所有重要的訊息抽取出來，然後注明在圖上，包括各

式各樣可能發生的狀況。物理學家早已和兩種簡易的「吸子」打過交道：固定點和有限循環，代表達到穩定狀態和不斷重複自己的行為。

相空間中對任何特定剎那，系統的描述皺縮成一單點，在此一瞬間，那一點的坐標即完全包括系統的各項變數，到下一刻，系統已發生變化，不管多麼微小，點還是移動了。這系統隨時間的演化，可以由點移動的軌跡代表。相空間一條長長的痕跡，可揭露所有的祕密。

從鐘擺看吸子

一座複雜系統排山倒海的資料，怎麼可能存進一個點裡？如果系統只有兩個變數，答案就簡單多了。即可以畫成中學幾何的平面圖，一個變數算成水平軸坐標，另一個變數算成垂直坐標。如果系統是來回晃動且無摩擦的鐘擺，一個變數是鐘擺位置，另一個是速度，它們於是會不停變化，在圖上排成一列點的痕跡，形成循環的迴路，永不止息重複下去。如果同樣系統飽含更高的能量，搖擺速度便更快，相空間中形成的迴路大致相同，但占據的面積較大。

若要實際些，就必須加上摩擦力，於是圖形改變了。我們不需要運動方程式，就知道加上摩擦力影響後，鐘擺最終的命運。每個軌跡結局會落到同一個地方：中心點，位置為零點，速度也為零。這個中央的定點似乎「吸引」了軌跡，使它不再日以繼夜的打轉，它將以螺旋紋路向內旋入。摩擦力消耗了系統能量，在相空間，這種耗散呈現出一種向中央吸附的拉力，它從能量高的外圍區，指向能量低的靶心。最簡單的一種吸子就像手電筒裡的彈簧。

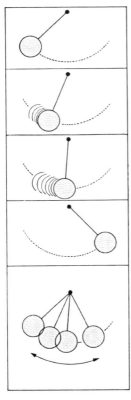
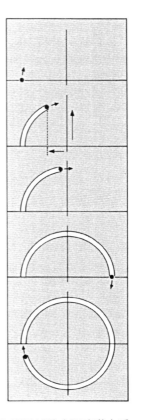

鐘擺開始搖晃時速度為零，位置是負值，落於中心左側。

二維相空間由速度和位置兩項值決定特定坐標點。

當鐘擺越過原點，速度到達最大。

速度減緩至零，倒回成負值，向左搖晃。

另一種觀察鐘擺的觀點。相空間中任何一點（右圖）即足以確定這座動力系統所處狀態之所有訊息（左圖）。對於簡單鐘擺，速度與位置已經能充分描述所處的狀況。

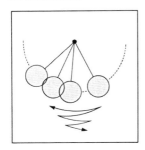

追蹤某點畫出的軌跡，藉視覺印象表達動力系統長期連續的行為。不斷的繞同一圈子旋轉，表示系統按規律的週期重複自己，無止無休。如果重複的行為穩定，如擺鐘，加諸小擾動後，系統會回至原有軌跡。相空間中，圓環鄰近的點會趨往環本身，這道圓環就是吸子。

　　把狀態想成空間中諸點的好處，是易於視覺化其後改變。一座系統之變數連續起落，視為移動的點，像房間裡繞飛的蒼蠅一樣。如果有些變數的組合從未出現過，那麼科學家能夠很安全的認定，這部分是閒蠅免入的限制區。如果一座系統具有週期的行為，一次一次回到同樣的狀態，那麼蒼蠅就會繞著迴路飛舞，一次次通過相空間中相同的位置。物理系統的相位圖，往往能暴露前所未見的現象，如同紅外線攝影，顯示出超乎視覺的外貌和細節。當科學家看到一張相位圖，他便運用想像力追溯系統本身，迴路意味週期性，扭曲對應改變，空曠區域則一筆帶過物理上的不可能性。

　　即使在二維空間，相位圖已足夠引人入勝，甚至桌上型電腦就可大顯身手，把方程式翻譯成彩色的移動軌跡。有些物理學家開始製作影片和錄影帶，向同行展示；加州一些數學家還搞出一系列綠、藍、紅的卡通圖畫──有些同事半惡謔的稱之為「混沌漫畫」。但二維還不夠涵蓋物理學家感興趣的那類系統，它們必須超過兩個以上的變數，也就是兩個以上的維度。動力系統中能夠獨立改變的變數，稱之自由度，亦即系統能沿著這變數軸自由移動。每個自由度，需要相空間中的另一個維度，以確保單點包含了系統狀態完整的資料。梅伊所研究的簡單方程式是一維的，所以一個數字就足夠了，它也許代表溫度或人口，那數目界定了一維線上某特定點的位置。勞倫茲那座極端簡潔的對流系統是三維的，倒不是因為流體在物理空間的三維中活動，而是因為系統需要三項獨立的數字，才能確定任何時刻的流體狀態。

　　處理四維、五維或更多維空間的視覺圖像，會讓最聰慧的拓樸學家絞盡腦汁。但是複雜系統有許多獨立變數，數學家必須接受，系統可能擁有無窮多自由度這種事實，不受束縛的大自然，會在紊

亂的瀑布或深不可測的頭腦中現身,無限維度的空間將很適用。但是誰會處理這種事情呢?它是九頭怪蛇,張牙舞爪而難以馴服,這像藍道心目中的紊流:無窮多的可能狀態、無窮多的自由度、無窮多的維度。

有限中的無限

物理學家有充分理由,嫌厭這種本性曖昧的模式,縱使用世界上最快速的超級電腦,處理流體運動的非線性方程式,也僅僅能精確追蹤一立方公分範圍內,不到幾秒鐘的軌跡。我們不能把這種窘境怪到藍道頭上,大自然就是這調調,不過藍道的描述終究差強人意。且不管任何知識,物理學家都應該懷疑,很可能還有一、二項原理未見天日。偉大的量子理論家費曼說出了這種感覺:「有件事時常困擾我,依據我們今日所知的法則,不管對象在多小的空間和多短的時間內,勢必需要一部計算器無限多次的邏輯操作,才能算出會發生些什麼事。那樣小的空間如何能容納這麼多的可能性?為什麼不能反過來,運用無限量的推理,來了解極小時空範圍內發生的事?」

就像許多研究混沌現象的生手,惠依也開始懷疑紊流令人眼花瞭亂的現象中,那些夙起夙落的渦旋、螺渦、糾結不已的流線,還隱藏了一些未為人知的規律。他在心中推測紊流裡耗散的能量,一種朝向吸子的拉力,一定會導致相空間向內皺縮。當然這粒吸子不可能是固定點,因為流動永遠不會靜止,注入系統的能量和消耗的一樣多。但還可能是哪一類吸子呢?根據教條,只剩下一種其他的可能存在,它是一種週期性吸子或稱有限循環,是一條會吸引鄰近

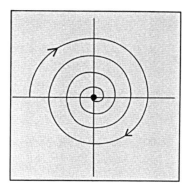

吸子可能為孤點，若摩擦力持續消耗鐘擺能量，所有的軌跡向內螺捲，趨向一穩定狀態的孤點。在這例子中，即是運動寂止。

軌道之軌道。如果一具鐘擺從彈簧獲得能量，又因摩擦失去能量，也就是如果鐘擺受到的驅力和滯阻收支相抵時，相空間中會形成封閉的迴路，非常穩定，代表骨董鐘擺規矩耐心的擺動。不管鐘擺從何處開始，都將歸復於同一條軌道。鐘擺真會如此嗎？那些以最低能量啟動的狀況，鐘擺仍會停頓下來，所以系統實際上還是有二種吸子，一是封閉迴路，一是固定點。每種吸子皆有它的「盆地」，就像兩條鄰近的河流擁有各自的流域。

　　相空間中短期內任意一點，皆可能當作動力系統之某種狀況，但長久以往，唯一能允許的活動狀態則是吸子本身，其他的運動都是過渡的。由定義來看，吸子最要緊的特質是穩定；在實際狀況，系統會不斷受到外界噪訊的衝撞扭曲，但無論如何運動總會回歸向吸子。一次衝撞會暫時造成脫逸常軌，但意外的運動會一晃消逝，縱使讓貓咪玩弄擺錘，一座時鐘也不至於變成一分鐘有六十二秒。另外一方面，流體中紊流包羅萬相，從來不會定下來服從單一韻

律，並排斥其他律動。紊流為人熟知的特點，就是同時涵蓋所有可能發生的寬廣頻譜。紊流就像極致的噪訊或靜電，而這樣的東西會是一座簡單決定性系統的產物嗎？

惠依和塔肯斯懷疑其他吸子會具備這些特性，一要穩定──這代表經歷過紛擾世界後，動力系統恢復最終狀態；二是低維度──相空間中的軌跡，必須限制在長方形或箱形內，只有幾個自由度；三是非週期性──從來不重複自己，永遠不落入一成不變骨董擺鐘的結局。這問題向幾何學扔出一道謎題：在有限空間中，如何畫一條既不會重複自己，也不會交叉的軌跡。因為在決定性系統的相空間裡，一旦軌跡碰到經歷過的一點，意味所有發生過的事又會從頭再來一遍，如此循環不已。若要包容每一種律動，軌跡勢必要在有限區域裡拉成無限長。換句話說，雖然這字眼尚待發明，其實答案不折不扣就是碎形。

基於數學推論，惠依和塔肯斯宣稱這樣的怪物一定存在，他們肉眼看不見，也畫不出形狀，但是宣告本身就足夠了。稍後，惠依在華沙舉行的國際數學大會致詞，他胸有成竹的聲明：「科學大眾對我們的建議反應十分冷淡，有關從少數自由度能開展連續頻譜的概念，尤其被許多物理學家視為異端邪說。」但是，最後還是物理學家，一小撮物理學家，體會到 1971 年這篇論文的重要性，開始挖掘它埋藏的意義。

理論與實驗齊頭並進

1971 年時，科學文獻已經留下了一條尾巴，證明惠依和塔肯斯想復活的無法思議怪獸。勞倫茲 1963 年以決定性混沌為題的論文

中，包含一張附圖，圖片中右邊有兩條曲線，一條包著另一條，左邊則有五條曲線。電腦花了五百次連續的運算，畫出這七條迴路，這些是相空間中沿著軌跡移動的點，繞著迴路，代表勞倫茲三個對流方程式所模擬的緩慢、不規律的流體轉動。因為系統有三個獨立變數，吸子就躺在三維相空間中。儘管勞倫茲只畫出它的局部，他能透視的遠超過他所畫的；那是一種雙螺旋，像一對靈巧無比，翩翩飛舞的蝴蝶翅膀。當系統加熱，推動流體朝向一方繞動，軌跡全留在左翼，當旋轉運動停止或反轉，軌跡便轉向另外一側。

吸子是穩定、低維度而且非週期性的。它從來不和自己交錯，因為一旦如此，就會回到曾走過的點上，然後運動會沿週期性迴路重複自己，但這些事永遠不會發生，這就是吸子神妙莫測之處。那些迴路和螺旋無限的深遠，從來不會接觸，同時仍舊停留在有限空間中，被局限在盒子內。這如何辦得到？如何在有限空間中裝滿無窮無盡的路徑？

這年頭還在曼德博的碎形圖案氾濫科學市場之前，構建這種形狀的細節還很難想像。勞倫茲在他努力的描述中注明「顯然的矛盾」，「很難縫合兩片湊在一起的平面，各自包含自己的螺旋，卻不能讓兩條軌跡互相碰觸到。」他這麼寫著，真正的答案逐漸浮現在他眼前，那種精緻的結構，絕非他原始型的電腦所能形容。

當左、右螺旋開始銜接之際，平面一分為二，裂開成夾心餅乾那樣的結構。「我們看到的每個平面，其實疊合了兩片緊貼的平面，當每對平面左、右疊合的時候，又在銜接處分裂成四片，再旋轉一圈回來合併，就會有八面。最後的結論是，總共有無窮多數複雜的表面，每片卻極靠近銜接點，同時又緊緊貼靠在一起。」不能責怪1963年代的氣象學家對這推測失之交臂，縱使惠依在十年後

發現勞倫茲的工作時，也還未體會到其中驚天動地之處。次年，他曾拜訪過勞倫茲，但很少談論到他們的共同領域，不禁略微失望。由於勞倫茲本性淡泊謙虛，他把這次會面完全當成社交性的，於是兩對夫妻相偕參觀美術館。

　　惠依和塔肯斯投出的球，順著兩條路徑往前滾下去。一條是理論的奮鬥，將奇異吸子具象化，勞倫茲吸子是否為典範？還有哪些其他的形狀可能如此？另一條途徑則是一連串實驗工作，以便證實或反證一次非數學之信念躍升，確定奇異吸子能否應用於自然界的混沌現象。

　　在日本，數學家上田（Yoshisuke Ueda）則研究模擬像彈簧但快得多那樣的電路，結果發現了一組非常漂亮的奇異吸子（他遭遇到惠依經歷冷淡反應的東方式版本：「你的結果充其量不過是近似週期的振盪，不必心跳加快。」）。來到德國，不開業的醫學博士洛斯勒（Otto Rössler）研究化學和理論生物學時，也被扯入混沌理論。他的怪招是把奇異吸子當成哲學課題，然後才補充數學。洛斯勒的大名，後來和一種極為簡單的吸子連在一起；這種吸子像一束緞帶，很容易畫出來，所以研究也多。他還使更高維度的吸子具象化——就像「臘腸中裹了臘腸又裹了臘腸」，他會說：「掏出來，折疊它、擠壓它；再塞回去。」的確，折疊和擠壓空間，是建構奇異吸子的關鍵，也可能是解決背後動力系統的關鍵。洛斯勒覺得世上某項自我組織的真理亦深藏其中。他想像跑道盡頭風筒般的東西，說道：「一條開敞的長筒，洞口常開，風被迫吹進裡頭。然後風陷住了，雖然違反了風的意願，但能量做了許多建設性的事情，就像中世紀歷史上的惡魔。基本原理是：大自然往往心不甘，情不願的做一些事，作繭自縛，同時也麗質天生。」

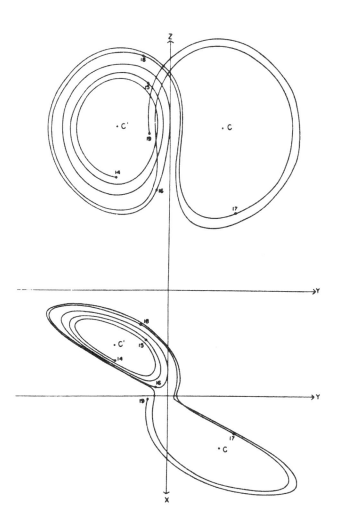

第一顆奇異吸子。1963 年勞倫茲只能計算他簡單系統的頭幾圈吸子運動，但是他能透視兩片螺紋翅膀交織的奧祕，勢必經由肉眼難見的精細尺度，密縫成巧奪天工的結構。

　　畫奇異吸子的圖案可不是等閒小事。通常，軌跡會沿著複雜路徑，經過三維或更多維空間，擠成大墨團，根本讓外界無從蠡窺其內部結構。

　　為了把這些三維線團轉換到平面圖上，科學家運用投影的技巧，每一幅圖形代表吸子在平面上之投影。但碰上複雜詭變的奇異吸子，投影只會弄糊塗本來就難以解讀的混亂，這時就需要一種更犀利的技術，稱為反切圖或龐卡萊映射，這方法就是從糾結的吸子核心中採集一瓣切片，取出二維的部分，就像病理學家把組織切片製成幻燈片一般。

　　龐卡萊映射減掉吸子一個維度，而把連續線變換成為點的集合，如此吸子逐步分解為龐卡萊映射。科學家內心期望，經過這道手段後，吸子仍舊能活龍活現。舉例來說，他可以想像奇異吸子轟隆轟隆在他眼前疾馳而過，軌跡穿越他的電腦螢幕，上下左右前後忙碌移動。每一次當軌跡通過螢幕時，就會在螢幕交錯處留下一粒鮮明的點，逐漸這群斑斑駁駁的點，若非十分零亂，不然就顯現出螢火般有意義的輪廓。

　　這樣的過程相當於很頻繁的從系統演化中取樣，而非連續追蹤。什麼時候採樣？從奇異吸子何處部位下手切片？這裡面很有讓研究者發揮的餘地。最佳間隔之決定，往往視系統的物理性質而定，例如龐卡萊映射採集鐘擺每次經過最低位置的速度，研究人員也可以選擇某些固定時間的間隔，造成如閃光燈連續凍結的系列。無論採用什麼方法，這些圖案終究會使得勞倫茲所臆測的碎形結構原形畢露。

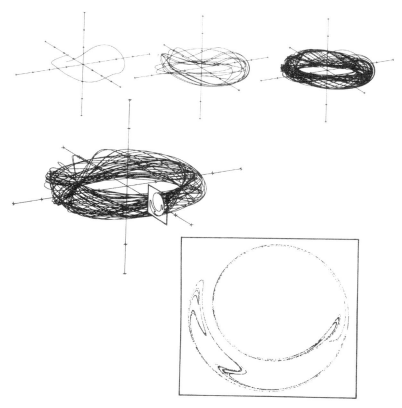

剖析一顆吸子的構造。 上圖奇異吸子經過一圈、十圈、一百圈環繞，每轉一圈，若受到某種刺激，便因而偏離原有軌道，經過一千圈長跑，吸子已經圍成密不透風的環靶。

深入其結構，電腦剖析吸子的橫截面，所謂龐卡萊切片，這技巧讓三維空間圖形簡化成二維圖，每當軌跡穿越平面，就會留下點痕，漸漸，細微形態浮顯，上例包括八千點，每一點代表一次軌道洞穿的痕跡。實際操作上，系統每隔一定間隔取樣，如此，一種訊息因之流失，藉以凸顯另一種訊息。

天文學中的奇異吸子

　　最簡單，因此最具啟發性的奇異吸子，源於一位和紊流奧祕遙不相關的人士：在法國南海岸尼斯天文台工作的天文學家漢諾（Michel Hénon）。當然，就事論事，動力系統從天文學研究發軔，行星的規律運動讓牛頓贏得勝利，讓拉普拉斯獲得靈感。不過，天體力學和地球上大多數系統，在一項重點上截然不同：一般系統因摩擦而損耗能量，天體系統卻否；它們是守恆的，或稱漢米頓力學式的。其實在極微小的尺度，即使天文系統也會遭受到某種拖力。星球向外輻射能量，而且旋轉之際潮汐摩擦會損耗某些動量，不過從實際觀點，天文學家計算時可以忽略這些耗散。然而若無耗散，相空間就不會皺縮，千層餅那樣的碎形結構亦將無法著手，奇異吸子永遠不會出現，混沌現象還能發生嗎？

　　許多天文學家的生涯悠久而愉快，根本不必理會動力系統，但漢諾例外。他於 1931 年生在巴黎，比勞倫茲年輕幾歲，不過同樣對數學懷抱略帶遺憾的迷戀。漢諾喜歡小規模又有物理實感的具體問題，他會說：「不像近來流行的那種數學。」當電腦價格降到適合業餘者時，漢諾買了一部黑斯奇牌（Heathkit）電腦。在這之前，他一直鑽研動力學中頂頂傷神的球狀星團（globular cluster）問題：星體推擠成球，有時候一處包括有一百萬顆星星，形成夜空中最古老、最讓人驚心動魄的景象。球狀星團具有出奇稠密的恆星密度，它們如何糾結在一起以及隨時間演化？這已經困惑了天文學家整整一世紀。

　　從動力觀點看來，球狀星團應該算是一道龐大的多體問題。雙星系統不費吹灰之力，牛頓已經完滿解決。如地球和月亮一樣，

每個星體繞著系統的共同重力中心，沿著完美的橢圓運轉。然而，只要再增添一顆具有重力的物體，全盤皆將改觀。三星問題非常棘手，甚至比棘手還要糟糕。如同龐卡萊所發現，除了少數特例，根本無解。軌跡可以用數值方法計算一小段時間，如果電腦夠力，這段時間可以拉長，但遲早錯誤會不請自來。方程式缺乏解析解，這意味著三星系統之長期演進並無答案。太陽系是否穩定？短期看來似乎如此，不過時至今日，沒有人能肯定某些行星的軌道，會不會愈來愈離心？也許有一天，其中一顆星球會永遠飛離太陽系。

　　一座像球狀星團的系統太複雜了，不能直接視為多體問題來處理，但是，一些動力性質倒可能採用折衷方法分析一番。例如我們可以想像，個別恆星受到平均重力場的影響，繞著某個特別的重力中心運行。但這假設常會出現狀況；兩顆恆星湊得太近，必須分別考慮其交互作用。天文學家知道，球狀星團一般來說必定不穩定。其中會孕育雙星系統，恆星在相當窄小的軌道中配對，當第三顆恆星插入雙星，三顆恆星中的一顆，將會遭受激烈的反衝。恆星會透過這樣的交互作用，得到足夠大的能量，達到脫離速度，永遠告別了星團，然後剩下的星團會稍微收縮。1960 年在巴黎，漢諾選擇這題目當作博士論文，做了一項相當任意的假設；當星團改變尺度，自我模仿的特性不變，據此計算，他得出膽顫心驚的結果：星團核心會崩潰，動能上升，朝向無限濃厚之密度聚集。這很難想像，此外，也無法獲得已知的觀測支持，但是慢慢的，漢諾的理論站穩了腳步，後來稱為「重熱崩解」（gravothermal collapse）」。

　　受到以上成功鼓舞，他於是樂此不疲替老問題安裝數學，樂此不疲尋求不經之談。他開始研究簡單一些的問題。1962 年他訪問普林斯頓大學時，首度接觸電腦。就像勞倫茲應用電腦來研究氣象

一樣，漢諾開始模擬環繞銀河中心的星球軌道。根據一些合理的簡化，銀心軌道可以當成環繞恆星的行星軌道同樣處理，只有一項改變：中央的重力源不再是一個點，而是占據三維空間，具有厚度的圓盤。

　　他如此解釋和微分方程式結下的緣分：「為了爭取更多的實驗自由，我們暫且丟開問題之天文背景。」雖然那時候他吞吞吐吐，「實驗的自由」一部分的意思，就是把玩原始電腦的自由。他的機器只有二十五年後一部個人電腦不到千分之一的記憶量，速度也很慢，但如同後來的混沌實驗，漢諾發現簡化是絕對值得的。只要抓住系統中的精髓，他發現一些能夠推到其他系統，甚至更重要系統的普及性質。多少年後，銀心軌道仍然是一場理論遊戲，但是那些專攻高能加速器之粒子軌跡，或者核融合中控制磁性電漿的專家，已經接管了這類系統的研究，方式亦改觀為密集、昂貴的實驗。

　　銀河系裡的星球軌道，如果以二億年的時間尺度觀測，會呈現三維形狀，而不是完整的橢圓形。不論在真實物理空間或相空間，三維軌道皆如鏡花水月，很難具象化，所以漢諾開發了一種比擬龐卡萊映射的技巧。他樹立一張想像的紙，正切過銀河的一側，於是乎每次軌道經過，都會洞穿紙張，如同跑道上的馬匹衝過終線。然後在軌道通過平面時刺穿一點，一次次軌道的穿越點，會留下整齊排列的紀錄。

　　漢諾必須親手描畫這些點，但後來許多使用這項技巧的科學家，終於使點列自動在電腦螢幕上出現，像夜幕沉落，街燈從遠處一排燃亮，正常的軌跡可能從紙頁左下方冒出第一顆點，然後下一輪會在右方幾公分的地方出現第二顆點，然後另一顆更靠右且上升……依此類推。剛開始時看不出什麼明顯的形態，不過累積了十

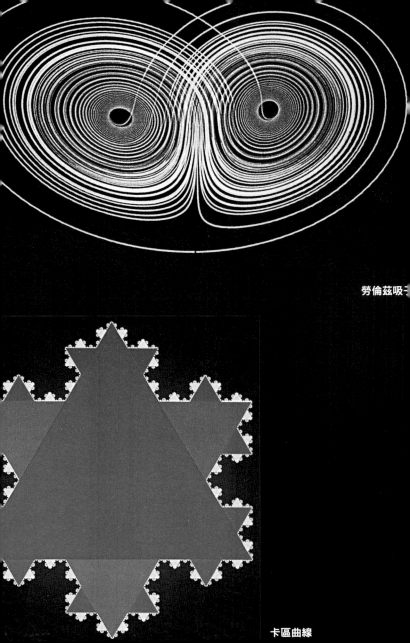

勞倫茲吸引

卡區曲線

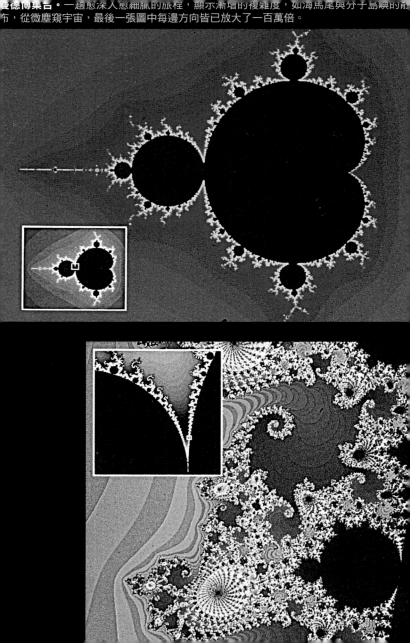

曼德博集合。一趟愈深入愈細膩的旅程，顯示漸增的複雜度，如海馬尾與分子島嶼的分布，從微塵窺宇宙，最後一張圖中每邊方向皆已放大了一百萬倍。

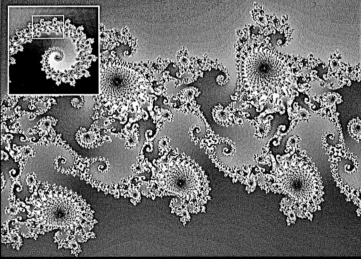

牛頓法的複雜邊界。四顆黑洞,吸引圖上各點,造成「吸子盆地」,每顆吸子用不同顏色表示,邊緣極端複雜。這圖形描述從當地起始值,如何收斂到四種可能的答案(方程式 $x^4 - 1 = 0$ 的解)。

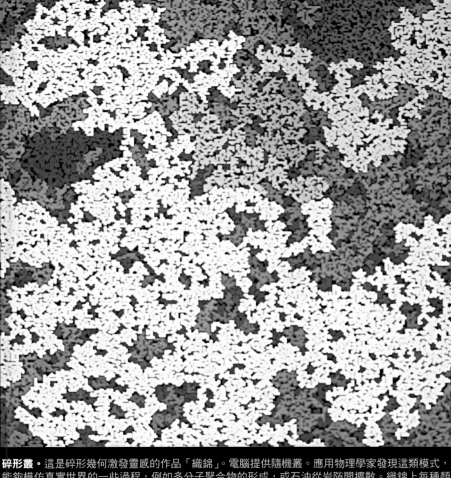

碎形叢。這是碎形幾何激發靈感的作品「織錦」。電腦提供隨機叢。應用物理學家發現這類模式，能夠模仿真實世界的一些過程，例如多分子聚合物的形成，或石油從岩隙間擴散。織錦上每種顏色代表串連的一堆集合。

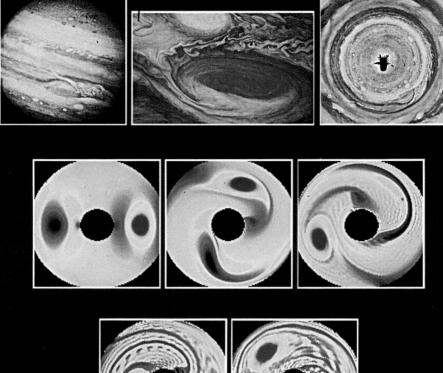

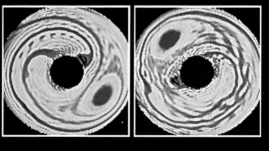

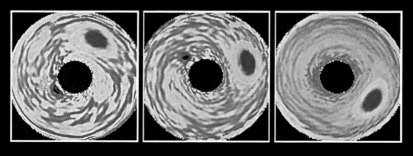

大紅斑,真實與模擬。航海家太空船顯示,木星表面充滿了沸騰騷動的液體,沿著一道一道東、西走向的水平流飄移,從赤道及南極鳥瞰大紅斑。

馬卡斯電腦模擬的大紅斑,由南極俯視,顏色意味不同的流向,順時鐘旋轉為紅色,逆時鐘藍色。不管從何處開始,藍色皆終將迸散,而紅色會凝聚成孤塊,穩定、完整之中流砥柱。

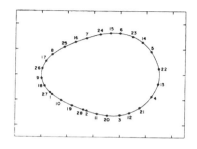

環繞星系中心的軌跡。從星系了解星辰的軌跡，漢諾計算軌跡穿越平面的洞痕，所得到之類型，視系統能量多寡而定。穩定軌跡的點集，逐漸連綿成完整的環狀。能量不同，會導致穩定與混沌斑駁交錯的區域，混沌意味零散之點。

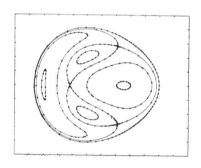

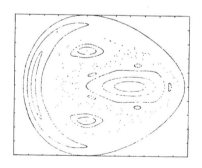

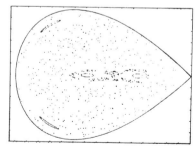

或二十顆點之後，逐漸顯影成蛋形的曲線，連續的點大致圍成圈圈，不過因為它們從來不會回到以前的位置，當你蒐集了數百或數千點後，最後的曲線將會輪廓鮮明。

因為它們絕對不重複自己，這樣的軌道不可能完全守秩序，但預測完全不成問題，而且根本不像混沌。點不會落到曲線內側或外側。把它們恢復成完整的三維結構，軌道應該分布在一個粗滾滾的圓環或甜甜圈之內，而漢諾圖是圓環的切面投影。到目前為止，這些事情都了無新意。軌道是週期性的，從 1920 年到 1930 年，哥本哈根天文台裡，整整一代的天文學家早已經煞費苦心觀測、計算過上百條這樣的軌道，不過他們只對那些證實為週期性的軌道感興趣。漢諾承認，那時候「我也人云亦云的相信，所有的軌道都應該有所規律。」不過他和普林斯頓的研究生海爾斯（Carl Heiles）接著計算不同的軌道，並穩定增加這座抽象系統的能量，不久，一幅嶄新的天地開展在眼前。

起初，蛋形曲線愈扭愈複雜，自己交錯成 8 的形狀，再分裂出隔開的迴路。雖然如此，每條軌道仍舊落到某特定的迴路，然後升到更高能階時，又極其突兀產生一大變化，「山河變色」，漢諾和海爾斯如此記載。有些軌跡開始不穩，天女散花般的點分布紙上，某些地方可依稀描出曲線的輪廓，但有些地方則潰不成軍。圖案抹上戲劇性，一片混亂的汪洋中，點綴著井井有條的陸地，天文學家提議用「島嶼」和「島嶼群」這樣的稱呼。他們嘗試用兩種不同的電腦和兩種不同的積分方法，結果皆一致，他們辦得到的只有摸索和臆測。他們單靠數值實驗的結果，對這張圖形的深層結構做出一項猜測：如果放大倍率，從細節會鑽出更多小島，也許會層出不窮，直到無限多。數學證明是下一步，「但是，處理這題目的數學好像

不太簡單的樣子。」

　　漢諾轉向研究其他的問題。十四年後，當他聽說惠依和勞倫茲的奇異吸子，他早已心裡有數。1976 年他已經到面臨地中海，大康尼契（Grande Corniche）高地的尼斯天文台安頓，聽到一位客座物理學家談到勞倫茲吸子。這位物理學家手忙腳亂，嘗試用不同方法闡釋吸子的「微觀結構」，但效果不彰。雖然耗散系統不能算漢諾的專業（天文學家逃避耗散系統，因為它們亂糟糟），他已經有了個主意。

漢諾吸子浮現

　　他決定再一次拋開所有系統的物理動機，集中注意力至幾何本質上。勞倫茲和其他科學家，曾經被流體微分方程式卡住，癥結是微分方程式必須處理時間與空間之連續改變。他改弦易轍，轉而研究差分方程式，於是每隔一陣間隔才需要預測。他相信關鍵在於相空間中，不斷重複的拉長與折疊，就像糕餅師傅揉麵團，折疊、揉平、再折疊，最後做出一塊多層的結構。漢諾畫下一個扁平的橢圓形，他從拉扯著手，選了一則短短的數值方程式，可以轉換橢圓上任何一點，到一枚中心向上拉長的拱形。這是一種投影，從一點變換到另一點，整個橢圓形被投射在拱形上。然後再選擇第二段投影，這次向內收縮拱形，使其擠扁。第三段投影把弄瘦了的拱形翻過身，於是乎整整齊齊排在原始構圖的旁邊。為了計算方便，三段投影被組合成一條簡單的函數。

　　精神上，他大致跟隨史邁爾之馬蹄鐵概念，整個數值過程十分簡化，可以不費吹灰之力用計算器執行，任何一點都有對應的 x、y

坐標，可確定其水平及垂直位置。找新 x 的方法是拿舊 y 加 1，再減掉 1.4 乘上舊 x 的平方。找 y 的方法則是乘上 0.3 舊 x。也就是：$x_{new} = y + 1 - 1.4x^2$ 和 $y_{new} = 0.3x$。漢諾隨意選擇一個起點，拿起他的計算器叮叮咚咚畫出新的點，一個接著一個，直到畫出上千個。後來他用一部真正的電腦 IBM 7040，很快的畫出五百萬點，而且任何人用個人電腦，加上繪圖展示器都可以很容易辦到上述結果。

一開始，點彷彿在螢幕上活蹦亂跳，這種效果來自三維吸子的龐卡萊部分，這行為一副神經兮兮的模樣。但不久便開始具體成形，類似香蕉的輪廓圖形。程式執行得愈久，細節愈清晰，部分輪廓似乎有一點豐腴，但再執行下去，豐腴部分裂成兩條各行其是的線，然後兩條再分裂成四條；其中一對較為接近，另一對遠遠分開。再繼續放大，四條線之每一條線又分裂成兩條線，依此類推，一直到無窮細緻。如同勞倫茲吸子，漢諾展示無窮迴歸的特質，就像一個俄羅斯玩偶肚裡藏了另一個玩偶，無止盡縮小下去。

線中有線，這種網巢狀的細節可以從連續放大的圖片中領略。但奇異吸子的譎麗效應，還需透過另一個角度去了解。當形體浮現，東一點西一點，就像霧中魅影，新點漫無章法的濺滿螢幕，似乎散漫又虛無，何況是如此複雜又細緻的結構。任何前後出現的兩點漠然毫不相關，就像紊流中兩個起初相鄰的點，就算已經累積了任意數目的點，誰也不能猜測出下一個將會出現的位置，當然，唯一能確定的是，它會落在吸子上。

點如此任性遊蕩，圖案飄忽不定，很難讓人聯想起這形狀是吸子。它不只是動力系統的軌跡，也會吸引其他軌跡收斂至此，因此起始狀態的選擇不必介意，只要開始的起點在吸子附近，以後的點便會極快的奔向吸子。

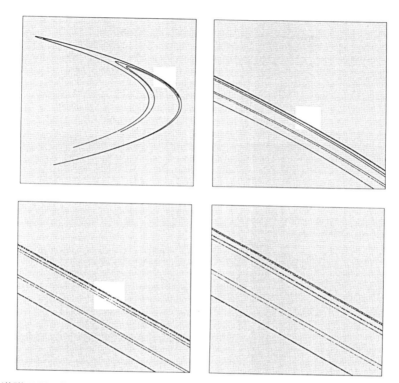

漢諾吸子。揉合拉、捏兩種簡單工夫，便很不費事的製造出一粒吸子，然而行易知難，尤其從數學觀點，成千上萬，甚至以百萬計的點集合描寫細節，粗看像一條線，放大後，似乎成雙，又其實像成雙的兩對線，儘管如此，鄰近的兩點是否落在同一根線上，誰也不敢講。

一切方興未艾

惠依於 1974 年造訪古勒伯和史文奈，在紐約市立學院的實驗室，多年來，這三位物理學家早已惺惺相惜，意識到理論和實驗之間的關連。他們共享一片數學天地，大膽想像，技術游移。一根盛

裝紊流的圓柱，外觀平凡，但顯然跟古舊理論脫節。史文奈和古勒伯攜妻前往阿第倫達克（Adirondack）山上的小木屋渡假前，三人消磨了一下午。那時他們未目睹奇異吸子，也還未測量出紊流觸發的真相，但是他們已知道藍道的說法錯誤，也猜想惠依可能是正確的。

　　奇異吸子是構成世界的元素，電腦使它顯露真身。開始時只是茫無頭緒的猜測，僅僅在許多二十世紀偉大的夢想之間激起浪痕，一旦電腦映出它如畫的面貌，彷彿人們早已於內心熟稔；從紊流吟吟的歌唱，從雲朵如帷散置天空，大自然暗中自有分寸，依照隱匿的法則，零亂被束成圖案。

　　後來，經歷過對奇異吸子的辨認，導致數值探索者更明確的一套程序，混沌革命如火上加油熊熊燃燒起來。他們上天下海挖掘奇異吸子，只要自然露出一點不對勁，許多人便聲稱地球天氣躺在奇異吸子上。有些人蒐集了大量股票市場的資料，開始從中尋找奇異吸子，從電腦中檢視混亂現象。

　　在 1970 年代中期，這些發現只是替未來開路，還沒有人於實驗中親眼看到奇異吸子，甚至連如何著手亦全無頭緒。理論上，奇異吸子正足以提供混沌的血肉，對初始條件的敏感度，即為其一大貢獻，「混合」是另一貢獻，這對要考慮油料和氧氣有效組合的噴射引擎設計者極具意義。但是沒有人知道如何去測量這些性質，如何量化？奇異吸子具備碎形模樣，意味它們的真實維度絕非整數，但是沒有人曉得如何去量維度，即使量出來，如何應用於工程上亦是另一項問題。

　　最重要的是，沒有人能預知奇異吸子，是否能解答非線性系統的深層疑惑。非線性系統不像線性系統那樣，易於計算又易於分

類，天性難以規範。每一座皆特立獨行。科學家已開始懷疑它們究竟是否具有共通的性質。然而，每次測量或計算，特定的非線性系統皆自成天地，知其一無法知其二，類似勞倫茲發現的那種吸子帶來穩定性，以及發掘從混沌湮滅中找回的圖案。究竟這種特殊的雙螺旋是否有助探索下一座系統？無人知曉。

到目前為止，興奮本身遠超過純科學，科學家看到這些形狀，會渾然遺忘所有科學的行規，惠依曾說：「我還沒有提到奇異吸子之妖豔魅力。這些曲線、這些斑駁雲朵，有時讓人聯想到煙火或銀河，宛如異國風格，又似奇花異草。總之，這裡深藏著陌生的國度，等待探索，也許存在天人之間的和諧，一切都方興未艾。」

第6章

普遍性

這些線條反覆交織成金碧輝煌，
在地面所形成的循環，
帶來了旋風、大風暴與雷電。

——英國劇作家馬洛（Marlowe）
《浮士德博士》（*Dr. Faustus*）

費恩鮑的啟示

　　從瀑布回溯數十碼，流暢的溪水似乎預知它即將傾瀉。水流加速，溪水悸動著，各個小支流像暴突的血脈一樣鼓漲著。費恩鮑（Mitchell Feigenbaum）站在溪邊，穿著運動外衣和燈芯絨褲，他微有汗意，抽著菸。原本一起散步的朋友，已經先去上流比較安靜的水塘那兒了。突然間，他以一種類似網球觀眾的瘋狂專注，開始左、右搖擺頭部。「你可以把焦點放在一樣東西上，譬如泡沫或什麼的。如果轉動得夠快，你剎那間可以辨別出表面的所有結構，你在胃裡都可以感覺到。」他深深吸了一口菸，「但是對任何有數學背景的人來說，如果你看著這些東西，或一片疊一片的雲朵，或站在暴風雨的防波堤上，會發現自己其實什麼也不知道。」

　　混沌中的秩序是科學界的老生常談。自然界中隱藏著和諧與一種共同的基本形態，本質上深具吸引力，不幸這一點對那些偽科學家和偏執狂亦同具吸引力，幾乎史不絕書。費恩鮑 1974 年到羅沙拉摩斯國家實驗室時，還差一年才三十歲。他知道如果物理學家要就此主題加以發揮的話，便需要一種實際的體系，好把思想化為演算。但是他對如何著手尚無明確概念。

　　費恩鮑受雇於卡魯塞斯（Peter Carruthers）。他在 1973 年從康乃爾來接管理論部門。這位物理學家沉靜，親切，卻又莫測高深。他的第一項行動是解雇六位資深科學家（羅沙拉摩斯的研究員不像其他大學一樣，享有終身生俸），以一些他精挑細選的年輕研究員取而代之。身為一位科學的管理者，他有強烈企圖心，但經驗告訴他，好的科學不見得能被預先籌畫：

「如果你在實驗室或華府成立了一個委員會，然後公布『紊流的確是我們的方向，我們必須去了解它。對它的無知已經形成阻礙，讓我們在許多相關學門的腳步慢下來。』那麼，你當然會雇用一組人，弄來一部大電腦，開始操作大程式，結果什麼都做不出來。而我們這裡有這個聰明的傢伙，安靜坐著，當然也同別人交談，但大多時候單槍匹馬工作。」

他們討論紊流，但是時光流逝，甚至連卡魯塞斯也摸不清費恩鮑要前往何方：

「我本以為他已放棄，並找到另一個新問題。我卻不知那個新問題其實就是同樣的老問題，而科學界中許多不同的領域，似乎也在這問題上卡住——他們都在系統之非線性行為上卡住了。沒人預料到，這問題的適當背景來自粒子物理，要能夠了解量子場理論，和了解量子場理論中稱為重整群（renormalization group）的結構。沒有人知道，你還需要了解隨機過程的一般理論，以及碎形結構。」

「而費恩鮑擁有適當的背景，時機抓得很巧，表現優異，手腳俐落。他徹底解決了整個問題。」

費恩鮑帶給羅沙拉摩斯一項啟示，就是他學過的科學對於非線性這棘手問題一敗塗地。身為物理學家，他簡直什麼都還未做出來，但是他累積了不尋常的知識背景，能嫻熟操作最具挑戰性的數學分析，這種犀利的新工具讓多數科學家望之卻步。有時候，他需

要稍稍抑制自己，避免那種十八世紀、似乎不太科學的浪漫情懷。他追求的是全新的科學。為此，他必須先拋開一步登天的念頭，擱置所有真刀真槍的繁複計算，而轉向他能找到之最簡單的非線性方程式。

當秩序轉為混沌的時刻

　　二次大戰後不久在布魯克林的弗烈特布希（Flatbush）區，四歲大的費恩鮑，透過他父母起居室裡的銀調牌（Silvertone）收音機，第一次感受到宇宙奧祕。音樂若虛無縹渺處浮蕩而來，使他神魂顛倒，留聲機對他而言倒頗可思議，因為祖母給了他一架放七十八轉的舊貨。

　　他的父親是位化學家，起初服務於紐約港務局，後來轉到可麗柔（Clairol）公司。母親則執教於城裡的公立學校。費恩鮑最初決定當電子工程師，這在布魯克林是眾所週知挺正點的謀生之路，後來他才知道，若想了解收音機，他必須先往物理中鑽。最後成為紐約外圍長大的新世代科學家之一，紐約優越的公立學校系統人才輩出，他個人經歷的途徑，先是山繆提爾頓中學（Samuel J. Tilden High School），然後是紐約市立學院。

　　就某種程度上，要在布魯克林機伶伶的成長，必得在心靈與凡俗之間小心翼翼走鋼索。當他還很年輕的時候，即顯得十分四海、上道，這一點他自認是從未挨揍的關鍵。但是他開始沉迷於學習，便一下子開竅，從此離群索居，厭於夸夸之談。到了大學最後一年，他突然覺醒他完全錯過了少年時期，他於是刻意再回歸人群，他會靜靜坐在咖啡座，聽學生嘰嘰喳喳談論刮鬍膏、食物這些瑣

事，逐漸他從交談裡學到不少科學。

他畢業於 1964 年，然後赴麻省理工學院，1970 年獲基本粒子物理學博士學位，之後在康乃爾和維吉尼亞綜合理工學院虛擲了一無所獲的四年——一無所獲，是因為以一位在大學工作的年輕科學家來說，抓住一些順順當當的題目，穩穩健健的出版論文，才是正務。博士後研究員就是製造論文的，而費恩鮑辦不到這點。偶爾指導教授問起費恩鮑的進度如何，他會回答：「喔！全搞清楚了。」

在羅沙拉摩斯新就職的卡魯塞斯，本身算得上實力雄厚，常以伯樂自居，他所尋找的不是聰慧，而是天賦異秉的創造力。他還記得威爾森（Kenneth Wilson）的例子。這位溫吞吞的康乃爾物理學家，似乎從來不發表論文，但只要你耐心傾聽，就會體會到這是一位近乎通靈的物理天才。威爾森的終生俸問題引起激烈爭辯，最後那些情願為他潛力背書的物理學家占了上風，於焉宛如水壩決堤，洪水般的論文開始從威爾森抽屜一篇又一篇湧出，其中包括為他贏得 1982 年諾貝爾獎的那些工作。

威爾森對物理學的偉大貢獻，連同另外兩位物理學家卡達諾夫（Leo Kadanoff）和費雪（Michael Fisher）的工作，成為混沌理論的重要先驅，這幾位人物，殊途同歸的思索相變之奧祕。相變就是研究物質從一種狀態變為另一種狀態的行為；比如從液態至氣態，或從非磁化到磁化。兩種涇渭分明世界的疆界窄而突兀，相變數學因此相當傾向於非線性。在氣態、液態時物質呈現平緩、單純且易於預測的性質，對於了解相變毫無裨益。放置爐子上的一壺水隨時間穩定加熱，到達沸點則形勢大變。溫度停止上升，而這時液體和氣體間之分子界面，發生一些奇特的事情。

1960 年代，當卡達諾夫思考這件課題時，相變是一樁智力的

大挑戰。試以一塊被磁化的金屬舉例，當它進入一種有秩序的狀態時，必須面臨抉擇。磁極能向某方向，也能朝向相反的方向，抉擇是自由的，然而金屬中每一小片，皆要不約而同做出一致的選擇，要怎麼辦到？

在選擇過程中，金屬原子必定彼此互通聲息。卡達諾夫洞察到，用尺度描述此種傳遞最為恰當。其實，他想像把金屬分割成方塊，每個方塊和相鄰的方塊交換訊息。描敘這種溝通的方式，相當於描述原子之間連繫的方式。這裡就可以看出用尺度思考的優越之處。最好把金屬想成碎形模式，包括大大小小各種方盒子。

尺度這主意若要完全發揮威力，還需要深度數學分析，再加上詳盡的實際經驗，卡達諾夫覺得他碰上一件很纏人的問題，但也可能開啟了一整個塊麗、自足的世界，相變之美，有一部分來自其普遍性。卡達諾夫的想法，提供臨界現象的精髓一處堅固的立足點，也就是確定比如液體的沸騰、金屬的磁化這些表面看來漠不相關的轉換，皆遵循著同一法則。

重整群大展身手

然後威爾森在重整化的大旗之下，統一各家理論，建立了執行實際計算的有效方法。重整化於 1940 年代開始在物理界發跡，是量子理論的一部分，用來計算電子和光子的交互作用。這種計算的困難之處，如同卡達諾夫和威爾森耗盡心思的計算問題，癥結在於有些項目需要當成無限量來處理。這種工作又麻煩又討厭。費曼、施溫格（Julian Schwinger）、戴森及其他物理學家所設計的系統重整化方法，消滅掉項目中的「無限性」。

　　一直到很久以後的 1960 年代，威爾森才鑽研出理論基礎，解釋重整化成功的理由，像卡達諾夫一樣，他也想到尺度化原理，有些數量一直被視為固定的，如粒子的質量，也如同日常經驗裡任何物體的質量皆為固定。「重整化」是一條捷徑，之所以成功，是因為它視若無睹「質量為固定的」這種想法。這些量被視為浮動的，全部由尺度來決定，看起來匪夷所思，但是它完全符合曼德博心目中的幾何形狀及英格蘭海岸線，它們的長度無法脫離量尺而客觀認定，觀測者與對象的相對位置——遠或近，即從海灘或從衛星會影響結果。而曼德博也看出隨尺度的變化不是隨心所欲的，它遵循著一定的規則，質量或長度標準測量雖然游移不定，但另外一種數量則維持固定。在碎形的例子裡，這不變量就是分數的維度——能夠被計算，又能推導其他性質的常數。允許質量隨尺度改變，等於說數學家可以經由尺度辨認系統的相似性。

　　因此以計算之艱巨而言，威爾森的重整群理論，開啟了處理無窮濃密問題的另一佳徑。以前，探討高度非線性問題的唯一方法，就是使用叫做擾動理論（perturbation theory）的工具，你必須假設非線性問題趨近線性解，其間的差異只被當作小擾動，你先解決線性問題，然後不擇手段解決剩餘的部分，使其擴展成所謂費曼圖。當你需要的準確度愈高，就必須展開愈多這種惱人的圖形，靠點運氣，結果會收斂成一項答案。可惜的是，每次問題開始帶勁的時候，運氣好像就用完了。就像 1960 年代的大多數年輕粒子物理學家一樣，費恩鮑似乎有永遠做不完的費曼圖，使他倒盡胃口，認定擾動理論又沉悶、又缺乏啟發性，愚笨透頂，所以他喜歡威爾森的重整群理論，因為它充分利用自我模仿的特性，提供了融化複雜性的方法，一層層抽絲剝繭。

　　實際運用上，重整群並非易如反掌。選擇正確的演算方式來掌握自我模仿，可不是稀鬆平常的事。幸而早期的一些成功範例，激勵了不少包括費恩鮑在內的物理學家，用之於紊流上。畢竟自我模仿正是紊流的看家招牌；波濤上堆伏波濤，漩渦裡藏著漩渦。但是紊流的觸發——即是當秩序轉為混沌的神祕時刻，究竟是怎麼回事呢？毫無跡象顯示重整群能開啟謎底。例如，並沒有任何證據顯示這些現象會遵循尺度化法則。

浪漫的困惑

　　當費恩鮑還是麻省理工學院的研究生時，有過一段難以忘懷的經驗，他和朋友沿波士頓的林肯池（Lincoln Reservoir）散步，當時他正在培養日行四、五小時的習慣，以便把自己心潮洶湧的印象及意念理出頭緒。那天他踽踽獨行，途中看到一些野餐的人，當他行遠以後，還一直回頭看他們，聽他們的聲音，注意到他們的手勢——或擺動示意、或拿取食物。超越某段距離後，他突然覺得整個情景似乎變得超越現實，難以辨認，人的形體渺小模糊，動作似乎斷斷續續，既無理又混亂；他所聽到的微弱聲音已經失去意義。

　　「生命的動作無止息，生命的喧擾難理喻」，費恩鮑憶起了這句話。這是奧地利音樂家馬勒（Gustav Mahler）描述，當他試圖為第二交響曲第三樂章捕捉靈感時所用的字句：「就像從黑夜遠處，樂聲寂渺的地方，窺伺燈火輝煌的舞廳，人影翩翩，正如這些舞者的動作……生命對你似乎毫無意義。」費恩鮑一邊聆聽著馬勒的音樂，一邊閱讀歌德的作品，沉浸在他們火熱的浪漫情調裡。不用說，歌德的《浮士德》（Faust）是他最心愛的作品，他充分領略到

頂尖的智慧和激情交迸的火花，如果沒有這點浪漫的傾向，他必然會忘懷池邊的困惑。畢竟，距離愈遠，所觀之現象則愈失其義，又有何不妥呢？物理定律對於漸遠漸縮的現象，早已提供簡明的解釋。但是，再加深思後，到底形體的縮小與意義消失間，是否有理所當然的關連？為什麼物體變小時，它們也同時變得難以理解，為什麼？

他很認真應用理論物理的方法，試圖分析這經驗，思考他可以對腦部認知的功能說些什麼。設若你的感官接受到這麼多的訊息，你的解碼系統又如何運作？我們確知，或我們幾乎可以確知，人類腦袋中，並沒有影印萬事萬物的圖像。所以，並沒有一家現成的形象與意念之貯存庫，能夠立刻拿來和我們感知的形象比對。訊息的貯存富有彈性，它能容許種種幻象並列，讓想像奔騰。雖然其中存在混亂，但頭腦較傳統物理更能適應外界，它能從混亂中理出頭緒。

牛頓與歌德之爭

同時，費恩鮑也思索顏色。十九世紀初，科學界一次小小的衝突，源於英格蘭的牛頓派學者，和德國的歌德在顏色本質的問題上意見相左。對牛頓派的物理學來說，歌德的觀念充其量不過是偽科學的漫談，歌德不肯把顏色看成靜止的量，用分光計來測量，將之像蝴蝶標本一般固定在紙板上。他認為顏色是一種知覺，他寫道：「在光線裡尋求平衡與冒險，大自然在她的定限內擺動，如此產生了時空內萬花筒一般的景象。」

牛頓理論的試金石，要算是他著名的稜鏡實驗，稜鏡把一束

白光分解成各種顏色，散布在整個可見光譜上。牛頓意識到這些純色一定是基本成分，加起來產生白光效果。更進一步，他以飛躍的洞悉力，提出顏色相對等於頻率的想法，他想像一些振動的物體——古時所稱「微粒」（corpuscle），必定和振動速度成比例，於焉產生顏色。他手頭的證據稀薄，所以無法證實，也因為如此，這臆測確實妙不可言。什麼是紅色？對物理學家來說，紅色就是波長位於一公尺的 10 億分之 620 至 800 之間發出的光。牛頓光學隨後證實過數千次，而歌德的顏色理論卻非常謐靜的漸為人遺忘。當費恩鮑尋找它的時候，他發現哈佛圖書館中唯一的版本已經失落了。

　　他最後還是弄到手一本，他發現歌德研究顏色的過程中，真的做過一組不尋常的實驗。歌德和牛頓從同樣地方著手，用一片稜鏡，牛頓在光線前擺一片稜鏡，然後將散射的光束投影到白色表面上；歌德則把稜鏡拿到眼前，透過它來看世界，他完全沒有感覺到顏色，沒有彩虹，也沒有單色。透過稜鏡觀察清晰的白色表面，或晴朗的藍天，所看到效果也是一樣的：單調。

　　但是如果一塊細小的斑點干擾了白色表面，或者在天空出現一朵雲彩，這時候顏色會突然迸發在眼前。歌德的結論是：這是「光和影的交替」，因此造就了顏色。他繼續探尋人們對於不同的有色光源投影，而產生相異的知覺。他安排一系列非常徹底的實驗，使用了蠟燭、鉛筆、鏡子、有色玻璃、月光、日光、水晶、液體及色輪。例如，在微暗中，他在一張白紙前點亮一支蠟燭，然後樹起一枝鉛筆。燭光中的影子是燦爛的藍色，為什麼呢？單獨的白紙給人的感覺是白色的，不管放在斜陽中或溫暖的燭光下，影子如何把白色分成藍色及橙色區？歌德認為：顏色是「某種程度的黑暗」，又云「陰影的結盟」。

用現代的語言來表示，顏色源於界面與歧異。

如果說牛頓是化約論者，歌德必定是整體論者。牛頓解剖光線，找尋對顏色最符合物理原理的說法，歌德漫步於花園、畫廊，希望能導致全方位的觀照；歌德，不知幸或不幸，極端厭惡數學。

費恩鮑說服自己，歌德是正確的。歌德的想法相當於心理學流行說法之縮寫版本，它分開硬邦邦的數學現實和多變的主觀認知。我們所感知的顏色因人因時而變化——這當然說來容易。但就費恩鮑所了解的，歌德的想法包含了更真正的科學。它們很艱澀而具實證性，歌德再三強調他所有的實驗皆可重複。照歌德的看法，對顏色的知覺具備普遍性、客觀性。除了我們的知覺，又有什麼科學證據證明紅色的確切定義？

費恩鮑尋思，究竟哪一種數學工夫，能夠和人類的知覺扯上關係，尤其能夠從紛紛紜紜中，梳理出共通性的知覺。紅色不一定要像牛頓門徒所認定的某段波長。很可能，紅色落入混沌宇宙中的某個王國，其邊界難以描述——仍然，我們的腦袋幾乎能萬無一失的抓住紅色。這位年輕物理學家開始神遊物外，似乎已經遠離了紊流問題。然而，若要了解人類心靈如何從知覺混沌中理清頭緒，我們必須了解混沌如何能產生普遍性。

提出「近似可變性」

當費恩鮑在羅沙拉摩斯思索非線性時，他發現所受的教育形同虛置，雖然教科書上有些特例，他還是無法解出非線性微分方程式。擾動理論不過將能解的問題做一連串修改，並不保證會更接近真實答案，看起來有勇無謀。他向有關非線性流體及振盪的教科書

求助，最後，他的結論是這些正統說法，對於一位有自尊心的物理學家幫助甚微。由於他手頭的計算工具只有鉛筆和紙張，費恩鮑決定從類似梅伊研究族群所用的簡單方程式開始。

恰好這是中學生在幾何學課程中，常常用來畫拋物線的方程式。可以寫成 $y = r(x - x^2)$，每一個 x 值會產生一個 y 值。形成的曲線表示兩個變數相互之關係。如果 x（今年的族群數）值小，那麼 y（下一年的）值也小，但比 x 大，所以曲線會快速上升。如果 x 值在範圍中間，那麼 y 值就更大。但是拋物線到最高點後掉落，當 x 值再大些，那麼 y 值又會再度變小。這情況代表生態模式中，族群遽降，遏止了不切實際之無限繁殖。

梅伊與費恩鮑先後使用這方程式，重點是不斷重複使用這簡單計算，當作回饋的迴路。用上次計算的結果，當作下一次計算的輸入值。從圖形檢視其結果，拋物線幫助極大。沿 x 軸選一個起始值，向上畫一條碰觸拋物線的線，再從 y 軸讀出數值的結果，然後使用新的數值再從頭開始。這過程起先在拋物線上活蹦亂跳，然後，或許會歸向一種穩定之平衡狀態，當 x 和 y 值相等，數值即不再改變。

精神上，再也找不到比起正規物理之煩、難，更要背道而馳的研究了。它不像那種直搗黃龍的手法，只是一次一次重複簡單的算式。數值實驗家會小心查看，如同化學家凝神觀看燒杯中冒泡的反應。結果僅僅帶來一連串數字，不一定會收斂到穩定的最後狀態。它可以在兩個數值間永不止息的跳動。或者如同梅伊向族群生物學家所解釋的，只要你高興看下去，它會漫無章法的一路亂跳，不止不歇。決定這些天南地北行為的決定性因素，即是參數值。

費恩鮑完成這項微帶實驗氣息的數值工作。同時使出了更多

傳統的理論方法，分析非線性函數。儘管如此，他仍然未見這方程式的廬山真面目。不過他知道現有的可能性，已經複雜到難以分析。他也知道另外三位羅沙拉摩斯的數學家梅卓波利斯（Nicholas Metropolis）、保羅・史坦（Paul Stein）和米隆・史坦（Myron Stein）於 1971 年已經研究過這樣的「圖形」，目下保羅・史坦就在旁邊警告他：複雜的程度會嚇死人。如果連這種最簡單的方程式都對付不了，那麼，科學家如何處理千百倍複雜的真實系統？費恩鮑決定把整個問題束之高閣。

在混沌的簡短歷史中，這個看來無辜的方程式，正好提供了最簡潔例子，彰顯科學家各顯神通的手段。從生物學家觀點，這條方程式傳遞的訊息如下：簡單系統可以花樣多端。而對梅卓波利斯、保羅・史坦和米隆・史坦來說，重點在於如何區分拓樸類型，而不需要憑藉數值的大小。他們從某個特定點開始回饋的過程，注意連續值沿拋物線跳躍的方式。當數值向右或向左移動時，他們就寫下一系列的 R 和 L 的符號。類型 1 號：R，類型 2 號：RLR，類型 193 號：RLLLLLRRLL。這些數列，數學家看來興味盎然：它們經常重複同樣的特定秩序。但進入物理學家的眼眶，它們看起來又隱晦又沉悶。

窺探氣候

當時無人知曉，勞倫茲早在 1964 年即已經檢視過同樣的方程式，當作測度氣候深淵的一塊鉛錘。這問題實在奧妙無比，幾乎不可思議，就是：是否真的有氣候這回事？換句話說，地球的天氣是不是存在一種平均狀態？從古至今，大部分氣象學家對這個問

題的答案早已居之不疑。當然，任何可以測量的現象，不管跳動多
厲害，必然會算出一個平均值。不過仔細分析之後，你也許不會太
理直氣壯了。正如勞倫茲指出的，最近一萬二千年的平均天氣，和
更早的一萬二千年平均天氣顯然相異，當時北美一片冰天雪地，會
不會是因為一種氣候，受到若干物理因素干擾，而轉變成另一種氣
候？或者甚至隱藏著更長期的氣候類型，而那種週期只不過是大氣
候上的小波動而已？另外一種可能是：像天氣這種系統根本就不會
收斂到平均值！

　　勞倫茲還問了第二個問題：假定你擁有上帝的密碼，可以精確
寫出控制天氣的完整方程式，那麼，你能不能從這些方程式裡，算
出溫度或降水量的平均值？如果方程式是線性的，答案很簡單：肯
定能辦到；但是它們是非線性的。既然上帝不肯宣洩方程式，勞倫
茲就以二次差分方程式來試試看。

　　和梅伊一樣，勞倫茲首先查看方程式在若干參數下，反覆計算
之結果如何。若採用較小的參數，他發現方程式到達穩定的固定點
上。於是乎，自然而然的產生了「氣候」──「天氣」永遠一成不
變。嘗試更大的參數時，他看到兩點之間振盪的可能性，但系統同
樣收斂到一種簡單的平均值。然而超過某特定點後，勞倫茲看到混
沌現象陸續產生。既然他在思索氣候，他要質疑的是，連續回饋會
不會產生週期性行為，更進一步，他要知道平均的結果如何？答案
證明，平均值居然也靠不住。當參數值稍有參差，可能會牽動平均
值戲劇化的變動。依此類推，地球的氣候可能永遠不會安定下來，
進入某種平衡狀態，保持統計上的穩定性。

　　做為一篇數學論文，勞倫茲的氣候研究彷彿乏善可陳，其中缺
乏公理、證明；做為一篇物理論文，也照樣無足輕重，因為他無法

證實這麼一條簡單的方程式，足以替地球氣候下結論。可是勞倫茲卻胸有成竹寫道：「作者覺得這類的相似絕非偶然，本差分方程式雖然在物理方面或有所憾，卻掌握了數學要素，足以形容流體從某一狀態轉變成另一種狀態時，很可能包含不穩定效應的全貌。」甚至二十年後，還是沒有人弄清楚究竟靠什麼直覺，證實了這麼大膽的聲明。它後來刊登在一份瑞典的氣象期刊《泰勒斯》（Tellus）上（一位物理學家酸溜溜的說：「《泰勒斯》！誰會去讀《泰勒斯》。」）。勞倫茲愈來愈深入混沌的蠻荒——他的氣象語言已不足以形容他看到的奇特景觀。

　　當他繼續研究動力系統千變萬化的假面時，勞倫茲發現一些較二次回饋稍微複雜的系統，能夠產生另一種出乎預期的類型，某些特殊系統可能包含了超出一種以上的穩定解。一位觀察者持續看到某種行為類型，但對系統來說，也許會容許另外一種完全不同的行為類型，這種系統可稱為「可變的」（intransitive），它可以停留在某平衡狀態或另一種，不過不會同時兩者並存。除非從外界刺激，才能迫使它改變狀態。舉例言之，日常的擺鐘即是一座可變的系統。穩定的能量由上好的發條或電池供給，而這種穩定的能量會逐漸被摩擦力耗竭。它呈現最明顯的平衡狀態就是規律擺動。如果旁邊有人碰了鐘一下，鐘擺可能會因為這一時的撞擊加快或減慢，但不久又會回復到平衡狀態。不過擺鐘也具有第二種平衡狀態，對它的運動方程式此為第二個有效解——亦即當鐘擺垂直下垂止歇的狀態。另外一座或有好幾層各自為政的領域，不像這麼一目瞭然的可變系統，就是氣候本身。

白色地球平衡

　　氣候學家多年來使用全球電腦模式，模擬地球大氣和海洋的長期活動，充分了解到他們的模式中，潛藏了至少另外一種異態。雖然從地質歷史中回溯，這種氣候從未發生過，但它對描述地球的方程式系統而言，絕對是合法有效的解。這就是氣候學家一般稱之白色地球氣候（White Earth climate）的狀態；此時陸地完全受到冰雪覆蓋，海洋表面凍結成冰。白茫茫一片的地球，會反射百分之七十的太陽輻射，所以非常寒冷。大氣的最底層──對流層，變得扁而薄，暴風雪有氣無力的掃過冰面。大致來說，這種氣候對我們熟悉的生命形態不甚友善。電腦模式極易陷入白色地球平衡，所以氣候學家很納悶，為什麼這事從未發生過。又或許只是遲早的問題罷了。

　　要將地球氣候推入冰雪狀態，必須受到某種外界的巨大刺激。但是勞倫茲提出另一種言之成理的類型，稱做「近似可變性」。近似可變的系統，長期間可顯示出某種日常的行為，在一定界限內自在晃動。然後不需要任何理由，它會逆轉成另外一種截然不同的類型，仍然優游自得的活動，但產生了與前迥異的平均值。設計電腦模式的人已意識到勞倫茲的發現，但他們盡力避免這種「近似可變性」。它太莫測高深了，很自然的，他們會偏愛製造一些模式，這些模式極易於回歸到現實世界的平衡狀態。於是，需要解釋氣候之巨變時，他們只得尋找外在的原因，像地球繞日軌道的變化。但氣候學家則不然；他們僅需瞄上一眼，立刻領悟到「近似可變性」足以解釋，氣候為何喜怒無常的穿梭冰河期。倘若此說成立，便不需要再加上什麼特別的物理原因。冰河期不過是混沌現象的副產品。

匪夷所思的規律性

正好像生活於自動化武器時代之槍枝迷，內心仍緬懷一把柯爾特點45的手槍，科學家對 HP-65 手持計算器也具有類似的念舊情懷，在 HP-65 稱霸的那幾年裡，這部機器永久改變了許多科學家的工作習慣。對費恩鮑意義尤其深遠，它是由鉛筆、紙張步入電腦未知之域的橋樑。

他完全沒聽過勞倫茲這人。但是 1975 年夏天在科羅拉多州白楊鎮（Aspen）的一次聚會裡，他聽到史邁爾談到同樣二次差分方程式的一些數學性質。史邁爾似乎認為，由週期到混沌的投射過程到底從何處發生，頗富蹊蹺。如同往常，史邁爾對值得深入的問題直覺敏銳。於是費恩鮑決定重整旗鼓。計算器在手，他開始使用分析代數和數值方法，仔細搜尋二次投射，專注於秩序和混沌之間的分界區域。

若用比喻，純係比喻而已，他知道這區域就宛如介於平順流和紊流之間的神祕分界，梅伊也就是在這裡喚起族群生物學家的注意。他們在此之前，除了注意到族群規律的週期變化之外，其他的可能都忽略了。在這亂序交界的不管地帶，前往混沌國度的路途中，一步一步經過週期加倍的階梯，兩個週期分裂為四個，四個分裂為八個，依此類推。這些分裂形成一種玄妙的模式。在一些臨界點上，只要生殖力稍微有些改變，便導致吉卜賽蛾的數量從四年循環變成八年循環。費恩鮑決定計算這些分歧點的精確值。

最後，當年 8 月，慢吞吞的計算機讓他發現了大事。若要算出每個週期加倍的精確參數值，似乎要等上一世紀（其實是幾分鐘之久）。而且愈深入分歧區，所需的時間愈長。如果操作的是快速電

腦和印表機，費恩鮑勢必輕舟急過，看不出任何慣性。但如今他必須親手記下這些數字，然後在一段等待時間中，他可以仔細思索這些參數值。有時迫不及待之下，他得猜一猜下一個臨界值會在哪裡出現。

電光火石一剎那，他突然意識到他根本不必猜測，這系統內隱藏著匪夷所思的規律性：數值呈幾何級數收斂，就像透視圖裡，一列排列井然的電話柱，朝向地平線凝聚。如果你知道其中任何兩根電話柱的距離，其餘間距即可按幾何級數推算。第二個與第一個的比例，也就是第三個和第二個的比例，依此類推：週期加倍不是發生得愈來愈快而已，它是以一定的速率變得愈來愈快。

為什麼會這樣？通常出現幾何收斂，代表某些物體以不同的尺度重複自己。不過，就算這方程式裡出現尺度化的形態，根本也無人察覺過。費恩鮑發揮他計算器上可能的最精密解析度──小數點以下三位，來計算收斂的比例，得到 4.669 這個數字。這特定的比例代表著什麼？費恩鮑做了一些任何對數字有概念的人會做的事：他花費一天剩下來的時間，把這個數字和所有標準常數 π、e 或其他相配合比較，但它並不是其中任何一種的變調。

很奇怪，梅伊其後也體認到，他曾經看過這種幾何收斂，但他過眼即忘。從梅伊的生態學觀點，這是數字的特質，僅此而已。在真實世界的系統中，他更擔心動物數量或甚至經濟模式，不可避免的噪訊將會掩蓋過精妙的細節。那揮之不去的混亂，使他在這關鍵處功虧一簣。梅伊見到這方程式的奇異舉止而眼花撩亂，他萬萬沒料到數值的細節竟然會如此要緊。

費恩鮑知道他手上有些什麼，因為幾何收斂，意味這條方程式具備尺度化的特質，而他知道尺度化即為關鍵，所有的重整化理論

都建立在這假設上面。在一個明顯的不規則系統裡，尺度化的意思是，當其他所有的事物都開始變更的時候，某些性質仍然獨存著。這透露方程式的紊亂表面下，藏著若干規律性，不過在哪裡呢？下一步該如何著手實在難以推敲。

在羅沙拉摩斯稀薄的空氣裡，夏天很快滲入秋天的涼意。將近 10 月底了，費恩鮑突發奇想。他知道梅卓波利斯、保羅‧史坦和米隆‧史坦已改向研究其他的題目，他們從一些不相干的函數中發現，同樣的 R 和 L 的組合也以相同次序出現了。其中某條函數居然還包括了正弦函數，這證實費恩鮑對拋物線方程式之特殊眷顧無關宏旨，他必須重新再開始。所以他再拿起 HP-65，開始計算 $x_{t+1} = r \sin \pi x_t$ 的週期加倍，計算三角函數更令人滿頭大汗，將方程式簡化後，他懷疑是不是一樣可以找到捷徑。仔細檢查這些數字，他發現的確如此，數字又以幾何級數收斂。整件事的關鍵即是計算其收斂速率。儘管精確度有限，他再一次得到小數點以下三位的結果：4.669。

全然相同！真是不可思議，這條三角函數不只展現出一致的幾何規律性，同時這種規律性，竟然和其他簡單的函數不謀而合。找不出任何現有的數學或物理理論，能夠解釋天南地北的兩種函數，內含這種齊一的特質。

費恩鮑打電話告訴保羅‧史坦。這巧合要當成證據太薄弱了些，史坦不能相信，畢竟精確度太低了。不管怎樣，費恩鮑也告訴他在紐澤西州的雙親，他碰上一件不同凡響的事情。他告訴他的母親，這件事會讓他名揚四海，然後他開始嘗試其他的函數。任何他可以想到會分歧達到混亂的東西，如響斯應的，每次產生的結果竟然都是相同的數字。

絕無僅有的數字

　　費恩鮑畢生與數字為伍。當他還只有十幾歲時，就知道怎麼計算，大多數人只會從函數表查取的對數和正弦函數。但他從未學過比掌上型計算器更大的電腦；在這方面他算是典型的物理學家和數學家，他們蔑視電腦工作所隱含的機械化思考方式。然而，現在是時候了，他請同事教他福傳（Fortran）程式語言。在當天結束前，他以各種函數計算他的常數，到小數點以下五位的 4.66920。當天晚上，他在操作手冊上讀到加倍精確度，隔天依法而行，得到長如 4.6692016090 的數字，精確得足以使史坦信服。然而費恩鮑不完全確定他是不是能使自己信服。他準備好了去尋找內行數學家所謂的那種「規律性」。不過他此時也了解到手頭的特殊方程式，就像特別的物理系統一樣，以奇異且自成一格的方式運作著。畢竟這些方程式還算簡單。費恩鮑充分了解二次方程式，他也了解正弦函數方程式——這些數學原理都已經是家常便飯。但走在這些形形色色方程式的核心中，有某些特質，一次又一次重複，產生出一個絕無僅有的數字，他在無意間發現了一些東西，也許不過是小玩意，但也許是大自然的新規則。

　　想想看，一位古動物學家假設某些動物比其他的動物要重，他心目中有一些抽象特質，稱之重量，而他想經由科學方法研究這個概念。他從未實際測量過，但是他忖度對這概念有一些掌握。他觀察大蛇和小蛇、大熊和小熊，他猜測這些動物的重量和牠們的大小可能有關。最後，他製作了一座磅秤，然後開始進行量度。他立即大驚失色，發現每條蛇一樣重，重量都是 4.6692016090。顯然重量完全不像他心目想的那一回事，這整個概念他必須重頭想過。

滾滾流水、晃動的鐘擺、電子振盪器，許多物理系統都經歷過前往混沌之路的轉變階段。雖然所有這些系統的力學，早已被人瞭如指掌，這些轉變仍極度複雜，難以分析。物理學家知道所有正確的方程式，不過拿開這些方程式，面對巨觀的、長期的行為，就有些心餘力絀。不幸的是，流體的方程式，甚至鐘擺的方程式，都遠比簡單的一維投射圖更具挑戰性。但是費恩鮑的發現，意味這些方程式本身並非重點。不需要太在意其個別形式，當秩序浮現的時候，它似乎突然間都忘了原來方程式的長相，不論二次或三角函數，結果全都一致。他說：「物理學一向的傳統，是孤立個別的機制，然後再拼湊還原。這方法現在完全行不通。即使你知道確實的方程式，也英雄無用武之地。你把所有的碎塊兜在一塊兒，結果維持不了多久就崩潰了。它們並不是問題重點。這樣的事改觀了我們對『了解』一詞的想法。」

雖然數學和物理之關連很薄弱，費恩鮑內心有數，他必須找出一種新方法，來計算複雜的非線性問題。到目前為止，所有能派上用場的技術都只適用於特定函數。如果函數是正弦函數，費恩鮑仔細做出的計算，便屬於正弦計算。他所發現的普遍性顯示，需要拋棄這些技術。規律性與正弦函數互不相干，和拋物線也不相干，它和任何函數的特殊性扯不上關係。但是為什麼呢？這真讓人洩氣。大自然於一瞬間拉開了簾幕，驚鴻一瞥的洩漏出天機。但是，幕後到底隱藏了什麼？

普遍性理論誕生

當靈感降臨，它以圖案的方式現身。兩段小波伴隨一段大波，

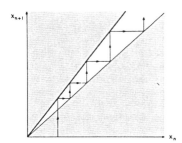

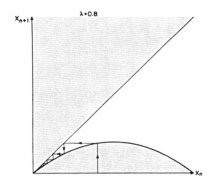

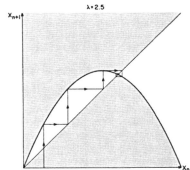

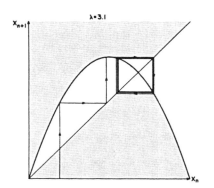

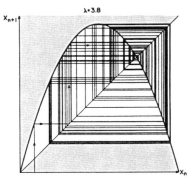

從他心靈疾閃而過。這就是了——整片光亮、鮮麗的印象鏤刻在心版上，從那龐大朦朧的意識之海，透露出冰山一角。這勢必和尺度化有關，費恩鮑看到了他要走下去的方向。

逼近混沌（左頁圖）。 一道簡單方程式，重複許多次。費恩鮑全神貫注一些乾淨俐落的函數，從起點取一值，據以計算另一值，例如動物族群數量，函數代表今年數量與翌年數量之關係。

畫圖以示這些函數如何運作。輸入值以橫軸表示，輸出值記載至縱軸，設定任一輸入值 x，從此上升，碰到函數化身的粗線，平移，對應到唯一的輸出值 y。

描述系統的長期行為，費恩鮑任意擇取一 x 值，對應 y 值，下一回合，y 值將充為新的輸入值 x，因此費恩鮑可以採取捷徑，用一條 45 度線，線上 x、y 值相等，讓軌跡夾在兩條線之間彈跳。

生態學家心目中，最順理成章的函數，是直線型的族群繁殖——所謂馬爾薩斯型穩定、無止境的增加，每年按一定比率成長（左上）。更符合實情的函數則形成拱形曲線，當族群數增至某處高峰，就會往回調適，上述即為「後勤圖」，一道完美的拋物線，代表公式 $y = rx(1-x)$，參數 r 從 1 到 4，r 決定拋物線的陡峭程度。但是費恩鮑發現方程式的細節無關宏旨，拋物線的精確外形亦可大而化之，關鍵在於函數是否有隆突之處。

斜率很靈敏的變更系統之行為——即非線性程度，梅伊稱之「乾坤一擲」，方程式太平淺會導致絕滅，不論開始時多興旺，最後會全族群消失，增加斜度將達成穩定平衡。就如傳統生態學家所預期，所有軌跡皆會趨向一終點，即為一維吸子。

超越一定點，分歧製造週期二的振盪，週期倍增次第出現，最後（右下角）軌跡永遠不肯停歇。

這些圖形就是費恩鮑建構理論的出發點，他開始思考疊代，函數之函數、函數之函數之函數……無窮推廣。雙峰曲線、四峰……。

　　他研究吸子，經過投射所到達的平衡狀態，即是吸引其他軌跡的固定點。不論從何處啟程，一律朝向吸子穩穩定定的跳動。然後跟著第一次週期加倍，吸子像分裂的細胞一樣分裂為二。首先，這兩點幾乎黏在一起，當參數值升高，便逐漸分開。然後發生另一次週期加倍，吸子的每一點同時又再度分裂，費恩鮑數據讓他能夠預測週期加倍的時刻。現在他發現，他同時能預測愈來愈複雜的吸子之精確數值──兩點、四點、八點……。他更可以預測到逐年振盪的實際族群數量。那是另一種幾何收斂，這些數字也遵循尺度化規律。

　　費恩鮑研究的領域界於數學和物理中間，一道被遺忘的中間地帶。他的工作很難分類。它不算是數學，他沒有證明任何事。不錯，他在研究數字，但是數字對數學家而言，就像硬幣對投資銀行家般不值一文：僅僅同時沾有這一個「數」的名義罷了。數字太繁複太瑣碎，不值得浪費時間，出點子才是數學家真刀真槍的本領。費恩鮑提出的是一項物理研究的計畫，看起來古怪，卻應該屬於實驗物理之一支。

　　他研究的對象是數字和函數，而非介子和夸克，不過它們也遵循自己的軌跡和軌道運行。他必須探究它們的活動狀況。他需要「創造直覺」（create intuition），這說法後來成為新科學的口頭禪。他用電腦取代加速器和雲霧室。從摸索理論之中，他建立了一套方法學。通常電腦使用者提出問題，輸入電腦，然後等待機器計算答案──一道問題，一項解答。費恩鮑和混沌同儕不止於此。他們追隨勞倫茲的足跡，創造世界的縮影，然後觀察其演變，而他們又到處改改弄弄，觀察後果。根據全新的信念，牽一髮而動全身：細微的改造，也許會造成面目全非的後果。

　　費恩鮑很快發現，若要發揮他所想發展的計算方式，羅沙拉摩斯的電腦設備不夠使用。雖然此地已較大多數學院資源雄厚，羅沙拉摩斯卻只有寥寥少數能展示圖形的終端機，而且全部屬於武器部門。費恩鮑想算出數據，然後畫成圖上的點列，他回到所能想及的最原始方法：成卷的印表紙，上面有空白間隔，夾雜星號或加號。羅沙拉摩斯的既定政策是：一部大電腦勝過許多小電腦——這種政策符合一道問題，一項答案的傳統。因此小電腦被忽略。不止如此，任何部門購買電腦，都將受到政府嚴格規定與正式審核的限制，一直等到理論部門在預算上弄了些手腳，費恩鮑才獲得一部價值二萬美金的「桌上型計算器」，終於他可以又算又改又畫，敲奏電腦如玩樂器。

　　目前，唯一能畫出精密圖形的終端機被安置在高機密區，遙不可及。費恩鮑必須將終端機和中央電腦連線，這種安排讓使用者掉回現實。從另一端根本無法領略電腦氣勢凌人的威力，即使最簡單的工作，也需要花上好幾分鐘。想編譯一行程式，就要在按下輸入鍵後，漫漫等候。這時終端機不斷嗡嗡忙碌，而中央電腦與四面八方的使用者玩著接力。

　　他一面計算，一面思考：是什麼樣的新數學，能產生他觀察中多重尺度化的形態？這些函數之某些特質勢必具有遞迴性，自動複錄的實現；一重又一重的外殼剝解，彼此維妙維肖的相似。那波狀圖形的靈感夙然襲來，似乎涵意深重。函數可以按照比例收縮以符合另一函數。他應用了重整群理論的數學，運用尺度化把「無限」漸漸內聚成可以計算的量。1976 年春天，他陷入陶醉著迷的狀態，獲得前所未有的專注，拚命設計程式，用鉛筆塗塗寫寫，再重新設計。他不能向電腦部門求助，因為若使用電話就必得中斷電腦，而

再度連線將遙遙無期。他不能停下來思考個五、六分鐘，因為電腦
會自動切線，而且電腦自己反正也常常關機。

　　這樣的工作形態，往往使他因過度緊張而顫抖，他就這樣整整
工作了兩個月沒有中斷，一天工作二十二個小時，然後胡亂的進入
黑甜鄉，兩小時後，又燦然清醒，接續他入睡前的思路。他靠喝咖
啡維持生命（即使是健康平靜歲月，費恩鮑也僅僅靠精肉、咖啡、
紅酒過日子，朋友猜想他一定從香菸裡攝取維他命）。

　　最後，醫生介入，打發他回家。醫生開了溫和的鎮定劑，強迫
他休假。然而在此之前，費恩鮑已經創造了有關普遍性的理論。

過分美妙的發現

　　普遍性即是美麗與實用間之分野。超乎某種層面後，數學家就
不太在意是否提供了一些計算方法。而物理學家超越了某種層面，
便需要見到數據。普遍性使物理學家燃起熊熊希望，倘若他們能解
決一件較容易的問題，另一件更困難的問題，將可據此迎刃而解。
答案會異曲同工，完全一致。尤有甚者，由於費恩鮑將其理論放置
在重整群的架構之中，他等於為它包裝了一層外衣，物理學家因此
能採用它做為計算工具，幾乎可視為標準方法。

　　但是，普遍性能夠推廣運用這點，令一般的物理學家難以置
信。普遍性代表不同系統展現相同的行為。當然，費恩鮑只研究簡
單的數值函數，但他相信，他的理論擴充了一項自然的法則，適用
於任何從秩序轉變成混亂的系統。無人不曉紊流包含不同頻率的連
續頻譜，至於不同頻率的來源，則藏於團團疑叢之中。突然間，你
看到頻率按照特定的秩序次第出現。這代表的物理含義是：真實世

界的系統，也將以同樣可辨認的方式運作，很可能量起來一般無
二。費恩鮑的普遍性不僅指性質上的，而且是數量上的一致；不只
是結構性的，而且是計量的；所推廣的不只是形態，而且能敲定精
確的數字。這對物理學家而言，實在過分美妙。

　　數年之後，費恩鮑仍然把退稿信件，保存在書桌抽屜裡，以
便隨時憶苦思甜一番。那時他已名滿天下，在羅沙拉摩斯的工作早
已名利雙收，贏得難以清數的獎賞和聲譽。但他仍舊耿耿於懷，當
初長達兩年之久，他的作品一再遭受到頂尖學術期刊的白眼，一件
如此富有創意，不可思議的突破，竟然被嗤之以鼻，無疑將成為學
術史上，美中不足的公案。現代科學具備充分的資訊參考，又濟以
公正的同儕評閱制度，照理不應當由品味決定高下，一位曾退回費
恩鮑文章的編輯，數年後終於意識到，他拒絕了一篇扭轉乾坤的傑
作，然而他仍然喋喋不休的自辯，那篇論文不太適宜此應用數學期
刊的讀者。就在那段時間，即使一再被封殺，費恩鮑之突破，在某
些數理圈子裡已經蔚為熱門新聞，他理論的精華，經由講演及抽印
本的方式四處流傳，費恩鮑在研討會介紹自己的工作，會後他接到
成打的索取影印本要求，繼而數以百計。

時機來臨

　　現代經濟學十分依賴能兌現的市場理論。消息本應自由流通，
決策者所獲得的資訊應該大同小異。當然，還會有一些無知或內線
消息漏洞，但整體來說，一旦消息公開後，經濟學家就認為舉世皆
知。科學史家通常亦理所當然的相信一套有效市場理論。一件新
發現出籠後，或一種新觀念問世，都被認為是科學界的公共財產。

每件發現和新的見地，都建築於上一件工作的基礎，科學像高樓大廈，一磚一塊堆積上去。知識的編年史按部就班，像是線性的。

當一科門戶森嚴的學門，懸賞一項乾淨俐落的問題時，這種科學觀最能發揮效力。舉例來說，沒有人會對發現去氧核糖核酸（DNA）分子結構之重要性滋生疑問，不過觀念的開展史卻不盡條理分明，當非線性科學，從不同知識領域的冷僻角落迸出時，觀念的流程無法再遵循歷史學家的正統邏輯，混沌理論自成一家的誕生，它所帶來的，不只是新理論和新發現，而且包含了對舊觀念的回應及修正。

其實在許久以前，這塊拼圖的許多碎片都曾出現過，像龐卡萊、馬克士威（James C. Maxwell）甚至愛因斯坦等都與之擦肩而過，卻漫不經心的忘卻了它們。起初許多新的圖塊，只為少數內行人了解；數學方面的發現，數學家明白；物理學方面的發現，物理學家清楚；氣象學家方面的發現，則如石沉大海。一項觀念的散播，幾乎和如何產生觀念一般重要。

每位科學家皆秉承各自的知識淵源。每人都懷抱了個人的視野，對於整體概念的看法，亦囿於所見，無人十全十美。科學家因積習或老天的安排，往往有所偏執。科學世界之局限令人驚訝，將歷史推向一條新的坦途，絕非一個科學團體之所為，這完全基於一小撮人的成就。他們一直堅持著自己的信念，一往無悔。

後來，論功行賞時，大家開始看法一致，但是這種共識卻抹上不少修正主義的色彩。在新發現的鼎盛時期，也就是 1970 年代晚期，找不到兩位物理學家，或兩位數學家，彼此同意對混沌現象的理解。一位訴諸無摩擦力或耗散之古典系統專家認為：自己承續了柯莫格洛夫和阿諾德（V. I. Arnold）這些俄國數學家的香火。另

一位追隨古典動力系統的數學家，則認為自己印證龐卡萊、伯克霍夫（George D. Birkhoff）、李文生（Norman Levinson）到史邁爾的足跡。後來，數學家集結於以史邁爾、高肯海默（John Guckenheimer）和惠依為中心的集團。還有一些以計算為職志者，則和羅沙拉摩斯的烏蘭、梅卓波利斯、史坦等交往甚密。理論物理學家看重惠依、勞倫茲、魯斯勒和約克。生物學家則欣賞史邁爾、高肯海默、梅伊及約克。各式各樣的組合數不勝數，研究物質的科學家，如地質學家或地震學家會自認受到曼德博的直接影響，而一位理論物理學家可能會假裝不知道這名字。

費恩鮑的角色成為各方爭論的焦點。許久之後，當他正位於半名流的頂峯，有些物理學家故意引用同時其他同仁的工作；他們有些人嗔怪他，過於專注混沌世界中一小塊狹窄領域，有位物理學家會說「費恩鮑學」被高估了：「不錯，看起來漂漂亮亮，但不像約克的工作一樣影響深遠。」1984 年，費恩鮑應邀參加瑞典舉行的諾貝爾頒獎酒會時，會場中捲起一番爭論。曼德博發表了一番強烈指責的談話，聽眾後來稱之「壓制費恩鮑演說」，曼德博翻出芬蘭數學家米爾柏格（P. J. Myrberg）二十年前發表，有關週期加倍的文章，堅持稱費恩鮑序列為「米爾柏格序列」。

費恩鮑發現普遍性

但是費恩鮑發現了普遍性，而且創造出一門理論來解釋它，這是扭轉新科學的軸心。由於無法刊出這樣一份驚人、違逆直覺的成果，他只得經由一系列演講散播他的觀念。例如 1976 年 8 月在新罕布夏州的會議，9 月羅沙拉摩斯舉行的國際數學會議，和 11 月布

朗大學（Brown University）的幾次演講。

他的新發現和理論引起的迴響，夾雜著驚豔、難以置信與興奮。思索過非線性的科學家愈進入狀況，愈感覺得出費恩鮑之普遍性展現的力量。其中一位要言不煩的說明：「只要你用正確的方式看待非線性系統，它們的結構都是一樣的。」這項發現令人驚喜交加。有些物理學家不僅採用了這些概念，同時也學會了技術。拿這些投射圖形來玩玩，不過沾上手而已，都會使他們興奮得發抖。他們使用自己的計算器，體會到吸引費恩鮑在羅沙拉摩斯廢寢忘食的驚訝和滿足，也使這理論更加精煉。粒子物理學家克維坦諾微克（Predrag Cvitanović）聽過他在普林斯頓高等研究院的演講後，出力協助費恩鮑簡化他的理論，同時推廣了它的普遍性。但在整個過程中，克維坦諾微克都裝著它只是消遣，怯於向同儕吐露所作所為。

數學家之間也好不了多少，持保留的態度占了上風。這大半要歸咎於費恩鮑未能提供嚴謹的證明。其實，一直等到 1979 年，在美國數學家藍佛德三世（Oscar E. Lanford III）的工作中，證明才得以用數學家慣用的方式出現。費恩鮑常常憶及 9 月在羅沙拉摩斯的聚會裡，向一群傑出聽眾提出他的理論。他剛剛開始介紹自己的工作，名聲赫赫的數學家卡茨（Mark Kac）便站起來詢問：「先生，您想提出的究竟是數據或是證明？」

費恩鮑回答：「比數據多一點，比證明又有所不及。」

「頭腦清楚的人會認為這是證明嗎？」

費恩鮑說聽眾必須自行判斷。於是當他演講完畢，問及卡茨的意見時，卡茨語帶諷刺的回答：「的確，這真是一位講理的人可接受的證明。至於細節，不妨留給嚴一嚴一嚴謹的數學家來處理。」

一次運動已展開了，普遍性的發現刺激它大步向前。1977 年

夏，兩位物理學家福特（Joseph Ford）和卡沙提（Giulio Casati）籌備混沌這門科學的第一次會議。地點選在義大利科莫湖（Como）的湖畔，同名小鎮南岸的一棟優美別墅，湖水泛著深藍色，貯滿義大利阿卑斯山脈流下的溶雪。會議來了一百人，大部分是物理學家，但也有好奇的其他學門學者參與。福特說：「米奇（費恩鮑的暱稱）看到了普遍性，而且弄清楚它如何尺度化，發現了趨向混沌之途徑，直覺上這是很棒的事情。第一次，我們擁有了人人能懂的清晰模式。」

「即如世間萬事，它的時機到了。從天文學到動物學，各類學門裡人人有志一同，齊頭並進，在各自狹窄的學術期刊裡發表文章。他們彼此陌生，只曉得自己存在，被同仁視為走火入魔。他們已解決了所有能找到的簡單問題，同時開始深入更複雜的現象。當他們發現吾道不孤時，差點灑下感激的熱淚。」

費恩鮑自述

其後，費恩鮑居住在空盪盪的房子裡。一個房間有張床，另一間放置電腦，第三間是音響室，他蒐集了一大堆德國唱片，加上三層黑色的電子音響設備。他唯一的裝潢實驗，即是赴義大利時購買了一張昂貴的大理石咖啡桌，結果全盤失敗，最後只收到一包大理石碎片。他的論文、書籍排列成牆。他說話急迫，灰、褐夾雜的長髮從額頭向後披散：

「有些戲劇化的事情在 1920 年代發生。毫無端倪的，物理學家糊裡糊塗弄對了一個對周遭世界大體正確的描述。這是因為量子

力學的理論，在一定程度上大致正確無誤。它告訴你如何從砂石中製造出電腦，教我們控制宇宙的方式，我們根據它生產化學製品、塑膠或任何你想到的東西，我們也知道如何用來計算。這是個棒極了的理論。除了一點：對付某種層面的問題，量子力學完全無能為力。」

「一定有某些圖塊遺失了。如果你問自己方程式真正意味的是什麼，如果你根據這理論來拼湊世界的面目，你會茫然一無所得。你無法想像粒子遵循一定的軌道飄移，你根本無法將之轉化成日常的視覺經驗。如果你開始問：根據這理論，世界的面貌如何之類的更多微妙問題，到頭來這和你平日想像事物的方式背道而馳，相去甚遠，所以你會陷入徬徨。也許這就是世界的真相。但是你懷疑是否另有天地，能夠把所有資訊的碎片組合成形，不需要這麼極端的疏離你的直覺。」

「物理學的基本假設是：孤立局部現象，直到透澈了解所謂最基礎的本質，除此之外皆為無關緊要的細節。你可以藉由觀察物質的最單純狀態，分辨出那短短幾條原則；這就是真正的分析精神。然後當你想解決較難問題時，你可以把這些複雜的組合重新放在一起。如果你還能辦到的話。」

「最後，要領悟就必須改變策略。你需要對許多發展中的重要問題重新組合原先的看法。例如，你可能嘗試在電腦上模擬一般的流體系統。這種事的確漸漸不成問題了，但你也可能白費力氣，因為真正的狀況，和流體或某個特別的方程式並沒有什麼關係。普遍

性的原則存在於不同系統中，週而復始，運作不息，所以這問題得用不同的方式來思索。」

　　「當你打量這個房間，可以看到那邊有一堆雜物，這邊坐了一個人，門戶開在另一側……根據所受的物理訓練，你得使用物質的基本原理，寫下波動方程式形容這房間。哎！這不見得是可行之道，也許上帝能辦到。但是分析觀念無法了解這樣的事情。」

　　「有關雲朵是何模樣的問題，已經不再是學術性的題目。由於大眾很想知道這答案，所以這也意味著研究經費有了著落。這問題主要屬於物理學的範圍，問題的水準亦很夠格，你看見一件複雜的事物，而目前僅有的解決之道，就是盡可能的觀察許多細部的點，直到你有足夠多的數據，說明雲朵在哪裡、暖空氣在何處、它的速度為何等等。然後你把它放進你能負擔的最大機器裡，並估計出下一步會如何。但這些都並不切實際。」

　　他捻熄一支香菸，又點燃另一支：

　　「我們必須重新換個觀點，必須去尋找尺度化的結構，譬如大細節和小細節間的關連如何。你觀察流體的紛紜，這複雜系統中的特性，持續不斷推陳出新。在某種層次上，它們根本不太在乎過程的尺寸，在何處發生也並無太大影響，持續發生多久也不要緊。唯一可能有普遍性的，是不隨量尺變化的特質。」

　　「我們可以說，藝術就是探討人類眼中世界的理論。顯然沒人

能全盤掌握四周所有的細節，因而藝術家的成就即是去蕪存菁，然後賦予意義。所以他們也能完成一部分我的工作。當你注視梵谷早期的作品，你可以看到億萬的光點與細節；他的畫裡貯存了大量訊息。他很清楚那些東西必須放進畫面，絕對不可缺少。你也可以研究，十七世紀開始的荷蘭水墨畫中的地平線，一些小樹、牛隻看起來萬分逼真。如果再湊近些，會看到樹木有著具體而微的葉形輪廓，配上一根根枝椏的形狀。露骨的細節染得基調交織成一片，總體的效果讓你愈看愈對勁。再以魯斯達爾（Jacob van Ruysdael）和透納（J. M. W. Turner）為例，如果你觀察他們畫如煙如水這複雜過程，你可清楚看出他們採用反覆迴路的方式。先塗上一層細粉，再覆蓋一層描畫，最後再加上一層修改。對那些畫家而言，紊流永遠都蘊藏著尺度的觀念。」

「我真的想解決描述雲朵的奧祕。但僅僅不斷累積一堆堆詳細的資訊，記載這上方有一片這麼大密度的雲，旁邊有一片那麼大密度的雲，我覺得是行不通的。這絕非人類認知那些事物的方式，也絕不是藝術家感受到的印象。可見你能夠寫下偏微分方程式，並不一定表示你完成了所有的答案。無論如何，地球上充滿奇妙而誘人的美麗事物，都是大地給予我們最好的承諾。透過從事的行業性質，你試著去了解它們。」

他放下香菸，煙從灰燼中升起，先形成細瘦的煙柱，然後（似乎對普遍性表示贊同），突然斷裂成卷鬚朝天花板裊裊上升。

|第 7 章|

實驗家

這種感受無可言喻，必定是科學家所能嚐到最甜美的滋味
——當他終於意識到，
發諸內心者與形諸自然界者合而為一，並且百試不爽，
那種驚喜莫名的感覺！
誰能料及，心智幽玄的密室，
竟然反映了風和日麗的大自然景象，
這是何等的震撼！何等何等的喜悅！

——美國物理學家卡達諾夫

十九世紀的實驗風格

「李契伯愈來愈成熟了。」高等師範學院的人們如此相告。高等師範學院與綜合理工學院，巍巍立於法國教育體系的尖峯。他們懷疑歲月是否忘懷了在李契伯（Albert Libchaber）身上留下痕跡。李契伯早年即以低溫物理之研究聞名於世。他鑽研超流體液態氦，在近乎絕對零度時的量子現象，因之聲名大噪，造就了穩固的學術地位，而 1977 年，他為了一項吹毛求疵的實驗，白白浪費時間與學校資源。李契伯自己就擔心這計畫會危及研究生的前途，所以聘請了一位專業工程師當助手。

李契伯誕生在德國入侵前五年的巴黎，他是波蘭裔猶太人的兒子，祖父是位猶太牧師，經歷過類似曼德博的求生遭遇。他們隱藏於鄉間，與父母離散，因為他們的口音太危險了。他的父母保住了生命，但其餘的家人皆被納粹謀害。

造化弄人，受到皮坦（Pétain）區祕密警察之地方首腦庇護，李契伯才得以倖存。這位首腦懷抱著強烈的右翼信仰，其程度足以匹敵他憎厭種族主義的狂熱。戰後這位十歲男孩感恩圖報，他一知半解的前往戰犯委員會做證，而他的證詞救了那個人。

從法國科學圈力爭上游，李契伯進展神速。無人質疑他的煥發才氣，同行偶爾會視他略屬怪誕之流──身為理性主義陣營中的猶太神祕主義者，同時，又很稀罕的混在一群共產主義的科學家中，偏偏信仰戴高樂主義。他們嘲笑他偉人理論的歷史觀，對歌德的迷戀，和對舊書籍的癖嗜；他有上百份科學家著作的原版，有些可以回溯到 1600 年代。他讀這些書不僅為了滿足對歷史的好奇，而且從古井中汲取靈感的新泉源，這種探索無異於他用雷射高科技冷凍

線圈追求真實。他與工程師莫荷（Jean Maurer）頗合得來。這位法國人興致來時才工作，而李契伯盼望莫荷會讚賞他的新計畫。「有意思」就是法國人輕描淡寫「曲折」、「刺激」或「深奧」時用的字眼。這兩個傢伙在 1977 年開始著手一次紊流觸發的實驗。

　　身為實驗者，李契伯以十九世紀的風格著稱：犀利的頭腦配上靈敏的雙手，四兩撥千斤。他不喜歡龐大的工程和繁重的計算，對他來說，好的實驗就像數學家心目中好的證明，優雅與成果並重。即使如此，有些同行認為他這次紊流觸發的實驗可能太過火了。這實驗小得可以放進火柴盒裡，有時候李契伯的確帶著它走來走去，當它是觀念藝術一般。他稱之「小匣中的液氦」。實驗的心臟更加細小，一間檸檬籽大小的胞室，由一塊稜角分明的不銹鋼雕琢而成，裡面裝了冷冽到絕對溫度四度的低溫液態氦。比起李契伯從前的超流體實驗溫度，這算很溫暖的了。

　　實驗室占據了高等師範學院物理大樓的二樓，距離巴斯德（Louis Pasteur）的舊實驗室只有幾百公尺遠。李契伯的實驗室，正如大部分一般用途的物理實驗室那般零亂不堪。地板和桌上堆滿漆罐和手持工具，到處都是奇形怪狀的金屬片和塑膠。在這紊亂中，裝著李契伯的迷你流體胞之裝置，盛在純銅底盤上的不銹鋼胞室特別引人矚目，上方以藍寶石水晶覆蓋，這些材料的選擇是根據其熱傳導性。裝置上還有疏疏幾根電子加熱線圈，和鐵氟龍墊圈，液態氦從貯存池流下來，貯存池其實只是一公分多的導管。整座系統放置在真空的容器裡，而容器又放在液態氮中，幫助穩定溫度。

　　李契伯一直擔心振動。實驗如同真實世界的非線性系統，受到背景持續的噪訊侵擾。噪訊妨礙了測量，也使資料失真。在敏感的流動中，李契伯盡可能提高實驗的敏感度。噪訊會突兀的刺激非線

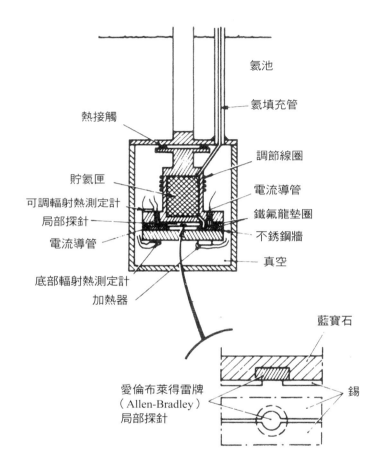

氦池

氦填充管

熱接觸

調節線圈

貯氦匣

電流導管

可調輻射熱測定計

鐵氟龍墊圈

局部探針

電流導管

不銹鋼牆

真空

底部輻射熱測定計

加熱器

藍寶石

愛倫布萊得雷牌
（Allen-Bradley）
局部探針

錫

小匣中的液氦。李契伯精妙的實驗。核心是一口精密打造的方盒，盛裝液態氦，一小塊藍寶石充作頂蓋，量度液態氦的溫度，小匣放進護罩裡，避免噪訊及干擾，以便確實掌握加熱。

性流動，改變它的活動方式。不過非線性雖能破壞系統，卻一樣也能穩定它，非線性的回饋、調節、律動，使其具有韌性。線性系統中，對擾動的反應一成不變。即使當非線性出現，擾動仍會抑止自己，使系統自動回歸到穩定狀態。李契伯相信生物系統就是依賴其非線性來抵抗噪訊。蛋白質傳送能量、心電波動、神經系統都沉浸在一片噪雜中，仍然保持它們的功能。李契伯希望，不論流體的基本結構會是什麼，都能夠不受外界干擾，並為他的實驗所掌握。

他計畫中特別加熱底部平盤使溫度比頂端高，產生液態氦之對流，這和勞倫茲所描述的對流模式完全相同，即眾所週知的瑞立－貝諾德對流（Rayleigh-Bénard convection）古典系統。李契伯還未聞及勞倫茲，對費恩鮑理論也毫無所知。1977 年費恩鮑開始四處巡迴發表科學講座，若遇到知音，他的發現會留下深刻印象，但大多數物理學家皆似懂非懂，費恩鮑學裡敘述之形態和規律，似乎不食人間煙火。那些形態來自數位計算機，物理系統則要複雜許多，缺乏更明顯的相關證據。大部分人只能說，費恩鮑發現了一項數學例證，看起來很像紊流觸發。

李契伯知道，美、法的實驗已經削弱了藍道對紊流觸發的臆測，這些實驗皆證明紊流會遭遇突然的轉變而誕生，並非一階一階的累積不同頻率才得以成形。如古勒伯和史文奈般的實驗家，觀察旋轉圓柱流體，結果顯示需要開發一種新的理論，但是他們無法看到混沌轉變中清晰的細節。李契伯知道迄今實驗室還不能纖毫畢現的模擬紊流觸發，掀開真面目，而他認為他的流體胞足以提供人力所能及之最徹底面貌。

詩人的暗示

　　視野縮窄，使科學繼續前進。流體力學家任憑心證，懷疑史文奈和古勒伯宣稱在柯艾流中達到的精確度，其實頗有見地。同樣的，數學家也有足夠理由，懊惱惠依破壞了規則。他用嚴謹的數學包裝，提出一個野心勃勃的物理理論，使得假設與證明二者間難以區分。數學家拒絕接受未通過考驗的理論。證明加上理論加上證明……這是明文規定的標準觀念。不論意識到了沒有，這是在防範造假和迷糊。如果一個新觀念看起來很陌生，期刊編輯可能拒絕。受委屈的作者會認為他食古不化，但編輯需要扮好他們在社群的角色，提防未經證實之事物。正如李契伯所言：「科學建立在對抗荒謬上。」他同事稱他為神祕主義者，這標籤可不見得是暱稱。

　　他是謹慎而又訓練有素的實驗家，因精細執著而聞名。但是他對那種抽象、無定形、千變萬化、稱為流體的東西，懷抱著一種特殊感覺。流動是形狀疊加變化，運動中又具有規範。一位理解微分方程的物理學家，會把方程式的數學行為稱作流動。流動是柏拉圖式的概念，它假設系統改變反映出某種基本特質，不會因任何特定時刻而改變。李契伯擁抱柏拉圖的信念，宇宙充滿了隱藏的形式。「你知道事情就是這樣子！你看過樹葉，當你注視樹葉時，發現所有葉子的形式皆大同小異，會不會大吃一驚？你可以輕而易舉畫個大樣。要深入了解這點非常有趣。其他的形狀亦然。譬如說，在這個實驗裡，你常常看到一種液體滲透進入另一種液體，」他書桌上散置了許多這類實驗的圖片——液體纍纍如指的碎形分叉，「現在如果打開廚房瓦斯，我們看見的火焰就會冒出這種模樣。它很普遍，火焰到處都是這樣子。所以我不必理會究竟是燃燒的火焰，或

液體侵入另一種液體，或是固態成長的結晶。我只對這類形狀感興趣。」

「從十八世紀起，科學對形貌之時空變化就已經斷送了想像力，如果你想到流動，你可以用多種方式來思考流動；經濟學上的、歷史的。起初也許很平順，然後分歧愈加複雜，或同時出現振盪。然後可能進入混沌。」

形狀的普遍性、橫跨尺度的相似性、流動蘊含流動的孕育能力，這些都非標準微積分方程式所能描述。這的確很困惑人，但科學問題只能經由通用的科學語言表達，到目前為止，李契伯對流動的觀感，只有二十世紀詩的語言表達得最貼切。例如美國詩人史蒂文斯（Stevens Wallace）對世界感覺的陳述，往往遠走在物理學家前頭。他對流動有驚人的洞察力，當流體一面變形一面重複自己；

波光閃閃的河流
不停息的流動，未曾在相同的途徑重複流動，
經過許多地方，彷彿靜止未變。

史蒂文斯的詩經常流露出大氣和水中蕪雜的情景，詩裡也表露了自然界隱藏秩序的信念，一種信仰——

萬里無雲的大氣中
事物的知識四處散布，但無法感知。

當李契伯和其他一些實驗家從 1970 年代開始研究流體運動，他們的表現，便類似這首有顛覆意味詩的暗示。他們懷疑運動和普

遍類型間存有某種關連，於是拿出唯一可行的累積資料方式，記錄
數字或鍵入數位電腦，不過後來他們需另闢蹊徑，將數據組織成能
一目了然的樣子，希望用運動表達形貌。他們相信：動力形狀如火
焰，組織形狀如樹葉等等，其形狀皆得自一股莫名的力量。這些實
驗家鍥而不捨的探索混沌現象，成功否定了一些靜態的說法。李契
伯也許不至於如此誇張，然而他們的概念確實近乎史蒂文斯的詩
〈在堅硬中翻騰的巨浪〉所要表達者：

> 光耀的活力，脈絡的燦爛，
> 當事物浮現、移動、消散之際，
>
> 或在遠處，流動或成幻影，
> 夏夜中歷歷在目的轉變，
> 一種銀色的抽象輪廓逼近
> 突然自己消逝而去。

超乎一般理解的物理定律

　　李契伯的神祕靈感源自歌德，而非史蒂文斯。當費恩鮑在哈
佛圖書館翻箱倒櫃，查閱歌德的《色彩論》（*Theory of Colors*）之
際，李契伯到手了一本更晦澀的原版專論《植物的變形》（*On the
Transformation of Plants*）。歌德從側面攻擊物理學家，認為他們只
注意靜態現象，而全盤忽略了生命的力量和流動，那是我們每分每
秒必須面對的。歌德遺風所及之一支流，也是文學史家常略而不提
的部分，是一群德國、瑞士的偽科學門徒，依附像史坦納（Rudolf

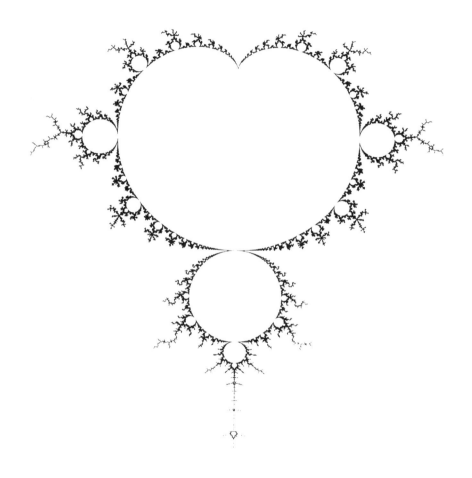

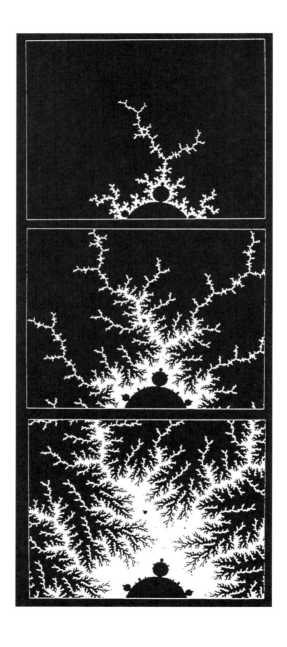

Steiner）和史恩格（Theodor Schwenk）這樣的哲學家而得以興風作浪。李契伯對他們保持一種物理學家適度的敬而遠之。

《敏感的混沌》（*Das sensible Chaos*）是史恩格 1965 年出版的一本怪異小書書名，也是他描述力與形貌之關係的用語，這本書斷斷續續傳於市面上。書裡的主題與水有關，英文版刊登了航海家庫斯托船長（Jacques Y. Cousteau）讚譽有加的序文，以及《水文資源學報》和《水利工程期刊》的推薦。他明察秋毫的觀測，幾乎不帶任何科學色彩，更遑論數學。他用藝術家眼光打量各式各樣自然界流動的形狀，組合照片，描畫許多精確的圖畫，好像那些細胞生物學家首次使用顯微鏡畫下的細胞素描，他開放的心胸與純真，將使歌德引以為傲。

書頁間充滿了流動，長江大河如密西西比河，或法國境內的阿卡榮灣（Bassin d'Arcachon）蜿蜒流向海洋，海洋中，灣流逶延迂迴成朝東或朝西的迴旋。史恩格覺得，它像冷水中一條熱騰騰的巨大河流，一條「從冷水中沖積出自己河岸」之河流。當流動經過或消逝，流動的痕跡卻遺留在後。空氣的流動留下沙，顯示出波狀，退潮吻印海灘成血管般的網絡。史恩格不相信這是巧合，他相信宇宙有其原則，更超越普遍性。他相信自然界存有神靈，他文章中神人合一化令人不自在，他的「基型原理」如下：流動「想要實現自我，無視乎周遭的物質環境」。

他知道水流中尚有衍生的水流。水沿著迂迴的河流往下沖刷，繞著河流中軸，又有一圈圈水，先朝向一邊河岸，沉入河床，橫渡穿向另一邊河岸，然後上升到表面，像環繞甜甜圈旋轉的芝麻，水粒子的軌跡就像纏繞著其他繩子的螺旋。史恩格對這種形態懷抱拓樸學家的想像：「這些繩索絞成螺旋形的景象，只能從實際運動觀

察才算精確。人們常提到『成束』的水。實際上不只呈現條縷狀，而是整束多面體，空間中糾纏交織，彼此穿梭。」他看見波動中節奏的爭辯，一波超越另一波，剖析了表層和邊界層的肌理；他看見小擾流、漩渦及連續成串的水圈圈。據他了解，這是一層表面澆滾在另一層表面上。於此之際，他幾乎已撈過哲學家的界線，去了解一位物理家逼近紊流的動力概念，他的藝術信念放諸四海皆準。對史恩格來說，渦旋代表不穩定，不穩定意味流動內部不平衡激發的

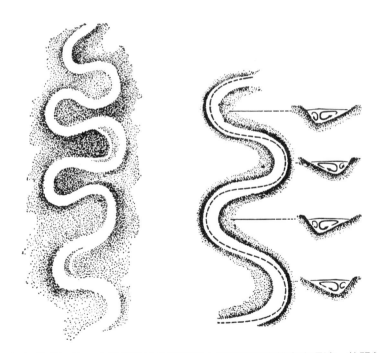

蜿蜒扭曲的河流。史恩格描述自然河川中的暗流與複雜之次環流，他記載：「它們並非單股流線，而是一整片翻覆扭纏的界面……」

抗爭，而這種不平衡是所謂「原型」。小擾流的轉動、蕨類植物的皺褶、山脊的凸起、動物器官的貯腔，歧途皆歸於一。不會因物體之異質而喪失共相，或因特殊種類而不同，不平衡會或快或慢、或冷或熱、或稀或濃、或鹹或淡、或黏滯或無礙、或酸或鹼。沿此界線，生命繁盛不已。

生命卻是湯普生（D'Arcy Wentworth Thompson）的領域。這位奇特的博物學家在 1917 年寫道：「也許所有的能量法則、物質特性以及膠體化學，皆無法解釋軀體，無法穿透身、心間神祕的連繫。雖然我不很同意。」湯普生引進生命研究中的，正是史恩格如飢如渴缺乏的：數學。史恩格由演繹來推論，他的對象——精神的、華麗的、淵博的，最後凝鍊成共相。湯普生的傑作《成長與形態》（On Growth and Form）分享類似史恩格的心境和手法。現代讀者驚喜交加，又難以置信，閱讀那些液滴垂落，分叉的細膩圖形，掛滿彎曲的卷鬚，像極了活生生的水母，令人歎為觀止。這難道只是一項巧合的例子？如果兩種形態看來相似，我們是否要推敲相似的原因？

湯普生的確是一位屹立在正統科學邊緣，最具影響力的生物學家。二十世紀生物學的革命，於他的有生之年開始發展，最終卻和他失之交臂。他不理會化學，誤解細胞，也無法預測遺傳學的爆炸性發展。即便在他的時代，他的作品也似乎過於古典而帶著文藝腔（詞藻過麗），以致於失去科學的真實性。現代生物學家不必再讀湯普生的著作。不過，一些最偉大的生物學家，卻被他的書本深深吸引。梅達華爵士（Sir Peter Medawar）稱之為「英文世界科學典籍中，當之無愧的最佳文學作品」。古爾德（Stephen Jay Gould）日益深信自然限制著事物的形狀，他終於從中找到吾道不孤的迴應。湯

普生之外，並沒有多少現代生物學家，尋求生物之間無可否認的相似性。「很少人會問是否能將芸芸眾相，還原成涵聚力量的單一系統，」古爾德如此表示：「這種共通性的證明，將對有機形態的科學產生重大影響，這點也似乎乏人問津。」

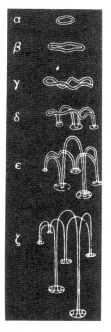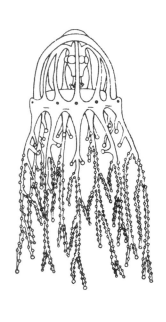

液滴垂落。湯普生陳示水中的墨滴，與水母纍纍下垂的節串與分枝，「最不尋常的結果，即是液滴極其靈敏……受物理條件影響。浸在同一種膠液，僅僅稍微改變密度至小數後第三位，外形就會完全改觀，五花八門，從常見的垂珠至瘻骨型。」

普遍性藏在生命中

　　古典學者、通曉數國語言的人、數學家及動物學家，都試著從整體觀點看待生命，就像生物學家把器官的研究，還原成各個基本功能的組件，因此成果豐盈。化約主義抬頭，不止在分子生物學上驚天動地，其他各方面亦然，從演化到醫藥望風披靡：如何透過細胞膜、細胞核、蛋白質、酵素、染色體、鹼基來了解細胞？當生物學最後能全盤掌握寶瘻、視網膜、神經及腦部組織的內部工作時，再在頭顱形狀下功夫就顯得茫無頭緒了。湯普生是最後一位致力如此的人。他也是最後一位精心修辭，詳盡探討來龍去脈的偉大生物學家，尤其對最終原因和成效，或物理原因之區別上表現傑出。最終原因基於目的或設計：例如輪子是圓的，這種形狀才能輸送。物理原因則是機械化的：地球是圓的，因為重力將旋轉流體拉成球形。這之間的界線並不一定截然分明。玻璃杯是圓的，因為這是握持或飲喝時最舒適的形狀。它是圓的，同時從製陶或吹玻璃的過程自然產生圓形。

　　整體而言，科學世界中物理原因主宰一切。的確，當天文學和物理學從宗教的陰影中獲得解放，割棄刻意的、前瞻的目的論毫無痛苦——譬如說地球按照人類的心意而形成。生物學中，達爾文堅定以目的論當作思索的中心模式。生物世界也許未能完全符合上帝的設計，但它卻符合天擇的模式。天擇不在基因或胚胎中運作，而施行於最後產品。所以，適應論者解釋生物形狀或器官功能時，總是訴諸原因；不是物理原因，而是最終原因。受到達爾文式思考的庇蔭，科學對最終原因的興趣還能香火不絕。一位現代人類學者推測吃人習俗或儀式獻祭的傾向時，不論對錯，只問其目的如何。湯

普生看出了這種趨勢，他呼籲生物學家同樣要考慮到物理原因，加上機械論和目的論。他致力於數學或物理力量對生命影響之研究。當適應論被接受後，這些解釋似乎變得無關緊要。看到一片樹葉，我們會問天擇如何塑造這片高效率的太陽能板，這問題的確耐人尋味，但許久以後，一些科學家才重新尋思大自然貯藏的未解之謎。為什麼在無數繁浩的可能中，葉片卻只限於幾種形狀，而且並非由功能指定形狀。

湯普生能運用的數學並不足以證明他的目標，他最多只能描繪相關物種的網脈，加上彼此相關的坐標，顯現出其間的簡單幾何轉換。對類似噴液或濺散液滴，和其他無定形外貌的簡單生物來說，他懷疑例如重力和表面張力的物理因素，並未達成造形的任務。當李契伯開始流體實驗時，他又如何聯想到《成長與形態》這本書呢？

生物學主流中，湯普生對於塑造生命力的直覺，非常接近動力系統的觀點。他把生命當真想成生命，活蹦鮮跳，適應某種節奏，具有一種他相信基於普遍性的「根深柢固的成長節奏」。他認為他應該不止於深究事物的物質形態，也要研究它們的動力。他知道將形狀歸類並不能解決問題，而他的詩人情懷相信，經由長期觀察自然下所蒐集的種種形狀，巧合與功能並不足以解釋它們明顯的普遍性，必須向物理定律求助。因為這些定律主宰力與成長的方式，是超乎一般理解的。這裡又見到柏拉圖的身影，藏在物質分殊、可見的形狀之後，若即若離的鬼魅形塊，如流晃動。

傑作開花結果

　　李契伯選擇液態氦進行他的實驗，液態氦具有超低黏滯性的特質，所以一觸即動。若採用中度黏滯的流體（如水和空氣）進行類似實驗，所需的盒子空間則要加大很多。由於低黏滯性，李契伯使他的實驗對加熱極為敏感。若要僅僅數公釐寬度的流體胞發生對流現象，只需製造約千分之一度的溫差便可，這也就是流體胞必須這麼小的原因。如果放在大一些的盒子裡，液體氦會有更多空間轉動，同樣的對流運動甚至只需要更少的加熱，如果每邊增大十倍，約莫葡萄粒大小，體積將是原來的一千倍，只需有百萬分之一度的溫差就足夠產生對流。這麼小的溫差在控制能力之外。

　　無論在籌畫、設計及建造每一環節，李契伯和他的工程師全力消除任何不純的因子，事實上，他們盡可能濾清他們想研究的運動。從平順流到紊流，流體運動視為空間發生的運動，它的複雜性視為空間的複雜性，擾動和渦流都是空間呈現的混沌現象，但是李契伯想探尋的是隨時間變化的起伏。時間在此際被當作研究的範疇和標竿，他把空間壓縮成近乎一維空間的點，將先驅流體實驗的手法發揮到極致。大家都知道封閉的流動，例如箱中之瑞立─貝諾德對流，或圓柱中的柯艾─泰勒旋轉，較之開放空間中，例如海洋或空氣中的波動，更容易測量出它們的行為。開放空間中的流動，由於邊界面不受拘束，因此複雜性倍增。

　　由於方形盒中會產生如熱狗或芝麻粒般的對流胞，他仔細選擇盒子的大小，恰足以精確放進兩個對流胞。液態氦會在中央升起，向左、向右翻滾，然後從盒子外緣下沉，這是手到擒來的幾何。打個圈圈但被牢牢關著，線條分明和大小相稱，消除了任何外來擾

動。李契伯凍結了空間，現在可以針對時間大作文章。

　　一旦實驗開始，液態氦會在浸泡液態氮的真空容器中之小盒轉動，李契伯需要設法窺探其中玄機，他安置了兩具超微溫度測針在箱頂的藍寶石中。結果由繪圖機連續記錄下來，如此他才能掌握分據流體頂端兩點的溫度。「多麼靈巧，多麼聰明」，另一位物理學家說，李契伯占了自然的上風。

　　這件精妙纖細的傑作，整整花了兩年功夫才開花結果。但他說，這正是他大展身手所需的畫筆；既不流於華麗，也非奇技淫巧。他終於能一覽無遺。日以繼夜，爭分逐秒操作他的實驗，李契伯發現紊流觸發的神奇行為，遠遠超越他想像力的地平線。整樁週期加倍的過程顯現了。當流體加熱、升起，李契伯從第一次分歧開始限制並淨化其動作。當高純度銅製底盤加熱，流體不能再保持靜止狀態，好戲開始，處於略超過絕對零度的狀況，只需要千分之一度就綽綽有餘。底部液體受熱、膨脹、變輕，熱液上升，冷液下沉，突然間，為了讓兩種運動同時發生，液體自我組織成一對轉動的輪盤。轉動到達固定速度，系統又歸於平衡狀態，而且是一種動態的平衡。由於熱能穩定轉換成運動，經由摩擦消散又轉成熱，再經過較冷的頂部平盤散發。

　　截至目前為止，李契伯僅僅複製流體力學中眾所週知的實驗，幾乎是大家熟得不能再熟之現象，他說：「這是古典物理學。很不巧，這意味著陳舊，加上無趣。」這也恰好是勞倫茲三條方程式系統所描述的流動。但這裡是真實的實驗——真正液體、由機匠切割的盒子，受到巴黎川流不息的車輛振動影響，讓蒐集資料的工作困難萬分，比起電腦衍生出來的數學不可同日而語。

　　類似李契伯的實驗家，皆用簡單的繪圖機記錄溫度，在表層安

置探針，經過第一次分歧後進入平衡運動，任何一點的溫度仍維持穩定，繪筆紀錄是一條直線。加熱愈甚，產生愈多的不穩定。每次轉動都會打結，然後糾結會規律起伏。這種震顫隨溫度變化，在兩種值間搖盪。繪筆畫過波狀的條紋。

　　從一條簡單溫度直線開端，連續變化，又不斷受到實驗噪訊侵擾，逐漸難以判斷新的分歧點或行止。線上奇峯異谷，好像股票市場的發燒線。李契伯經過頻譜圖分析，希冀找出隱藏在溫度變化內的主要頻率。從實驗計算資料的頻譜圖，就如描繪交響樂複雜合音的聲波頻率。一條彎曲的毛茸茸線條，通常橫跨圖形底部，代表實驗的噪訊。主要頻率以陡峭的尖塔出現，調子愈響，尖塔愈高。同樣的，如果資料產生一個主要頻率，比方每秒一次節奏的高峯，那麼這頻率也會在頻譜圖留下一處尖痕。

　　李契伯的實驗所產生的第一道波長將近兩秒鐘。下一點分歧發生微妙的變化。對流胞不停的搖晃，溫度繼續按照主要節奏起伏，但是，在奇數循環時上升會拉得更高，偶數循環則較為降低。事實上，最高溫度已分裂為二，兩種不同的極大值和極小值顯現。繪製出的線條雖然很難辨認，可以看出在一種搖動上端疊加了另一種搖動──超級搖動（metawobble）。頻譜圖上更加清晰。舊有的頻率仍然明顯存在，溫度照舊每隔兩秒上升。而目前新頻率出現於舊頻率恰巧一半的地方，這系統產生了每四秒重複一次的成分。當分歧進行下去，我們可以分辨出一種準則，新頻率總在舊頻率兩倍處出現，因此圖形填滿四分之一、八分之一和十六分之一處，漸漸類似長短交替的木樁柵欄。

　　對於從沙裡淘金的實驗家，數百次重複工作也不嫌多，一直到這小流體胞真相大白為止。李契伯和他的工程師慢慢調高溫度，系

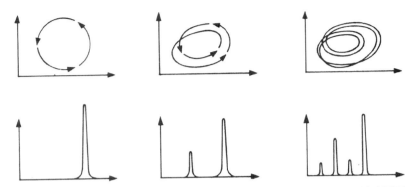

觀察分歧的兩種方式。李契伯的對流胞實驗產生穩定循環,相空間則以圓圈代表,每隔一定時間重複自己(上左),實驗家從數據量度頻率,將會發現頻譜分析圖上,一道單獨的頻率異軍突起。經過週期倍增的分歧後,系統的環圈一分為二,再度自我重複(中圖),這時,頻譜分析圖在主要頻率 1/2 處,出現第二道新的頻率,週期倍增的現象可持續進行,新的週期不斷於 1/2 間隔處產生。

統從一種平衡狀態轉變成另一種,過程中總會有奇特事情發生。有時候過渡的頻率出現,悠悠滑過頻譜,然後消失。有時儘管圖形明確,卻會形成三胞而非兩胞。天曉得在那小宇宙中發生了什麼事?

理論家與實驗家結合

如果李契伯已經知道費恩鮑發現的普遍性,他就會胸有成竹,知道哪裡會出現分歧和如何稱呼它。到了 1979 年,一群逐漸匯集的數學家,和具數學傾向的物理學家,開始注意費恩鮑的新理論。但是絕大部分和真實物理系統打過交道的科學家,相信他們擁有足夠理由暫時保留判斷。一維系統包括梅伊與費恩鮑的圖形,固然呈現

複雜性，但是工程師製造之機械裝置，在二、三或四維系統裡必定面目全非。那些東西需要嚴肅的微分方程式，而不只是簡單的差分方程式。另外一道鴻溝將是低維系統推廣至流體，物理學家通常認為流動包含幾近無限之維度。即使如李契伯實驗中的流體胞如此細微的結構，實質上也充滿無窮盡的流體粒子。每顆粒子皆代表獨立運動的潛能。當情況允許，任何粒子都可能成為扭結或渦管的軸心。

「光憑簡單系統的映像，就能解釋這些攸關緊要的真實現象，這種想法沒有人敢拿得準。」紐澤西州 AT&T 公司貝爾實驗室的何漢柏格（Pierre Hohenberg）如此評論。何漢柏格成為極少數追隨新理論和新實驗的物理學家，「費恩鮑可能夢想到這種情形，但是他說不出來。費恩鮑的工作集中在映像，而為何物理學家要對映像感到興趣？那只是遊戲罷了，實際上，只要他們沉迷在映像中，這就和我們想了解的相距十萬八千里。」

「但是，當想像在實驗室中活生生出現，那真是新鮮刺激。最神奇的是，系統確實符合經驗，你能夠透過低維模式，完全掌握結果，鉅細靡遺。」

終於，何漢柏格把理論家和實驗家結合起來。1979 年夏天他在白楊鎮設立了一間講習營。李契伯也參加了（四年前，同樣的夏季講習營裡，費恩鮑聽到史邁爾提起數字，一個數學家從若干方程式中，觀察混沌轉變時突然出現的數字）。當李契伯描述他的液態氦實驗時，何漢柏格記載下來。歸途中，他順道去探望新墨西哥州的費恩鮑。不久以後，費恩鮑前往巴黎拜訪李契伯。他們佇立於李契伯實驗室零亂不堪的組件與儀器之中。李契伯驕傲的展示他的超微流體胞，並且讓費恩鮑說明他的最新理論。然後他們漫步於巴黎街頭，尋找最上乘的咖啡，李契伯日後記得，他當時看到這麼一位年

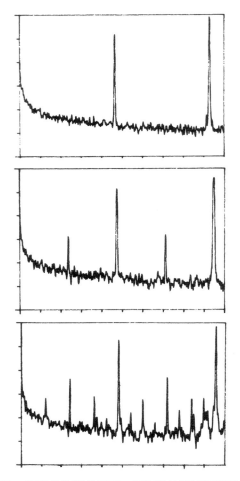

真實數據驗證理論。李契伯的譜分析圖,很生動的描述週期倍增,依照理論預期呈現的精確形態,從背景的實驗噪訊中,新週期迄然獨立,歷歷可見。費恩鮑尺度化的理論,預測新週期出現的時刻與地點,同時還能預測它們的大小——即波幅。

輕而又朝氣蓬勃的理論家時，不禁萬分驚訝。

正統的實驗領域

　　由映像躍向流動這項突破，恍如那些參與者的美夢。自然如何以簡馭繁，無法一言以蔽之。「你必定會覺得這宛如奇蹟，不太像通常理論和實驗的結合。」古勒伯說。幾年之間，奇蹟從一系列實驗室紛紛杳杳顯現，更大的流體胞裝水或水銀、電子振盪器、雷射、甚至化學反應。理論家採用費恩鮑的技巧，發現一些其他混沌開展之數學路徑，例如週期加倍的餘弦函數，或如間歇性和準週期性的形態。這些形態同時證明了理論和實驗的普遍性。

　　這些實驗者的發現，敦促了電腦實驗時代來臨。物理學家發現，電腦可以繪製媲美真實實驗品質的圖像，速度增加了百萬倍且更加可靠。大多數人認為，義大利莫塔那大學（University of Modena）的法蘭西斯契尼（Valter Franceschini）創造的流體模式，經過五項微分方程式系統，產生吸子和週期加倍，甚至比李契伯的結果更令人信服。法蘭西斯契尼並不認識費恩鮑，不過，他的複雜、多維模式，發現了如同費恩鮑一維映像中相同的常數。1980 年某歐洲研究團隊，提出一項嚴謹的數學解釋：消散效應磨平了複雜系統許多衝突的運動，最後降低多維行為至一維。

　　電腦之外，從流體實驗發掘奇異吸子，仍然是嚴肅的挑戰。這讓史文奈這群實驗家一路忙到 1980 年代。最後，當實驗家成功時，新潮電腦專家往往視如敝帚，比起終端機上瑰麗五彩的圖形，實驗結果僅僅是眾多影片中，粗糙又落入預期中的注腳。電腦實驗裡支使上千上百萬的資料運作，使形態自然流露。實驗室中類似真

實世界，必須從噪訊中剝開有用的資料。電腦實驗的資料，像魔術杯之醇酒般流動，實驗室的實驗必須一點一滴的奮戰。

然而，如果只憑電腦實驗的力量，費恩鮑和其他人的新理論恐怕很難讓廣大的科學社群心悅口服。那些修正、折衷和近似值，為了適應非線性方程式的數位化，令人提心吊膽。模擬將現實分割成許多盡可能細微的部分，但還是不夠細。一座電腦模式，只是一組程式設計者挑選的非嚴格規則。真實世界的流體，即便放在小至公釐的對流胞中，也有其不可否認的潛力，會飄向不規則、自由自在，不受拘束的運動，這種玄奇一直在那裡。

當電腦模擬的年代來臨，上至噴射引擎，下至心臟瓣膜諸般流動，皆在超級電腦上建立起模式，我們很容易忘懷，自然多麼善於玩弄實驗者於手掌上。實情是，今天找不出一部電腦，能夠完全模擬像李契伯液態氦對流胞的簡單系統。當一位優秀的物理學家檢驗一些模擬結果時，他一定會懷疑某部分真實被忽略了，有些令人心生搖動之處被閃避了。李契伯會說，他不願意乘坐模擬的飛機，他懷疑其中遺漏了一些要素。更進一步，他會說電腦模擬幫忙直覺建立，或修正計算倒挺不錯的，不過，它們不能導致貨真價實的發現，無論如何，這就是實驗者的信念。

他的實驗毫無瑕疵，他的科學目標如此抽象，許多物理學家仍然覺得，李契伯的工作更富有哲學或數學意味，而非物理學作品。另一方面他自己也相信，當權派的專業準繩繫於化約主義，凡事從最基本如原子開始建構。

「物理學家會問我，這粒原子來自何方？為什麼駐留此處？什麼是表層的敏感度？你可以寫出這系統的守恆律嗎？」

「而如果我告訴他，我才不在乎，我只對形狀、演進的數學，從這形狀變成那形狀，或種種分歧感到興趣，他就會告訴我，這可不是物理，你在做數學，即使到現在，他還會如此告訴我，而我能說什麼呢？是的，我的確在做數學，但它和我們的周遭密切關連，這也算是自然吧。」

他所發現的形態確實滿抽象的，它們也很數學。它們並沒有說出液態氦、銅或接近絕對零度時原子行為的特性。但是它們浮游於李契伯及其神祕先知的幻夢。從中創造了一處正統的實驗領域，沿此夢土，化學家與電子工程師尋幽探勝，尋找運動的新元素。當他首次將溫度提高，隔絕第一階週期加倍，接著第二階、第三階等等、這些形態伴隨著出現。根據新理論，分歧會產生嚴密尺度化的幾何。那就是李契伯所看到，普遍適用之費恩鮑常數，在那一瞬間的轉變，由數學觀念成為物理實體，可測量的分歧，禁得起考驗。很久之後，他回憶這種感覺，觀察一階接著一階的分歧，然後他明白自己正注視著結構豐盈的無窮流程，如他所說，這實在太有趣了。

|第8章|

混沌的面貌

當混沌聚攏所有的力量，捏塑一葉，此外空無一物。

——美國作家艾肯（Conrad Aiken）

無意掘出的骨董

1979 年巴恩斯利（Michael Barnsley）在科西嘉（Corsica）的一場會議裡偶見費恩鮑。當時，巴恩斯利這位出身牛津的數學家，這時才弄清楚普遍性、週期倍增和無限分裂的傾瀉是怎麼回事。他覺得這主意挺正點的，看來像那種驅使科學家如痴如狂、奮不顧身的新點子。至於他自己，似乎洞悉了一些前所未見的景象。

這些費恩鮑序列，2、4、8、16 週期，究竟從何而來？它們像數學深淵裡掏出來的魔法？還是隱隱暗示一些更深邃之物？巴恩斯利直覺，它們必定屬於某類難以言宣的碎形體。

這觀念他倒可以對照到，一種稱為複數平面的數值領域。在複數平面上，所有從負無窮大到正無窮大的數字——指的是實數，全都沿著一條由極西伸向極東的線上排列，中央為零點。但這條線只能算是赤道，世界更由極南擴展到極北。每個數都包含兩部分，「實數」部分對應東、西向的經度，「虛數」部分對應南、北向的緯度。依慣例，這些複數寫成如 2 + 3i 的形式，i 象徵虛數部分。兩部分合起來，就能代表二維平面上一處特定的位置。因此，最初的實數線，只是特例，相當於一組虛數為零的數字集合。若俯視複數平面，只注意實數，即那些赤道排列的點，彷彿管中窺豹，根本無法思議二維空間的全貌。這就是巴恩斯利所猜忖的。

戴上「實」和「虛」的標籤，正因為平常的數字比這種混血兒看來實際些，但是這說法早已靠不住。事實上，虛實之間，銖兩並悉。根據歷史，虛數乃為填補一項概念的真空而設計，即是——「負數的平方根是何物？」約定俗成，–1 的平方根定為 i，–4 的平方根為 2i，依此類推；再邁出一小步，這種實虛的組合，順理

成章解決了一些多項方程式。複數可以相加、相乘、平均、分解、積分。任何實數的計算皆可適用於複數上。當巴恩斯利開始將費恩鮑函數轉換到複數平面，一列奇幻的輪廓逐漸現身，似乎和實驗物理學家困惑糾結的動力觀念有關，但這數學結構同時令人震驚。

巴恩斯利意識到，這些循環絕非憑空而來。它們從複數平面掉落到實線上。假如你擦亮眼睛，就會看到星羅棋布的密密循環：這邊一個雙循環，那邊一個三循環，更那邊又有個四循環，隨處飄移，直到落於實線上為止。巴恩斯利火速由科西嘉趕回他在喬治亞理工學院的研究室，寫了一篇論文，寄給《數學物理通訊》（*Communications in Mathematical Physics*）發表。該刊的編輯恰好是惠依。惠依傳給他一項壞消息：巴恩斯利無意間挖出一樁活埋了五十年的法國數學家作品。巴恩斯利回想當時的情景，「惠依把文章丟回，像扔一粒燙手山芋，他說：『麥可，你說的就是茱利亞集合（Julia set）。』」

惠依還附加了一筆：「馬上和曼德博聯絡。」

發現碎形族類

赫巴（John Hubbard）是美國數學家，偏好穿著流行鮮豔的襯衫，三年前他落腳法國奧塞（Orsay），教授大一基礎微積分。他的標準教材包括一節牛頓法，這是用疊代法趨近方程式答案的古典手法。但是赫巴開始厭倦這些老套，遂有一次，決定換換口味，變個花樣，希望能迫使學生思考。

牛頓法極為古舊，遠於牛頓發明之前，就已經源遠流長了。古希臘人曾經使用過這類方法尋找平方根：方法是先猜測一值，然後

據此再算出更佳猜測，一再重複，漸漸逼近答案，過程很像一座動力系統，搖搖擺擺的落入穩定狀態。但牛頓法極為迅速，正確的小數點後位數，每經一步計算通常皆會加倍。今日，當然有更好的分析方法求助平方根，所有二次多項方程式都用公式求根，即變數最多只出現平方。但是牛頓法能應用在更高次的多項方程式，這時無法直接找到答案，尤其用電腦運算最為俐落。重複一直是電腦的拿手好戲。牛頓法唯一的小麻煩，就是方程式通常擁有超過一個以上的解，尤其當複數解包括進來時，最初的猜測可決定到底哪個解會脫穎而出。不過實際上，這一點問題不大。通常都會知道從哪裡開始較好；假如你的假設似乎邁向錯誤答案，那就另起爐灶。

有人或許會問：在複數平面上，牛頓法趨近二次多項式之根時，又有什麼線索可循？用幾何直觀，我們會回答兩根中哪一個最接近最初猜測，就會出頭。當赫巴在奧塞碰上這項問題，就如此回答。

「現在，再來看看，呃，三次方程式，情況好像就更複雜了，」赫巴滿懷信心的說：「我想想看，下禮拜再告訴你們。」

他仍然認為，關鍵在於疊代部分的教學，不需太擔心最初猜測。但是他愈花腦筋，愈覺得不對勁；如何才算一樁有道理的假設？尤有甚者，到底牛頓法又幹了些什麼？幾何學順理成章的辦法，是將平面等分成三塊楔形，每塊楔形都包住一項解。但是赫巴發現這樣行不通。沿楔形的交界處，怪事連連。而他同時發現，自己並非開路先鋒。凱萊（Arthur Cayley）在 1878 年就已經遭遇這問題，他嘗試推廣二次方程式至棘手的三次方程式。經過一世紀後，赫巴手中握有一張凱萊未曾掌握的王牌。

牛頓法模擬動力系統

赫巴是那種一絲不苟的數學家，他很看不順眼憑直覺行事，例如未經證明之猜忖、近似、似是而非等；他會在勞倫茲的吸子晉入歷史後二十年，還不停的強調，沒人確知奇異吸子的真正來處，這只是一項未經證實的推測。他說，大家熟悉的雙螺旋不能算作證明，只是現象，是電腦畫出來的圖形而已。

現在，赫巴自己也開始用電腦，從事那些傳統手法無能為力的事情。電腦無法證明任何事，但至少它能揭露真相，讓數學家摸清楚他應當證明的是什麼。因此赫巴開始做實驗。他把牛頓法視為問題，而不是解決問題的工具。他用最簡單的三次多項式 $x^3-1 = 0$ 當例子，即找出 1 的立方根。就實數言，這個解當然就是 1。但是這多項式還有兩個複數解 $(-1 + i\sqrt{3})/2$，和 $(-1 - i\sqrt{3})/2$。放在複數平面上，這三個根形成等邊三角形，三個點分別落在三點鐘、七點鐘和十一點鐘的位置。然後隨便以任何一個複數當起點，用牛頓法試試，到底會趨向哪個解。就好像牛頓法是座動力系統，而三個解代表三粒吸子。這複數平面就像平滑的原野，斜斜向三座深谷傾側。一顆彈珠若隨意放在這平面上，一定會滑向其中一座深谷——但究竟會是哪座深谷呢？

赫巴開始橫掃平面上無數小點，採樣試驗。他用電腦逐點掃描，計算每一點用牛頓法之狀況，並以顏色證明結果。如果向某一解收斂，則標以藍色，朝向另一解則紅色，再另一個解則綠色。他發現粗看之下，牛頓法確實將平面分割成三塊楔形。靠近某一個解的點，通常會朝那特定解快速運動。但電腦系統化的研究，顯示出一種前代數學家無可思議的複雜深層結構——以前只能東算一點、

西算一點。有些初始假設很快便落入一解；有些則先往四處亂竄，最後才落進解中；有時甚至像陷入無止休的循環——一種週期性的循環，不知何時才會收斂到三解之一。

當赫巴令電腦進行更細緻的分析時，顯現的圖形叫他和學生張口結舌。例如藍山谷和紅山谷接壤處，並不是整齊的拱岸，而是串珠般的綠色斑塊。若是彈珠溜滑於兩座推擠的山谷間，便會落入第三座、最遙遠的坑谷。兩種顏色接壤處根本未截然兩分；若再湊近些看，綠斑和藍谷間又灑上紅點，如此可以反覆不休的糾纏下去。這種狀況最後讓赫巴了解到，他發現了一件比曼德博之碎形還要細碎的事物：兩種顏色間沒有任何一點可充為界面。兩種顏色一旦接觸，必定會冒出第三種顏色，如此循環反覆。因此，完全不可能要每顆交界點區分色谷。

赫巴著手研究這些複雜的形狀，以及其數學涵義。他和同行的研究，很快即為動力系統的研究另闢途徑。他知道牛頓法的形形色色，僅為真實世界冰山一角。巴恩斯利接觸到這一族類的其他成員，這兩人不久即意識到，曼德博曾發現過最早的老祖宗。

獨一無二的曼德博集合

著述者很愛說，曼德博集合是數學中最複雜的對象，地老天荒也無法將它看盡。它的光環邊緣布滿棘刺，螺紋絲路四處糾纏旋繞，垂掛著怪形怪狀的球莖狀精密結構，像上帝耕耘的葡萄。透過電腦螢幕，顏色仔細調弄，曼德博集合可謂是碎形的最佳代表，大大小小皆閃爍著豐盈幻化的輝彩。若要將各種形狀分門別類，或是對外形編號，需要一望無際的資料。其中唯一的弔詭是：倘若用傳

無窮複雜的邊界。當蛋糕被切成三塊，它們匯聚至一點，每一塊的交界平滑簡單。但是，從抽象數學或現實物理產生的邊界，很多呈現不可思議的複雜性。

上圖中，牛頓法應用於尋找 −1 的立方根，平面被瓜分為三塊相等的區域，其中一塊以白色表示。所有的白點皆會收斂到白區的根解，黑區則導致塗黑的兩根之一。邊界上，處處都同時包含了三項根解區域，放大後，顯示碎形結構，尺度縮小，而形態亦具體而微複錄自己。

真機傳遞它的全貌，只需要寥寥數個號碼即可。幾行簡潔的電腦程式，足以複製整個集合。最先覺悟到這集合兼具繁複和簡單兩種風情的先驅，包括曼德博在內，完全大出意外。曼德博集合成為混沌的公共紋章，流傳於會議手冊和工程季刊華麗的封面上，也成為 1985 年至 1986 年間，巡迴國際電腦藝術展中的重頭戲。光看照片，就能充分領略其美，雖然需歷經千辛萬苦，才能略窺難以捉摸的數學意義端倪。

許多碎形皆能在複數平面上經疊代過程顯示，但曼德博集合卻是獨一無二的。當曼德博嘗試推廣所謂的「茱利亞集合」，他看到一片朦朧、詭異的影像。茱利亞集合源於第一次世界大戰期間的兩位法國數學家：茱利亞（Gaston Julia）和法圖（Pierre Fatou），當時並無電腦圖形可資導引，必須一點一滴手描。曼德博二十歲時看過他們的草圖，也讀過早已塵封的作品。茱利亞集合化身萬千，正是困擾巴恩斯利的東西。有時像捏扁變形的圓環，呈現碎形結構；有些則碎裂成塊；更有些飛濺散布如塵埃。但是很難找到任何字眼，或任何歐幾里德幾何的概念來形容它們。法國數學家杜瓦迪（Adrien Douady）說：「你會蒐集到一大堆千奇百怪的茱利亞集合，有些像胖嘟嘟的雲朵，或像瘦稜稜的荊棘，有些像煙火散後空中飄移的星燼，有些則像兔子，還有很多拖著海馬的尾巴。」

1979 年曼德博發現他能在複數平面上畫出一張圖像，做為茱利亞集合彙編的依據，據此可找到每一位成員。他在探討複雜程序的自我反覆，尋求平方根、正弦函數、餘弦函數的方程式。即使他的看家本領建立在從簡趨繁這主意上，但是他仍然無法認清那隻在哈佛和 IBM 電腦螢幕上盤桓的怪物。他嚴格要求程式設計師賣力追索細節，那些可憐的傢伙必須從電腦有限的記憶空間，再擠出額外

迴轉的餘地，IBM主機必須用粗糙的黑白映像管畫出更密集的點。更糟糕的是，必須一直提防電腦內部常見的人為贗品陷阱產生；這完全因電腦自己的毛病滋生，換了一種程式就會消失。

　　而後曼德博將注意力轉移到一張簡單的投影，特別容易寫成程式。粗疏網格中，只要重複幾次回饋迴路，就能畫出圓盤的初步輪廓。只消幾道筆算程序，即能驗證數學上的真確性，而非畸零贗品。最大圓盤左右兩側，一些暗影隱隱浮動。他後來說，他腦海綻開更多層出不窮的形狀，從原子迸生出更小的原子，連線至無盡之處。而沿著這集合和實數線交集的地方，漸次縮小的圓盤，大小比例按幾何規律性重現，動力學家立刻認出來：這正是費恩鮑的分歧序列。

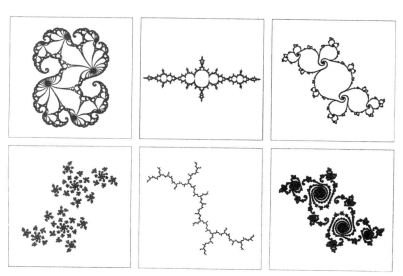

茱利亞集合的各種花樣。

　　這結果鼓舞他繼續前進，修飾最初那些粗糙的圖形，很快便發現有粉塵團聚於圓盤邊緣及浮游其間。當他試圖更進一步計算，解析更細膩時，他忽然覺得好運全部用完了。線條不但不會更敏銳，反而更加混亂。他衝回 IBM 在魏斯徹斯特郡（Westchester County）的研究中心，運用該地獨有而哈佛無法望其項背的超強運算能力，很驚訝的發現那團愈來愈混亂的東西真有其物；那是一堆蔓芽、卷鬚，從主要島嶼間閒的萌生。看來平滑的邊緣，再細看就糾結成一串螺旋柱，像海馬的尾巴。從理性沃育出瘋狂。

　　曼德博集合代表一組點的集合。複數平面上每一顆點，亦即每個複數，一則屬於這集合，或不屬於這集合。界定這集合的一種方法，即是用一些簡單的疊代演算，測試每顆點。測試方法是取其複數值，平方，加上原數，再平方，再加原數，再平方──依此類推，反覆進行。若結果朝向無限大推進，這顆點就不算曼德博集合。若結果始終不逾越分寸（或陷進某種反覆迴路，或四處亂竄），這顆點就落到集合內。

無限反覆的回饋

　　這種無休止反覆，以決定是否向無限邁進的程序，類似生活中常見的一些回饋事情。例如在禮堂安裝麥克風、擴音器和揚聲喇叭，需要擔心聲音回饋，形成刺耳的噪音。如果麥克風接回的噪音聲量夠大，擴大後的聲音經揚聲喇叭回饋到麥克風，形成愈來愈吵的迴路。但是，假如聲音夠小，就會逐漸消失。若用數字模擬這回饋過程，先設定一數做為開頭，使之自乘，結果再自乘，如此反覆下去。你會發現大的數字會迅速趨向無限大：10，100，

1000，……。小的數字則趨近於零：1/2，1/4，1/16，……。若畫成幾何圖形，便假設那些不至於愈長愈大的點都屬於某集合。考慮從零向上的點列；如果某點會一發不可收拾，就塗上白色，否則塗上黑色。馬上，你就擁有一張圖，其中 0 到 1 是條黑線。

一維狀況下，根本不必花費實驗的腦筋嘗試。誰都知道比 1 大的數會趨向無限大，比 1 小的則否，簡直手到擒來。但在二維複數平面上，若要疊代計算出結果，光憑方程式往往有所未逮。曼德博集合不像傳統的幾何形狀，像圓、橢圓或拋物線，毫無捷徑可循。欲知某一方程式對應的形狀，只有試誤法一途。試誤法的作風使這門新領域內的探險家宛如麥哲倫，而非歐幾里德。

以這種方式結合圖形和數字，意味和過去絕裂。往往一條基本公理動搖後，幾何學會整門被顛覆。當一位幾何學家宣稱，空間是彎曲而不是平坦的，於是出現凹胸凸肚的歐幾里德變形，恰好支撐了廣義相對論的大廈。再想想看，假如其間有四維甚或五、六維，假如表示維度的數字是分數；假設形狀可以扭曲、拉長、打結；或者，現在假設圖形不能一口氣由方程式解答，而必須放進回饋的迴路，一再重複而確定。

茱利亞、法圖、赫巴、巴恩斯利、曼德博這些數學家改變了繪製幾何圖形的規則。任何讀過高中幾何，或根據過坐標查詢地圖的人士，必定會熟悉歐幾里德、笛卡兒的方法，轉換方程式為線條。標準的幾何學設定一條方程式，然後找出一組數字滿足這方程式。像 $x^2 + y^2 = 1$ 的解，相當於一圈圓形；其他簡單的方程式各具形狀，比如圓錐剖面的橢圓、拋物線、雙曲線，甚至如相空間的微分方程式，描述更複雜的形狀。但是當幾何學家開始將方程式反覆搬弄，而非求解，這方程式變成一種程序，不再描述；是動態而非靜

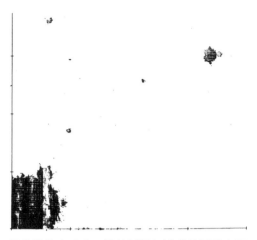

曼德博集合現身。曼德博最初潦草的電腦印圖，大致輪廓浮現，當電腦品質改善，細節益加清楚。那些浮蟲似的星羅棋布的島嶼，是否孤立？還是與大陸隱隱相連，如蛛網般肉眼難以覺察？似乎無跡可尋。

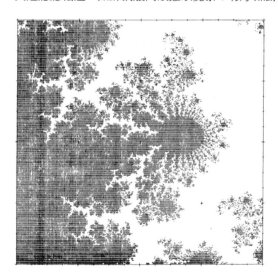

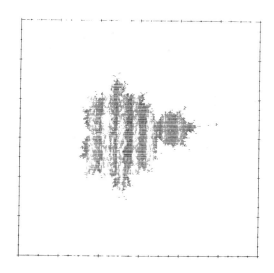

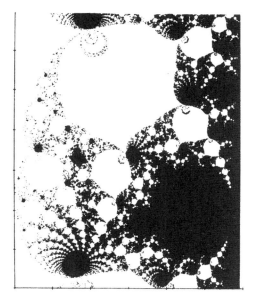

態。當數字輸入方程式,便產生新的數字,這個新的數字再輸入方程式,產生更新的數字,如此循環反覆;數點四處跳動。一顆點出現於圖形中,並不是因為它滿足了方程式,而是因為它產生了某種行為。某種行為可能代表一種穩定的狀態,另一種行為可能會陷進某些週期性徘徊,再另一種行為可能意味失控,奔向無限大。

電腦時代以前,茱利亞和法圖縱使知道這種新式製圖法的無窮潛力,但仍缺乏使之科學化的工具。電腦問世之後,試誤法式的幾何學逐漸成了氣候。赫巴用逐點計算其行為探索牛頓法,曼德博亦跟進,令電腦逐點掃描平面之點。當然不是每一點,因為時間和電腦自有限制,所以這樣的運算針對網格點。格子愈密,圖形就愈清晰,但計算時間也會拉長。曼德博集合的計算很簡單,因為程序本身就極簡單:在複數平面上重複投射 $z \rightarrow z^2 + c$,取一數字,自乘,然後加上原來的數字。

當赫巴逐漸駕輕就熟這套手法之後,他也開始換一些新鮮辦法,應用複變分析的技巧,這是動力系統還未開發的數學工具,渾如天成。他感覺數學各路武功都向交叉口聚集。他知道光憑觀賞曼德博集合還不能算真本事,還得了解它;最後,他終於宣布弄懂了。

倘若邊界確實像曼德博那隻洪荒之碎形怪獸,那麼圖形間應該面目酷肖。根據尺度化自我模仿的原則,我們就能預測電子顯微鏡放大後,下一個階層的長相為何。然而,每次對曼德博集合探索更細一層的架構,都會大開眼界。曼德博開始擔心,他對碎形的定義過度拘謹,他自然希望碎形能適用於這件新對象。當這集合放大到相當程度,確實反映出模模糊糊的自我倒影,小小蚊蚋般的東西從主體載沉載浮飄出。但若再放大,就會發現毫無雷同的小東西。

各隻海馬皆來自不同族類，溫室蔓鬚也爭奇鬥豔。事實上，集合中的任何部分和其他部分皆不一樣，不論放大多少倍都找不出印合之處。

雖然如此，漂游的小東西帶來叢叢疑雲。曼德博集合裡大陸和遠颺的半島到底是否相連？或只是塵埃，主體環繞著串珠般小島？答案一片朦朧。

茱利亞集合暗示兩者皆是，兩種形式皆包括在內，有些如塊，有些如塵。塵狀碎形有一特性，即任何兩件個體皆不來往，因為每對之間皆被區隔開，但也不能用「孤單」形容，因為你見其一，必定會在附近發現一大堆。曼德博瞪著他的圖形，心知電腦實驗已經無能為力。他將焦點對準浮游於主體間的小斑點。有些消失了，有些變得纖毫畢露，近似複製品。它們看起來特異獨行，但也可能被極細的線操縱，這些線細到網格無法捕捉的地步。

杜瓦迪和赫巴露了一手漂亮的新數學，證明每個漂游的小東西的確懸掛在一根細絲上，就像一張從主體灑出的靈敏蛛網，套用曼德博的話，是「一座魔鬼的聚合體」。這兩位數學家證明集合中的任何一個部分，不論何處，不論多少，經過電腦顯微鏡放大，都會顯示孕育著新分子，每塊形狀都類似主集合，但又大同小異。每一顆新分子周遭圍繞著衍生的卷鬚和噴焰，再細看這些裝飾，也一定會包含著更小的分子，似是而非。如此循環、反覆，永不疲倦的變出新花樣，像一種顯微內化的奇觀。每處細節也同時化身為自成一格的大千世界，浩瀚綿延。

新科學之契機

「每一件事都採用幾何直線式處理，」佩特根（Heinz-Otto Peitgen）談論現代藝術之感想：「例如艾爾伯斯（Josef Albers）的作品，企圖發掘色彩間的關係，基本上僅僅將不同顏色的方塊互相重疊。這種做法曾經風行一時，但如今回顧，似乎已成明日黃花。人們不再喜歡這類東西。德國曾經用包浩斯風格營建了大批公寓，但大眾紛紛搬家，他們討厭這種居住狀況。我猜這裡面有些深層原因：現代社會並不喜歡我們對自然的概念。」佩特根幫助訪客挑選放大圖片；曼德博集合、茱利亞集合以及其他繁複回饋之成品，張張色彩斑斕。他在加州的小辦公室裡，售賣幻燈片、巨型投影片甚至曼德博集合的月曆。「我們之所以迷醉，是因為從不同角度觀看自然。自然的真相到底是什麼？拿一棵樹來說──到底關鍵在哪裡？是直線嗎？還是碎形？」就此同時，遠在康乃爾大學的赫巴，正在焦頭爛額處理一大堆交易，數百封信件湧入數學系，索取曼德博集合圖片，他知道他必須發行樣本目錄，列出價格。幾十張圖片已經算好，存於電腦，只需要操作熟練的研究生協助，便隨時可以展示。但是最精緻、最絢麗，教人難以言狀的圖片，來自當地銀行贊助的不萊梅大學（University of Bremen）科學團隊，而這個團隊由兩位德國科學家領導：佩特根和李希特（Peter Richter）。

佩特根是數學家，李希特是物理學家，兩人都半途轉向曼德博集合。在他們眼中，它展現了一座包羅萬象的理念體系：一種現代藝術哲學，一種堂皇演出的實驗數學，一種向大眾展示複雜體系的方法。他們出版精緻的目錄和書籍，四處旅行，展覽他們的電腦繪圖。李希特轉向複雜體系前，涉獵過化學、生化、物理，研究過

生物反應途徑的振盪。發表過一系列有關免疫系統、酵母轉換能量的文章後，他發現一般視為靜態的過程，其實受到振盪控制，原因是生命系統很難依照當時狀況一一檢視。李希特的窗檯上放了一具油亮的雙鐘擺，這是他由大學的機械工場特別訂做的「動力系統寵物」，他常常讓鐘擺胡亂搖盪，同時在電腦模擬。振盪對初始條件極度敏感，甚至一公里外雨滴落下的重力，都能夠在兩分鐘五、六十次搖擺後，影響運動。雙鐘擺繪於相空間的彩色圖片，顯示規律和混亂雜居。他應用這種繪圖技術，找出金屬最理想的磁化區域，以及探索曼德博集合。

　　李希特的同僚佩特根，視複雜性研究為新科學傳統之契機，而不只是解決問題。佩特根說：「你如果夠優秀，在這樣的新領域內，可能會在幾天、一週或一月內，弄出有趣的答案。」他說，這主題還在草創階段。

　　「在一項門戶森嚴的主題下，什麼是已知，什麼是未知，哪些被人家做過而無結果，皆已清單明列。你必須著手已經被視為問題的問題，要不然就會無所適從。但是已經知道是問題的問題，必定艱深，否則早就解決了。」

　　佩特根不像其他數學家，對於運用電腦實驗忐忑不安。一般認定，每項結果終需以標準證明方法取得嚴謹地位，否則就不算數學。電腦螢幕畫出五顏六色，並不保證圖形能夠被理論和證明翻譯。但是掌握圖形，即足以改變數學的演化了。佩特根相信電腦探尋使數學家得以放開手腳，採行較自然的途徑。數學家可以將嚴謹證明暫且休兵，隨著實驗的美景漫遊，就像物理學一般。計算的數

值力量和視覺直觀之暗示，指向種種可能的光明大道，避開一些死胡同。然後當路闢好、目標確定後，數學家就能夠再回到標準證明大展身手。佩特根說：

「嚴謹是數學的骨肉。據此我們可以沿著萬無一失的思路前進——數學家絕不能放棄這點。但是，你也可以先從缺口瀏覽一下景致，然後將嚴謹證明留給下一代。嚴謹，沒錯，但不至於讓大家放棄一些未能馬上證明的東西。」

到了 1980 年代，一部家用電腦運算的精確程度，已足以繪製彩色集合圖。玩家很快發現，用放大倍率處理這些圖形，會有鮮明的尺度感覺。假如將集合想成是行星大小的物體，個人電腦能畫出整個星球，或星球上的城市，或城市中的建築，或建築中的房間，或房間中的書，或書上的字，或字上的細菌，或細菌中的原子。看過這些圖片的人，發現所有尺度都擁有類似的形態，但亦各具特色。而所有這些具體而微的景象，全都出自寥寥數行電腦程式而已。

超乎想像的複雜

縱使曼德博集合程式運作的大部分時間，都花在邊界上，其正確性依舊要討價還價。經過一百，一千，或一萬次疊代都未能超越雷池，程式仍然無法確定點之性質。誰知道重複到第一百萬次時會發生什麼？因此，最出眾、最細膩的集合圖形，必須放進超大型電腦運算，使用平行運算的電腦，同時用數千個腦袋執行相同之運算。邊界還是最彆扭不過。這些點好像凍結在相持不下的吸子間；

一方為零點，一方於無限遠處繞著集合打轉。

當科學家漸漸由曼德博集合本身，轉移興趣到相關的物理現象，邊界品質的優劣便轉趨要緊了。動力系統中兩顆或更多吸子間的邊界，宛如門戶，決定諸多日常事務的出入，從物質破壞到決策皆包括在內。系統中的每一顆吸子都躺在自己的盆地裡，就像河流支配流域。每塊領域有其界限。1980 年代早期，一個深具影響力的團體，全力投入碎形盆地邊緣的研究，他們看好這是最具前瞻的新領域。

這一支動力學探討的重點，不再是系統最終的穩定狀態，而在於系統相互較勁的結局為何？一座像勞倫茲典範之模式，只有一顆吸子，當系統穩定後，意味某種行為會凸顯，即混沌吸子。其他系統穩定後的狀態，可能不至於混亂──但很可能擁有兩點以上的穩定狀態。研究碎形盆地邊緣，即是研究系統能否到達其中之一的最終狀態，問題是到底會落於何處？約克提出「混沌」這名稱後十年，又開拓碎形盆地邊緣的研究，他提出想像的彈珠戲狀況。這種遊樂器就像一般的彈珠器，有撞槌和彈簧。拉動撞槌，彈珠進入檯面上。檯面通常是半傾斜的，布滿橡皮邊緣和電動反彈器，反彈器會踢上一腳，加給彈珠額外的動能。這一腳很重要，意味著彈珠的動能不會一路消失掉。為簡單故，遊樂器下方只有兩處出口，彈珠勢必落入二者之一。

這是一具決定論的彈珠戲──不准搖晃機器。只有一項參數控制彈珠的命運，即是撞槌最初的位置。想像假如將機器動點手腳，當撞槌輕拉時，彈珠就會滾入右邊出口，重拉時，則滾入左邊出口。介於二者間的滾動方式就較複雜了，會像通常所見，彈珠叮叮咚咚，東滾西滾，在反彈器間廝混好一陣子，才滾入出口之一。

　　現在設想，為撞槌的啟動位置及結局畫一張圖。圖形只是一條線。假如該位置使彈珠滾入右邊出口，畫個紅點，左邊則為綠點。倘若左、右兩邊的吸子是為啟動位置的函數，圖形該長成什麼樣子？

　　分界證明是碎形集合，並不一定自我模仿，但可以無窮瑣碎下去。線上有些部分純係綠色或紅色，有些放大時，可以看出綠中有紅，或紅中有綠。此即撞槌的位置受到極微牽動，影響也不大，有些則差之毫釐，失之千里。

　　加入第二維度必須考慮第二項參數，即第二個自由度。若再以彈珠戲為例，也許可以改變檯面的斜度。這樣略施小技，讓複雜系統山河變色，足夠讓工程師噩夢連連，他們要面對敏感、活力充沛

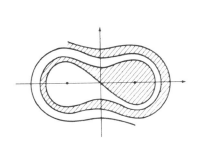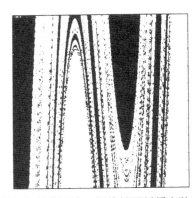

碎形盆地邊緣。某些動力系統雖然其長期行為並非混沌，但位於兩種穩定狀態的邊緣，混沌亦可能發生。通常，系統可能擁有兩種均衡狀態，例如在鐘擺底座放置兩塊磁鐵，鐘擺必定會趨向其中之一，每一種均衡皆代表一粒吸子，兩粒吸子的邊界可能繁複但平滑（左圖）。也可能複雜且突兀，右圖顯示鐘擺在相空間碎形的結構，從某些初始條件演化，結果很容易預期——黑白截然分明，但接近邊界，預測完全失敗。

的真實系統，不止被一項參數控制——例如電力網路、核能電廠，二者皆是 1980 年代混沌引發的研究主題。對參數 A 的某值，參數 B 或許會產生一種令人安心的秩序行為，包括前後一致的穩定區域。工程師忙忙碌碌，計算、畫圖，完全按照他們訓練的線性思維行事。但是，潛伏附近的，可能是參數 A 的另一值，這個值會全盤改變參數 B 的重要性。

　　約克喜歡到會議放映碎形盆地邊緣的圖片。有些代表鐘擺受力後，會落入兩種最終狀態之一——這些被推動的鐘擺，一如觀眾所熟知，常化身於日常生活百態。約克興高采烈的說：「沒有人會說我對鐘擺偏心，這些在自然界隨處可見。但它顯示出和記載很不一樣的行為。這是一種狂野的碎形舉動。」一張又一張激烈的黑白漩渦，很像廚房攪拌器，正在向香草和巧克力布丁下手。畫出這種圖形，約克的電腦掃描了 1000 × 1000 個網格點，每個點代表不同的鐘擺起始位置，結局用顏色表示。這些是吸子的盆地，被家常的牛頓定律又扭又攪，結果比其他任何圖形的輪廓皆更尖銳鮮明。通常，大約有四分之三的色點都存於邊界。

　　這些圖形對研究人員和工程師意義非凡——代表一堂教訓及一件警告。複雜系統潛在行為的上、下限往往用一小撮數據「猜測」出來。當系統運作正常，維持在一小段參數範圍內，工程師即判斷，希望能線性外推，推廣出不尋常的舉動。但研究碎形盆地邊緣的科學家指出，平靜和驟變的交界，遠比任何人所能想像的複雜。約克說：「美國東岸整個電力網路是一架振盪系統，大部分時間都很穩定，但你會好奇，如果干擾它將導致什麼後果。你必須知道邊界的樣子。但是，坦白說他們根本在五里霧中。」

　　碎形盆地邊緣，觸及理論物理一些最深沉的問題。相變攸關

臨界狀態，佩特根和李希特注意到相變中一種熟知的現象，即物質的磁化和非磁化。他們製作的邊界圖形，展現出奇特魅力的紛亂，看來渾如天成，若花椰菜蔓鬚叢生。當他們一路變換參數，一步一步放大細節，圖形愈來愈零散，抵達結局，突然，從一片混亂之核心深處，出現了一顆布滿苞芽的熟悉扁圓形：曼德博集合，每條蔓鬚、每個原子皆歷歷可見。這是普遍性的另一次顯靈。他們寫道：「我們也許該相信魔法。」

自然的混沌遊戲

　　巴恩斯利另闢別途。他思索大自然本來的面貌，尤其從生物體滋生的形態。他嘗試茱利亞集合及其他過程，尋找能繁生更多花樣的方法。最後，他以隨機化為基礎，建立模擬自然形狀的新技術。當他提及新方法時，稱它為「經由疊代函數系統而全盤建構的碎形」。但在言談間，他只叫它作「混沌遊戲」。

　　混沌遊戲若要很快進入狀況，需要一部有繪圖螢幕和亂數產生器的電腦，但是原則上，一張紙和一枚銅板也可以辦到。你在紙上隨便選起點，然後定出一條正面、一條反面的規則。告訴你如何從一點通向另一點，「向東北走兩公分」，或「向中心點趨近百分之二十五的距離」。現在開始擲銅板、記號，銅板正面朝上用正面規則，反面朝上用反面規則。假如你不管前面的五十個點，就像玩二十一點發牌者先蓋住前面幾張牌，你會發現這遊戲的結果並不像一堆亂七八糟的汙點，而是一件有模有樣的形狀，輪廓愈來愈清晰。

　　巴恩斯利的核心理念是：將茱利亞集合和其他碎形，視為一種決定論結果固然正確，但是將之當作一種隨機程序之上限，亦同樣

說得過去。巴恩斯利提議，用粉筆在教室地板上畫一幅英國地圖。然後請測量員使用儀器測量面積，這絕非易事。特別要對付那些碎形的海岸線。但是，如果你將米粒一粒粒拋向空中，任由米粒掉落地板上，然後數一數掉進地圖內的米粒。這樣做下去，所得的結果，會開始漸漸趨近地圖的面積——這即是隨機程序的界限。用動力名詞來說，英國面積的真正答案就是一種吸子。

混沌遊戲運用了某些圖形的碎形特性，這種性質從主要圖形的一連串局部複錄積累而成。確定一組規則，使之隨機反覆運作，能夠抓住形狀某種巨觀的神髓；重複這些規則，不斷反芻這些資訊，而尺度一階階縮小。由此看來，形狀愈碎形化，規則也會愈簡單。巴恩斯利很快發現，他能推廣所有曼德博書中典型的碎形形狀。曼德博的手法是無窮無盡重複雕琢。卡區的雪花和西爾平斯基的襯墊，都可以截掉一段，代之以特殊圖形。巴恩斯利之混沌遊戲，從一圈模糊鬼影，漸漸刻畫出清晰的面貌。不需要再加修飾，所需者只不過一組規則，能夠描述最終形狀。

巴恩斯利和他的夥伴，開始著手一項野心勃勃的繪圖計畫，像是包心菜、黴菌和泥巴之類。關鍵在於如何反其道而行之：從某張特定圖象，選出一組規則。他稱作「拼貼定理」，答案簡單得要命，聽眾有時會覺得被唬住了。你先畫出你要複製的對象。巴恩斯利從他第一次實驗中選了一片黑色鐵角蕨做為圖案，他一直對蕨類植物著迷。然後用一部電腦終端機，以滑鼠在原圖上描繪小的複本，稍有出入亦不要緊。非常碎形的圖很容易被複錄出來，碎形程度較低者較不容易；如果大而化之，每種形狀都能拼湊出來。

巴恩斯利說：「若形象複雜，規則也會很複雜。另一方面，假如這物體內含碎形結構——曼德博最重要的發現，就是自然確實隱

含這種結構，那很可能用幾條規則即足以解構。這種模型會比歐幾里德式模型有趣多了，因為我們都曉得，注視一片葉子的邊緣，我們不會看到直線。」他用一部小型的桌上型電腦，毫無困難畫出第一張蕨類圖片，和他自孩提時代即擁有的蕨類圖鑑一般無二。「那是一張令人吃驚的圖形，維妙維肖。生物學家不可能認錯。」

巴恩斯利堅稱大自然從某個角度來看，必定在玩它自己的混沌遊戲。他說：「貯藏蕨類構造的孢子中，只容許這麼多資訊，因此，一株蕨類所能抵達的複雜度，必定有其上限。我們能找到同樣簡潔的描述，並不足為奇。若不是這樣，才叫稀奇呢！」

但機率必須嗎？赫巴也在思考曼德博集合和生物貯碼之間雷同關係，但他很討厭機率會插上一腳的說法。他說道：

「曼德博集合中絕對不存在隨機性。我做的任何工作也不存在隨機性。我不認為機率和生物學有任何直接關聯。生物學上，混亂即是死亡。每件事物皆是結構井然的。當你為植物進行無性繁殖時，衍生出來的秩序必定完全符合原件。曼德博集合遵循異常精確的設計打造，其中並無機率容身的餘地。我強烈懷疑，某天有人終於弄清楚人腦構造時，會吃驚的發現一套程式，能夠製造出如此精確的器官。生物體具有隨機性，不過是反映了部分人的想法罷了。」

無論如何，隨機化只是巴恩斯利手中的一件工具。所得的結果是決定論式、可預測的。當光點疾馳過電腦螢幕，誰也不能猜測得到，下一點會出現在哪裡，這全依賴電腦內部的那枚銅板如何拋擲。然而這道光流不管怎麼游移，都會落入磷光圖形的範圍內。由

此觀之，隨機扮演的角色代表一種幻覺。巴恩斯利說：「隨機性只是打岔而已。最重要的是某種不變法則。碎形物本身並不依賴隨機性而存在。萬無一失的，你一直能畫出同樣的圖形。」

「使用隨機演算法探討碎形物，能提供更深入的資訊。就像走入一間陌生的房間，先用眼睛掃過，東張西望，不必太有計畫，馬上能心裡有數。雖然房間還是老樣子。不管我們怎麼觀察，事物還是事物。」

混沌遊戲。每一點隨機放置，但蕨類面貌逐漸顯現，只需要幾條簡單規則，即足以包含所有的訊息。

　　曼德博集合也以同樣的方式存在。遠在佩特根及李希特開始將它化為一種藝術形式、或赫巴和杜瓦迪深掘其數學本質,甚至遠於曼德博發現它之前,就已經巍巍然存在了。當科學創造出一種新環境——一座複數架構和一種疊代函數的想法,它就存在了。然後它等著被掀開面紗。或者更早即已存在了;遠於洪荒初開,大自然依照簡單的物理原則,自我構造。以無盡的耐性,遍布星球。

第9章

動力系統集團

跨過革命火線的溝通，
難免顧此失彼。

——美國科學哲學家孔恩（Thomas S. Kuhn）

自打出一片江山

　　聖塔克魯茲分校屬於加州大學系統，位於舊金山以南一小時車程內，景色秀麗，如詩如畫，人們常說它看來更像一所國家公園，而不像學校。校舍散布於紅杉之間，規畫者謹守時代精神，竭力保存校園內每棵樹木。步道小徑穿梭各處。整座校園躺在山丘頂上，疏密林間透入南面蒙特里灣（Monterey Bay）的波光。聖塔克魯茲創立於 1966 年，幾年之內，曾經曇花一現，成為加大各分校的佼佼者。芸芸學子心目中，聖塔克魯茲和一群知識界前衛巨擘脫離不了關係：哲學家布朗（Norman O. Brown）、社會學家貝特森（Gregory Bateson）、政治學家馬庫士（Herbert Marcuse）曾經在此駐足，數學家兼歌手烈赫（Tom Lehrer）演唱於斯。該校的研究所白手起家，開始時前景慘淡。物理所自不例外。所中教授約十五位物理學家，大部分年輕又活力充沛，正適合那群仰慕聖塔克魯茲之名，冰雪聰明的叛逆角色。他們飽受當代自由思潮的洗禮，儘管如此，當這些物理學家南望加州理工學院（Caltech），他們心中有數，必須樹立標準，表現出嚴謹精神。

　　沒有人會懷疑研究生蕭（Robert Stetson Shaw）的認真嚴謹。波士頓人，一臉鬍鬚，哈佛畢業，雙親是醫生和護理師，六個孩子的老大，1977 年時已高齡三十一歲。這樣的年紀，比大多數研究所同學略大幾分。因為加入軍旅，加入公社，以及兩極間其他突發奇想的行徑，他在哈佛的生涯數度中輟。他不知道為什麼會置身聖塔克魯茲。他從未到過這所校園。倒看過一本小冊子，刊登紅杉照片和革新教育哲學等字樣。蕭個性沉靜——害羞，但英氣勃勃。他是位好學生，只差幾個月便要完成超導的博士論文了。他窩在物理系樓

下，浪費了好幾個月時間，和一具類比電腦廝混，沒有人特別注意這件事。

　　一位物理學家的養成，端賴師徒心傳。卓然有成的教授，依靠研究助理協助實驗工作，或冗長的計算，研究生和博士後研究員分享教授的研究經費，及論文發表的榮譽。良師會幫助學生，選擇力所能及，又有價值的問題。若雙方關係和諧無間，教授還能運用影響力，為徒弟謀一席之地。雙方的名字就常永遠相聯。然而，當一門學科還在萌芽階段，沒有人能傳授它。1977 年，混沌還談不上師傳。既無混沌的課程，也缺乏非線性研究和複雜系統中心；沒有混沌教科書，甚至找不到一本混沌期刊。

符合幻想的探險

　　勃克（William Burke）是聖塔克魯茲的宇宙學家和相對論學者。某次參加廣義相對論會議，凌晨一點於會場一家波士頓旅館的大廳，邂逅另一位天體物理學家朋友史匹格（Edward A. Spiegel）。史匹格說：「嘿！我剛剛聽完一場勞倫茲吸子的演講。」史匹格用即興式電路，聯接到一具高傳真音響，製造出一堆滑音兼走音的變調，這是他調侃混沌的表徵。他帶勃克到吧檯喝一杯，同時向他解釋。

　　史匹格認識勞倫茲本人，而且早於 1960 年代，就知道混沌這回事。他立志從恆星運動模式，追蹤異常行為的線索，一直和法國數學家維持聯繫。最後進入哥倫比亞大學擔任教授，以太空紊流「宇宙失律現象」（cosmic arrhythmia）——當作其天文研究的焦點。他擁有一種獨特天賦，能夠用新穎想法蠱惑同儕；隨著星光流逝，

他又擄獲了勃克。勃克極易受這類誘惑。他曾經解開愛因斯坦遺贈的一樁物理學懸案而享名，即是重力波於時空架構傳播的觀念。這是一項高度非線性的問題，如同流體力學中，令人皺眉的非線性特質一般頑皮，同時又滿得體的兼具抽象和理論性。但是勃克喜歡鄉土氣息的物理學，發表過一篇關於啤酒杯光學現象的論文：研究啤酒杯能加到多厚，依然流露份量十足的樣子。他常說他有點「老派」，認為物理學應當腳踏實地。此外，他還讀過梅伊在《自然》期刊發表的文章，文中呼籲教育要多重視簡單非線性系統。他花了好幾個小時，用計算機演算梅伊的方程式。因此，勞倫茲的吸子實在令人興味盎然。而他不止傾聽而已，還要親眼見到。當他返回聖塔克魯茲，交給蕭一張紙，上面潦草塗寫了三條微分方程式。蕭能將這些程式輸入類比電腦嗎？

　　類比機器在電腦發展史上，代表一道死巷。它們並不屬於物理系，會在聖塔克魯茲出現純屬意外：聖塔克魯茲創校規畫中設有工程學院，後來被取消了，但是性急的採購人員已經買了些設備。數位電腦建立在開啟與關閉、0 與 1、是與否之電路上。當程式設計師提出問題，它能回報精確的答案，同時頗能適應，主導電腦革命的微小化和加速化。數位電腦做過的事情，皆能重新演練，結果完全無二。原則上，所有其他數位電腦也應當得出同一結果。類比電腦則先天傾向「模糊」，是與否的開關並非它們的構成元素，而是像電阻或電容之類的電路，立刻喚醒那些電子時代前收音機玩家的回憶，蕭就是其中之一。聖塔克魯茲這架機器，是一部賽斯強唐尼公司（Systron Donner）的類比電腦，布滿灰塵的重甸甸傢伙。前面裝置接插板，像老式電話交換機上的接插板。為類比電腦設計程式，相當於選擇電子元件，然後插入接插板。

　　程式設計師調配不同的電路組合，模擬微分方程式各種花樣，應用到工程問題上。例如，模擬彈簧、阻尼器和質量組成的汽車懸架，設計出最平滑的行駛狀況。電路的振盪可以反映物理系統的振盪，電容器用來取代彈簧，電感取代質量，如此這般。過程並不精確，但數值計算被避開了，你手頭掌握一座反應快速的金屬和電子合成模型，最好的是調整方便。只需要轉兩下旋鈕，就能調整變數，加強彈簧，減低摩擦。你能身歷其境觀察結果的變化，用示波器的螢幕追蹤類型。

　　超導體實驗室樓上，蕭繼續漫不經心的完成他的論文。但他開始在類比電腦上，投入愈來愈多的時間。他已經進展到一定階段，目擊到一些簡單系統的相空間圖形，例如週期軌道或極限循環。假如他瞥見像奇異吸子的混沌圖形，絕對會失之交臂。史匹格塗鴉交給他的勞倫茲方程式，並不比他一直瞎忙的系統更為複雜，只需要幾小時就能接好正確的線路，調準旋鈕。然而不出幾分鐘，他明白他永遠無法完成他的超導論文了。

　　他在地下室耗了好幾個不眠不休之夜後，觀察示波螢幕上嘶嘶飛舞的綠點，一遍又一遍畫出勞倫茲吸子特有的貓頭鷹面具圖形。流形駐留於視網膜上，閃爍顫動，全然不像蕭研究過的任何對象。它似乎鮮活著，若火焰攫捕人的心靈，搖曳明滅的形態絕不重複。類比電腦粗糙、不易重複的特性，正中蕭的下懷。他很快辨認出來，對初始條件極度的依賴。這就是使勞倫茲相信，長期天氣預報無望之原因。他設計初始條件，按下驅動鈕，讓吸子開展。然後他再設定同樣的初始條件，物理上盡可能和前次相近，但是這次的軌道，會調皮的逸脫上次的軌道，不過，最後還是會歸向同樣的吸子。

蕭小時候就曾幻想科學會是什麼樣子——激情的疾馳入未知的領域。這次終於有一種探險符合他的幻想。從一位手腳勤快者的角度來看，低溫物理確實有趣，一大堆管線、巨型磁鐵、液態氦和標度盤。但蕭覺得它根本沒前景可言，於是很快將類比電腦搬至樓上，從此他的研究室即與超導研究絕緣。

四位成員結社

「你要做的就只有將手握住這些旋柄，然後，突然間你發現成為前往另一世界探險的第一批訪客；你會站在這裡，寸步不離。」說這些話的人是亞伯拉罕（Ralph Abraham）。這位數學教授，從開頭就溜躂到蕭的研究室，看過勞倫茲吸子的運動。他曾經和史邁爾共同度過柏克萊早年的輝煌歲月，因此身為聖塔克魯茲的稀有族類，具有能抓住蕭遊戲背後要旨的背景知識。他最先的反應，即是對展現速度的奇快吃驚——蕭說他必須加上額外的電容器，才不至於更快。吸子也很牢靠。類比電路的不精確性，東敲敲、西撞撞，倒不至於使吸子嚇跑，也還算守規矩，一些扭曲、變形，皆慢慢呈現意義。亞伯拉罕說：「蕭瞬時體驗到稍稍深入，就能揭露所有的祕密。李雅普諾夫指數（Lyapunov exponent）、碎形維度之類的所有重要概念都會自動出現你眼前，然後抽絲剝繭。」

這是科學嗎？這當然不是數學，這架電腦既不按正道，也不會證明公式；不管亞伯拉罕這批人捐出了多少同情、鼓舞，也無法改變這點。物理教授找不出任何理由可以稱之為物理。儘管如此，它吸引了一堆觀眾。蕭通常讓研究室大門洞開，而物理系的入口恰好就在走廊對面，人來人往，頻繁異常。蕭不久就發現高朋滿座。

　　這幫子人自稱「動力系統集團」（Dynamical Systems Collective）
——在外又別號「混沌派」（Chaos Cabal），蕭被視為沉靜的核心人
物。他對將主意推至學術市場之事不太起勁；所幸，他這群新夥伴
還算正常。他們常向他討教，聆聽他沉沉穩穩的指點大家，如何開
發新程式，深入蠻荒之地。

　　法默（Doyne Farmer）是一位高大、瘦骨嶙峋、淺茶色頭髮的
德州人，更是這團體最能言善道的發言人。1977 年時他二十四歲，
充滿了活動和熱情，點子層出不窮。初識他的人，有時會懷疑他一
肚子大話。派卡德（Norman Packard）比法默小三歲，兩人是童年
玩伴，同時在新墨西哥州銀城（Silver City）長大。派卡德於該年秋
天抵達聖塔克魯茲，當時法默正準備休學，要以一年時間專心研究
輪盤賭博之運動學。這項大業可是認真的，又漫漫不著邊際。十多
年來，法默和一批流動性高的物理學家、職業賭徒和混混，一直追
尋著這場輪盤美夢。甚至到後來他加入了羅沙拉摩斯國家實驗室的
理論部門後，仍然難以割捨。他們計算傾斜度和軌跡，一再修正貼
切的軟體，把電腦鑲在鞋內，緊張兮兮的前往賭場出擊。凡事仍未
能盡如人意。社裡的每位成員偶爾也會插上一腳——蕭除外，說句
公道話，這項計畫倒讓他們學會一眼看到動力系統，心裡馬上就快
速分析，有些旁門左道就是了。聖塔克魯茲的教授們，很懷疑法默
究竟有沒有認真把科學當作一回事。

　　這集團的第四位成員是克洛區菲（James Crutchfield），他年紀
最小，也是唯一的加州本地人。他矮小、精壯，是出色的風浪板玩
家，天生的計算好手。克洛區菲從大學就待在聖塔克魯茲。在蕭轉
向混沌之前，充任超導體實驗室助理，也有一年——套聖塔克魯茲
的術語「下山出草」，赴聖荷西（San Jose）的 IBM 研究中心上班，

一直要等到 1980 年，他才正式進入物理系當研究生。那時他已經在蕭的實驗室中晃盪了兩年，狼吞虎嚥了一堆動力系統所需的數學，就像其他的哥兒們，把物理系的制式課程拋到腦後。

直到 1978 年春，物理系方面還不能置信蕭已經完全放棄了他的超導論文，畢竟他已經跡近完工了。不管他覺得多厭煩，物理系認為他必須照規矩來，拿到博士學位，然後進入現實世界。至於混沌這問題，是不是適合當作學術研究，還滿有問題的。聖塔克魯茲無人夠資格指導這無以名狀的領域，沒有人曾經得到這方面的博士學位，當然也缺乏工作機會。此外再加上財務問題。聖塔克魯茲的物理系，和美國任何一所大學並無兩樣，必須依賴國家科學基金會（National Science Foundation）和其他聯邦政府機構提供研究經費。海軍、空軍、能源部、中央情報局都灑出大量鈔票，供作純學術研究之用，毋須顧慮是否能派上流力、空氣動力、能源或情報的用場。系裡的物理學家擁有充分經費，支付實驗設備及研究助理的薪資。助理由研究生兼任，指望能分一杯羹。教授為他們付影印費、參加會議的旅費，甚至暑假維生的薪水，否則學生便無固定財源了。而這就是蕭、法默、派卡德和克洛區菲與之割離的體制。

一些電子設備開始於夜間陸續消失，這時候到蕭過氣的低溫實驗室搜搜，大概錯不了多少。動力系統集團的成員，有時可以從研究生協會弄來幾百美金，或是在這數目上下壓榨物理系。繪圖機、變頻器、電子濾波器開始會師，後來走廊底粒子物理組一架快報廢的小型數位電腦也跑來了。法默成為電腦時間的擠奶專家。有一年夏天，他受邀到科羅拉多州圓石鎮（Boulder）的國家大氣研究中心（National Center for Atmospheric Research），該地有超級電腦處理全球天氣模擬之類的工作。他施展出吸吮機器昂貴時間的本事，教該

地氣候學家大開眼界。

　　聖塔克魯茲這幫人本來就以敲打為能事，蕭從小喜愛把玩各種機械小玩意，派卡德童年時起，便在銀城修理電視機，克洛區菲屬於新世代的數學家，將電腦設計原理當成自然語言。處於紅杉深處的物理系館，就像各地的物理系館一般，到處鋪設水泥牆和水泥地板，而且有待重新粉刷。但是混沌派所占的那房間，迷漫著獨特的氣氛，塞滿紙張，牆上貼著大溪地土著的圖片，奇異吸子的印表愈來愈多。任何時候進入那房間（晚上較宜），都會碰上成員調弄電路，拉扯線圈，嘀咕演化論或意識論，調整示波器的螢幕，或者安安靜靜對一顆閃亮的綠點發呆，一道宛若活物的光弧。

無法抗拒的啟示

　　法默這麼說：「我們被同樣一種東西給吸引住了，明明是決定論，但似是而非。我們以前學的古典決定論系統，氾濫出隨機的混亂情況，令人難解。我們立志要找到原委。」

　　「你無法領會這種啟示，除非你已經受過六、七年典型物理課程，完全被洗腦了。他們教你古典模型，並說每件事皆由初始條件而定，他們教你量子力學模型，又說每件事也因果早定；雖然，你必須容忍初始資料的不完整限制。非線性藏在教科書扉頁。物理系學生如果修一門數學課，直到最後一章才會提到非線性方程式。通常被省略，否則處理的手法，不外乎將非線性方程式化約成線性方程式，然後你乖乖得到近似解。這真是鴕鳥戰術。」

　　「我們對非線性造成模型差異的後果毫無所知，某種方程式會凸顯隨機性格，不受約束，這種想法令人振奮。你會問，『這些混亂的運動從何而來？方程式可看不出來。』它好像無中生有，或一片徒勞。」

　　克洛區菲說：「這讓我們意識到，足足一整門領域之物理經驗不能落入目前的窠臼。為什麼不教我們這些東西呢？讓我們觀察周遭──多麼美妙又牢靠的世界，這是了解事情的機會。」

　　這些人耽溺難返，不停質問決定論、智慧的本質、生物演化的方向，這種超越激怒了他們的教授。

　　派卡德說：「我們之間的默契建立在一種深謀遠慮上。讓大夥兒震撼的事情是：如果你將正規物理已經爛熟的古典系統，稍微改變一點參數，你會陷入全新的世界，以往累積的龐大經驗皆不算數。」

　　「很早就應該發現的混沌現象。未能辦到的部分原因，是正規動力研究的大勢未指向這方向。但是如果你細看，它其實一直在眼前。這使我們充分體會到，應該讓自然及觀察導引自己，朝向有待開發的理論。長遠來看，目前對複雜系統的探討僅僅是起點，前面將會有真正、真正複雜的動力系統。」

　　法默說道：「在哲學層次上，我覺悟到這是從實踐方式定義自由意志，自由意志與宿命形成一體的兩面。系統受因果律控制，但

你無法斷言它的前途。同時，我總覺得世上首要之事，應當和生命或智慧組成有關。但是你如何著手呢？生物學家似乎太實際、太專門，化學家當然不搞這些，數學家碰都不碰，而物理學家偏偏避之惟恐不及。我一向覺得，自我建構的逬發，勢必要進入物理學研究。」

「現在我們遇上雙面夏娃。從這一側，看到秩序，挾帶隨機特性；從另一側，我們又觀察到混亂中隱隱埋藏的秩序。」

二股截然不同的意志

蕭和他的夥伴，必須將他們生猛的狂熱改裝成科學計畫。他們必須提出能夠解決，而且值得回答的問題，聯結有不少漏洞待補的理論和實驗。甚至在他們開始之前，必須先搞清楚什麼為已知，什麼尚未發掘，這本身就是艱巨的挑戰。

溝通很成問題，當新目標跳上檯面，訊息往往支離破碎，他們常常搞不清楚到底置身新領域或舊範疇。幸好，福特常常能指點迷津。他是喬治亞理工學院的一位混沌鼓吹者。他認為非線性動力學代表物理學的未來，而且是未來之全貌，因此自告奮勇，擔上蒐集發布期刊資訊的任務。他的學術背景來自非耗散混沌，屬於天文系統或粒子物理之混沌現象。他對蘇聯科學家的研究瞭如指掌，自願擔任橋樑，連繫任何能稍稍認同新領域哲學思維的舊雨新知，稱得上交遊四海。任何一位科學家只要寄出有關非線性科學的論文，就會出現於福特摘要檔案中，聖塔克魯茲的學生發現了福特檔案，於是印製明信片要求參閱未發表的論文。論文很快如潮水湧入。

　　他們了解奇異吸子問題重重。特徵形狀為何？拓樸結構像什麼？從幾何又能洩漏多少動力系統的天機？蕭執行最早的探索，許多數學論文直接處理結構，但是蕭認為太瑣碎了，可說見樹不見林。當他讀過這些論文之後，他覺得數學家囿於傳統，不用新獲的計算利器，所以深深陷入軌道結構的迷宮，一下子這裡有無限大，一下子那裡有不連續性，因而無以自拔。數學家並不特別眷顧巨觀的模糊——從物理學觀點，這是充斥真實世界的模糊性。蕭從示波器上，看到的並非個別的軌道，而是許多軌道的包絡聚合。當他輕輕轉動旋鈕，改變的是包絡。他無法用拓樸言語嚴謹描述摺疊或扭曲。雖然如此，他開始覺得漸漸熟悉它們。

　　物理學家總離不開測量。但這些滑溜、幻影般的圖象，又能測量到什麼呢？蕭這群人希望能孤立出奇異吸子迷人的特質。對初始條件的敏感——鄰近軌線相互排斥的傾向，即是這特性使勞倫茲領悟到決定論之長期天氣預報必不可行。但量化這種性質的工具在何方呢？不可預測性本身可以測量嗎？

　　答案必須向一項俄國人的概念求助，即李雅普諾夫指數。這指數提供了一種量度，正適用於不可預測度的拓樸性質。李雅普諾夫指數找出一種方法，來描繪吸子在相空間伸展、收縮、摺疊各類衝突的效果，馬上勾畫出穩定或不穩定的藍圖。大於零的指數代表伸展，相鄰的點會闊開，小於零的指數代表內縮。對固定點之吸子而言，所有的李雅普諾夫指數都是負數，因為拉力向內，指往最終的穩定狀態。具有週期性軌道的吸子，必定存在一個正好為零的指數，其他的指數皆為負數。而一顆奇異吸子，必須附帶至少一項正值的李雅普諾夫指數。

　　聖塔克魯茲這幫學生，很遺憾這項主意並非他們原創，但是他

們將之發揮到實用的極致，不但學會如何去測度李雅普諾夫指數，並將之和其他重要特性拉上關係。他們製作電腦動畫，示範動力系統中，秩序和混亂如何攜手共舞。從他們的分析裡，很生動的刻畫了系統如何沿一個方向製造混亂，同時又沿另一方向一絲不苟。有一段影片展示某系統於演變時，代表初始條件的奇異吸子上，一小撮鄰近點的集合，會發生什麼變化。這一小撮點群開始向外迸裂，焦點渙散，變成一圈墨團，然後擴張成一塊汙跡。有些類型的吸子中，這種點群很快就均勻分布。這類吸子很擅長擾混初始條件。但在其他的吸子，這些點群只會循某些方向擴散，拉成帶狀，一根軸一片混亂，另一根軸井然有序。好像這系統同時兼具秩序和混亂的意願，逐漸分道揚鑣。一股意志導向隨機的不可預測性，另一股則像時鐘精確運作。而且這二股意志都能被界定、量度。

混沌一發不可收拾

聖塔克魯茲那群傢伙，對混沌研究最傑出的貢獻，牽涉到一門數學暨哲學之學問，稱為資訊理論（information theory），這是 1940 年代晚期，貝爾實驗室的研究員夏濃（Claude Shannon）所手創。夏濃原稱他的研究為「通訊的數學理論」（The Mathematical Theory of Communication），但此中涉及了一種相當特殊的計量，稱為「資訊」，從此資訊理論這名稱就膾炙人口了。這門理論是電子時代的產物，通訊線路和無線電傳訊輸送某種事物，電腦不久跟進，以打孔卡和磁帶的形式貯存之，這事物既不算知識，也不具意義。它的基本單位並非思想、概念，或一定被限於文字、數目。這東西可能挾帶意義，或毫無意義，但是工程師和數學家能測量它、傳送它，

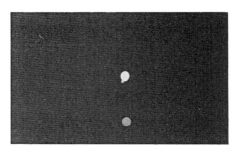

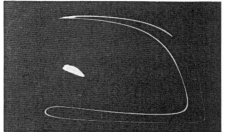

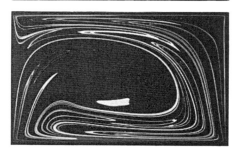

混沌混合。一塊是墨團迅速混合，另一塊稍稍靠近中心的墨團則幾乎孤立，奧提諾（Julio M. Otlino）等人的實驗針對真實流體的混合過程，於自然界或工業界無所不在，我們卻對之一知半解，混合過程和數學混沌密切相關，上圖呈現宛如史邁爾馬蹄鐵的拉、摺行為。

並且測試傳送的正確度。資訊這字眼萬分恰當，但人們必須記住，他們使用的是一個專門化、不帶價值判斷的術語，而缺乏日常的涵意，例如學習、智慧、了解、啟發等。

硬體決定了理論的形式。由於資訊貯存於稱為位元的二元開關中，位元成為資訊的基本單位。從技術層面，資訊理論抓住噪訊如何以隨機誤差之形成，干擾位元流動的關鍵。它能預估通訊線路、磁碟片，或任何編錄語言、聲音、影像的技術之負載能力，也提供理論方法，計算不同策略之下，校錯能力的高下。例如，利用某些位元核對其他的位元。它使「冗贅」（redundancy）這關鍵概念深入人心。根據夏濃的資訊理論，日常語言約有百分之五十以上的聲音或字句是多餘的，可視為缺乏訊息內容之空洞。這是大眾皆知的看法，當世界充斥喃喃自語及排版錯誤，尋常溝通往往需要冗贅。一則著名的速記訓練廣告「if u cn rd ths msg」——即證明了這點，而資訊理論使冗贅能夠測度。冗贅是隨機中能夠被預測的部分。日常語言冗贅的癥結來自涵意，這部分最難量化，完全視人們對世界與語言的共識而定。從此默契，才能讓大眾解出填字遊戲，其他種類的冗贅倒還容易量化。統計上，英文「e」字母出現的頻率，較其他字母要高出許多。此外，並不一定要把字母當作獨立單位看待。知道英文字母的「t」，便較容易猜測下一個是「h」或「o」，知道兩個字母，就可順勢猜出下一個了？依此類推。抓住二或三個字母的組合，知道它們在語言的出現頻率，這是掌握語言精髓很好的起步。一架電腦閉門造車，排列看起來很順眼的三個字母，必定會傾倒出一系列貌似英文，但其實毫無意義的亂流。密碼專家歷來一向依賴這種統計，分類及破解簡單的密碼。通訊工程師現在也用來設計壓縮資料的技術，消除冗贅，節省傳送線路或碟片之空間。夏濃

認為，看待這類形態的正確方法應該如此：尋常語言中一連串資料絕不會完全隨機，每個新位元皆部分受制於前面的位元；因此每個新位元所帶的資訊，將比它真正能攜帶的更少。這種架構裡暗示著一絲矛盾：資料序列之隨機性愈高，每個新位元能被允許傳遞的資訊就會愈多。

藏在資訊中的紊亂

夏濃的資訊理論，除了迎合電腦紀元的開展而占有一席之地外，同時也頗具哲學聲響。很意外的，這理論吸引了不少其他領域之工作者，大概需歸功於他採用的一個字眼「熵」（entropy）。數學家魏佛（Warren Weaver）一針見血的指出，「當一個人翻開資訊理論，面對熵這概念時，怦然心動是理所當然的——他暗中思忖已經掌握了一些基礎重要的東西。」熵這概念來自熱力學，跟隨熱力學第二定律的附屬品，意味宇宙和其中任何獨立系統，都會無可救藥的趨向愈來愈混亂的狀態。例如用隔板將游泳池隔成兩半，一半裝水，一半灌滿墨汁，待兩邊的液體都靜止後，抽掉隔板，水和墨汁單憑分子的隨機運動，會混合在一起。縱使等到地老天荒，混合過程永遠不會逆轉而行，因此第二定律通常被認為是物理學中，逼使時間前行的理論。熵是系統依照第二定律日益增加特性之名稱——混合、失序、隨機。這概念很容易用直覺掌握，真正動手量度則很困難。兩種物質混合的程度，如何能可信測試呢？有人或許會想到計算樣本中之分子數目。但是假如樣本照「是、否、是、否、是、否、是、否」排列？如果我們僅僅計算偶數出現的分子，熵似乎不能算很高，但是若組合為「是、否、否、是、是、否、否、

是」呢？不能直接計數的算法，總會遭遇到亂序穿插。而在資訊理論，意含和表示方式更添加額外麻煩。一列 01 0100 0100 0010 111 010 11 00 000 0010 111 010 11 0100 0 000 000 的序列，只有熟悉摩斯密碼和莎士比亞的人，才會覺得有序（上述序列譯為摩斯電碼之意為 all form is formless）。對一個奇異吸子的拓樸反常形態又如何呢？

蕭認為奇異吸子推動資訊。在他起初最宏偉的構想中，混沌完成了，將活力從熱力學注入資訊理論，而又返回物理學的自然循環。奇異吸子合併了秩序和混亂，測度系統的熵值又面臨奇峯突起的挑戰。奇異吸子擅長攪拌，製造變化莫測的狀況，增加了熵，在蕭眼裡，還能從空無中創造新的資訊。

派卡德有一天在《科學美國人》雜誌上看到傑卡特（Louis Jacot）舉行的徵文比賽廣告。這位法國金融家私下深信某種星系內含星系的宇宙結構，而提供豐厚的獎金，真是天外捎來佳音。該獎金徵求傑卡特主題的文章參賽，體裁不拘。（法默說：「聽起來像徵求一束古怪的投書。」）但是評審委員都是法國科學機構中有頭有臉的人物，而且獎金極有份量。派卡德將廣告拿給蕭看。截止期限是 1978 年元旦。

那時混沌派，已定期在離海灘不遠的一棟特大舊房子定期聚會。房子堆滿跳蚤市場買回來的家具及電腦設備，其中大部分電腦都投注在輪盤賭博的問題上。蕭放了一架鋼琴，不時彈些巴洛克音樂，或彈些自己組合的古典與現代作品。這些物理學家聚會時養成一種工作風格，不斷提出新點子，就可行性作篩選，閱讀文獻或構思自己的論文。後來他們學會用高效率的循環方式，輪流合寫期刊文章。但第一篇文是由蕭執筆，這是他發表的少數幾篇論文之一。如其作風，他獨立完成；又按慣例，他拖拖拉拉了很久。

　　1977 年 12 月，蕭從聖塔克魯茲出發，參加紐約科學院舉行的首次混沌研討會。他的超導指導教授替他支付旅費，蕭便不請自來，旁聽一些心儀已久的科學家演講。會中有惠依、梅伊還有約克。蕭被這些人震攝住了，同時也被巴比松旅館（Barbizon Hotel）一間三十五美金的天文數字嚇昏了頭。蕭聆聽研討會中各種討論，心中七上八下，感到自己如此無知，重複這些先進已經研究得相當透澈的研究，但下一瞬間又覺得他能提供嶄新的觀點。他資訊理論的未完成草稿正帶在身邊，潦草的手寫字跡，塗塗抹抹，裝在檔案夾子裡，但是他無法從旅館或當地一家修理店弄來打字機。最後，他只好帶著夾子訕訕離開。後來，當朋友央求他報告詳細情況時，他說整個研討會，在向勞倫茲致敬的晚宴到達高潮，勞倫茲終於獲得遲來的讚譽。當勞倫茲羞怯的牽著太太的手，走進會場時，滿場的科學家站起來，掌聲雷動，而這位氣象學家驚慌的表情令蕭難以忘懷。

　　幾星期後，蕭前往他父母於緬因州的渡假小屋，終於將他的論文，寄交予傑卡特徵文比賽單位。元旦已經過去了，但是當地的郵局局長，好心將郵戳日期倒退了幾天。這篇論文摻揉著玄祕的數學，和思辨哲學之混合體，加入蕭的老弟克里斯貢獻的卡通式插畫，使蕭贏得該項比賽的佳評獎。蕭得到一筆獎金，足夠支付他到巴黎領獎的旅費。這項成就微小得可以，但是正值混沌派和系裡的關係頗緊張時，卻彌足珍貴。他們迫切需要任何外來的肯定。當時法默已決定放棄天文物理，派卡德拋開了統計力學，而克洛區菲則還未下定決心要不要當研究生。物理系覺得事情已經失控了。

從原始到複雜

〈奇異吸子、混沌行為以及資訊流動〉（Strange Attractors, Chaotic Behavior, and Information Flow）於其後一年，終於流傳出去約一千本預印本，這是首度奮力結合資訊理論，和混沌現象的研究成果。

蕭的論文將一些古典力學的假設正式亮開了談。自然系統的能量存於兩種層次：巨觀規模——日常事物可以被清點、測量；微觀規模——無數的原子，四處游蕩，除非當作一種平均後的整體——溫度，否則無法測量。蕭指出微觀規模的總能量，會超過巨觀規模的能量，但是，古典系統中這種熱能量並無意義——各自為政而無法使用。兩種層次彼此隔絕。他說：「處理古典力學，並不需要知道溫度。」不過，蕭認為混沌體系和近混沌體系，能夠填埔巨觀和微觀兩種層次的鴻溝。混沌創造資訊。

想像流水穿越一道障礙。每位流力學家和激流獨木舟划者都知道，假如水流夠快，會在下游造成漩渦。遇上某種大小的速度時，漩渦會留於原地不動；速度更快時則會下移。實驗家可以選擇多種方法，從這種系統擷取資料，如探討速率之類。但是為什麼不試試簡單的方法，也就是在障礙物下游某處直接選一地點，然後每隔一定時間，觀察漩渦落在點的左邊還是右邊。

假如漩渦固定不動，水流的資料將會如此：左、左、左、左、左、左、左、左、左、左、左、左、左、左、左、左、左、左、左、左。不消一會兒，觀察者會意識到新的資料，並沒有帶來任何新的資訊。

游渦或者會週期性的左右擺動：左、右、左、右、左、右、

左、右、左、右、左、右、左、右、左、右、左、右、左、右。同
樣的，雖然這座系統開始時還有些意思，但很快，就會無趣了。

　　然而，當系統全然不可預測，變得混沌時，將會產生一系列穩
定的資訊。每次新的觀察代表一件新的位元。對於一位試圖完整描
述這系統的實驗者，這是一場噩夢。蕭說：「他永遠不能離開房間
了，資訊會源源不絕的流出。」

　　這些資訊從哪兒來呢？微觀規模的熱力浴場中，數十億分子
隨熱力學狂舞。就像紊流將能量從大尺度，經由渦鏈向下傳輸至耗
散、摩擦的小尺度，資訊則會從小尺度倒轉，輸送回大尺度——無
論如何，這是蕭這幫人開始宣稱之方式。向上游傳輸資訊的管道，
就是奇異吸子，它將最初的隨機狀態放大，就像蝴蝶效應，將小小
的不確定擴散成大尺度的天氣形態。

　　問題是：多大？蕭已經做過一次呆事，重複俄國佬的工作，
這回又再度失蹄。俄國科學家柯莫格洛夫和西奈已經完成了一些眩
目的數學，將系統中「單位時間的熵」，應用到相空間有關表面伸
展、摺疊的圖形。這手法的基本概念，就是畫一些小方格，罩在初
始條件的點群上，好像印著紋路的氣球，然後計算方格撐、縮的效
應。例如它可能沿某方向伸展，但沿另一方向原樣不變。面積改變
相當於來自過去的不確定性，如資訊的增加或減少。

　　某種程度上，資訊只是不可預測性更時髦的別名，這樣的看
法恰好符合惠依等人推動的概念。資訊理論的架構，使聖塔克魯茲
幫大揀現成便宜，這些數學已經被資訊學者千錘百鍊過。例如，在
一座決定型系統施加外來的噪訊，對動力學這算新把戲，但通訊文
獻中已汗牛充棟了。雖然如此，真正能吸引這些年輕科學家的原因
中，數學僅僅占一部分。當他們談論資訊產生系統時，他們內心在

描畫世界形態之自發湧生。派卡德說：「複雜動力學的極致，就是生物演化的程序，或思考過程。直覺上，這些複雜度到達頂點的系統，源源生產資訊，其理甚明。數十億年前，世界上只存在一滴一滴的原生質；數十億年以後，我們出現世間。因此，資訊形成，貯存於我們自身的結構。心智從童年發展，資訊顯然不止於累積，同時被創造，無中生有。」這種高論能使思路清晰的物理學家暈頭轉向。

簡單過程製造出混沌

　　但是這夥人算是第一順位的行動家，其次才是哲學家。他們如何將爛熟的奇異吸子，和古典物理實驗扯上關係？說右、左、右、右、左、右、左、左、左、右這序列不可預測及創生資訊，倒還滿順口的，但碰上一組真正的數據，量度李雅普諾夫指數、熵值及維度，可就要老命了。縱使如此，聖塔克魯茲這幫人視這些主意為家常便飯，遠遠超越同儕。他們日夜和奇異吸子相混，從日常生活信手拈取各種翻飛、晃動、敲擊、搖擺的吸子特例。

　　咖啡屋裡這幫人常玩一種遊戲。他們問：最近的奇異吸子距離有多遠？是那片嘎嘎作響的汽車擋泥板嗎？還是那根隨風飄揚，神經兮兮的旗子？或是那片顫動的葉子？「除非你找到一條適當的隱喻，讓你能感受到它，否則你將一無所知。」蕭的說法，呼應孔恩的看法。不久，他們的相對論專家友人勃克，開始疑心車中的記速器，用一種奇異吸子的非線性方式作響。蕭決定進行一項超長期的實驗計畫，他的對象是物理學家會心微笑的家常動力系統──滲漏的水龍頭。大部分人皆以為水龍頭會按一定的週期下漏，但並非

一定如此，只要稍做觀察便可得知。蕭說：「這是一樁系統行為，由可預測轉變成不可預測的簡單例子。假如將水龍頭稍微關緊一點，你會發現水龍頭滴滴答答的並不規律。超過一段時間後，就無規則可循。因此，即使像水龍頭這種簡單東西，也可能產生千變萬化的類型。」

滲漏的水龍頭當作秩序的塑造者來看，並無多少餘地好發揮。它只塑造水滴，每一滴和前一滴都差不多。但對混沌的初學者而言，水龍頭還算有些貢獻。每個人心裡都存有水龍頭漏水的景象，資料序列僅僅一維：單拍子的節奏。這些好處都是聖塔克魯茲成員後來專研的系統所缺乏的，——例如人體的免疫系統，或者麻煩的粒子束效應，後者使北方的史丹福線性加速器中心（Stanford Linear Accelarator Center）大傷腦筋，導致碰撞神祕的降低功能。李契伯和史文奈之類的實驗者，在更複雜的系統將探針隨意放置某處，亦取得了一維數據。至於滲漏的水龍頭，就只有一單行資料，它甚至不是一串連續改變的速率或溫度，就只是水滴時程表。

要求一位傳統的物理學家針對系統下手，他會弄一座具體而微的物理模型當作開端，負責水滴形成和墜落的過程可以掌握，雖然不見得一目了然，一項重要的變數是流速（比起大部分流力系統宛如蝸步，蕭常觀察的速率約每秒一至十滴，即每兩週約消耗 100 至 1,000 公升）。其他變數包括液體的黏滯性和表面張力。一滴水懸於水龍頭口等待墜落，會經歷複雜的三維變形，光要計算這形狀就必須如蕭所說：「靠最尖端的電腦計算」。此外，這形狀絕不會固定不變。一顆飽滿的水滴，像一個富表面張力的小彈性袋，擺來擺去，晃動質量，拉撐表面，直到越過臨界點，砰然破裂。物理學家若想完整模擬滴落的過程——寫下一組聯立非線性偏微分方程式，適當

的邊界條件，然後嘗試找出解答，一定會發現自己陷入迷宮。

另一可行之道，就是扔開物理學，只看數據，好像結果從一口黑盒子蹦出來似的。若有一列數字，代表水滴間隔之時間，一位混沌動力學家會說出什麼聰明的話嗎？確實如此，事實證明，這些資料能按某種法則歸類，再回饋到物理學研究，這些方法將是混沌應用的關鍵。

但蕭從兩種極端採取中庸之道，他先勾畫出完整物理模型的草圖，不管水滴的形狀，不管其三維空間的複雜運動，先粗略的總結水滴物理的大要。想像一枚砝碼掛在彈簧上，砝碼的重量隨時間穩定增加，彈簧隨之拉長，砝碼愈降愈低。到達某定點時，一部分砝碼即會斷裂。至於下墜的部分占多少？蕭自行假設視到達臨界點之下垂速度而定。

剩下的砝碼當然會往回彈，彈簧亦同，研究生拿標準方程式練習過這種振盪。模式具備一項很有趣的特徵，而且是唯一有意思的特徵；若非這種變調，混沌運動不可能發生。那就是下一滴的情況，將會受到振盪和重量穩定增加之交互作用影響。向下搖晃可能很快到達斷裂點，向上搖晃可能使這過程稍稍延緩。真實水龍頭的水滴大小並不一致，由流速和搖晃的方向決定。假如水滴形成時，已經開始往下墜落，斷裂時間會提早一點。若正好水柱往上彈，水滴掉落前就會注入更多一點水。蕭的模型粗簡到只有三條微分方程式就足以歸納，這也是龐卡萊和勞倫茲研究出來的結論，混沌所需之最少變數。但是，這樣產生的複雜性會栩栩如真嗎？複雜性是否如假包換？

水龍頭滴出真相

　　不久，蕭落坐在物理館的實驗室裡，頭頂上裝置了一大塑膠盆的水，一條水管接到五金行買來的天王級黃銅水龍頭。每滴水皆會穿越過一道光束，隔壁房間的微電腦立刻記錄下時間。蕭同時還將三條憑空想出來的方程式輸入電腦執行，產生一系列想像的數據。某一天，他向系裡的教授做一次說明示範——克洛區菲稱之「模擬演講」，因為研究生還未允許舉行正式的演講。他放了一卷漏水敲擊錫板的錄音帶，讓電腦在旁清脆的打拍子，耳朵裡形態逐漸分明。他已經同時正正反反的解決了這問題，他的聽眾可以從這座外表混亂的系統聽出深層的結構。若要更上一層樓，混沌派需要從實驗原始資料倒推方程式，找出混沌特徵的奇異吸子。

　　當系統更為複雜，可以考慮用一個變數對應另一個變數，隨時間計算溫度或速率的相關變化。但是漏水只留下一串時間紀錄。因此，蕭嘗試一種新手法，這技巧可能是聖塔克魯茲幫，對於混沌學最聰明、最耐久的實際貢獻。蕭著手為一粒隱形的奇異吸子重建相空間，可以應用到任何資料序列上。蕭為漏水紀錄先畫上一幅二維圖表，x軸代表每一對水滴前後的間隔，y軸代表下一次的間隔。假如第一滴和第二滴相隔150毫秒，第二滴和第三滴相隔150毫秒，蕭就在圖表的150-150位置打上一點。

　　全部即是如此。假如水滴非常規則，意味流速緩慢，通常系統將處於「水鐘狀態」，圖形就會平淡無奇。每個點都落到同一位置上。圖形收縮成一點而已，或幾乎是一點。事實上，電腦滴水龍頭和真實滴水龍頭最明顯的差異，就是真實水龍頭會受到噪訊影響，並且極端敏感。蕭解嘲的說：「這東西居然變成一具絕佳的地震

儀，非常擅長小題大作。」蕭最後不得不將大部分實驗，安排到晚上，那時物理館走廊的聲音最輕。噪訊會使理論預測的一小點渲染成一塊大墨團。

當流速增快時，系統發生週期倍增的狀況，水滴會成雙成對的落下。一項間隔可能是 150 毫秒，另一次可能只有 80 毫秒。因此，圖表會出現兩塊模糊的斑跡；一塊集中在 150-80，一塊則以 80-150 為中心。當形態更加混亂，嚴厲的考驗現身。若形態確實為隨機的，點群會零散分布於全圖上。上一個間隔和下一次間隔看不出任何關聯。但是，資料若隱藏著一粒奇異吸子，它就會從模糊的墨團中，漸漸顯現出可辨認的結構。

通常需要三維空間才能看出它的結構，但是這不成問題。這種技術可以很容易推廣至高維度圖形。我們可以不必用間隔 n 對應間隔 $n + 1$ 製圖，而代以間隔 n 對應間隔 $n + 1$ 對應間隔 $n + 2$ 的方式製圖。這裡有些花巧，可說是一種竅門。三維的圖形通常需要知道三個變數。祕訣乃在於以一當三，由此反映出這批科學家，亂中藏序的信念。即使實驗者不知道應當測量哪些物理變數，或無法直接量度，秩序依然會自動現身。就像法默說的：「當你思考一個變數時，這變數的演變，必定受到其他與之交互作用的變數所影響。它們的值，多多少少會受限於這變數的跳動。必定有跡可尋的。」蕭的水龍頭滴漏圖形，即充分證明了這點。特別在三維空間中，形態顯現了，像失控的特技飛機，留下一圈圈的煙訊。蕭能夠將實驗數據畫成的圖形，和類比電腦模式的結果比對大致相合，其中主要的差別，是真實數據總會被噪訊塗抹得模糊些。即使如此，其中的結構應該無可置疑。聖塔克魯茲這群人，開始和史文奈這類實驗老手合作。史文奈已經轉到德州大學奧斯汀分校。他們學習如何將奇異

吸子,從各類系統抓出來的訣竅。這工作相當於將資料填進相空間,如果維度足夠的話。不久,和惠依一起發明奇異吸子的塔肯斯,亦獨力為此奠下數學基礎。無計其數的研究者很快發現,這技術將混沌與純粹的噪訊區分出來,新的涵意,即簡單過程會創造有秩序的混亂。真正隨機的數據,仍舊會漫無章法隨處散布,但是因果截然又自成模樣的混沌,能夠將資料聚集成可辨認的圖形。混亂誠然無奇不有,但大自然獨鍾少數幾類。

首度受到肯定

由造反者化身為物理學家遙遙無期。這些傢伙坐在咖啡屋或研究室中,常會不可置信:這趟科學幻遊似乎難以夢醒。克洛區菲會說:「老天,我們還未停手,居然還有大魚待在這裡。到底能任性多久?」

系方主要的支持者,是數學系史邁爾的學生亞伯拉罕,加上物理系的勃克。勃克自封為「類比電腦沙皇」,這樣至少能掩蓋混沌派號稱的主權。物理系其他教授則處境尷尬。幾年後,某些教授極力否認,混沌派遭受系方的冷漠對待和阻力。而集團成員對竄改歷史也反應強烈,混沌實際上遲遲才受到接納。「我們沒有指導教授,沒有人告訴我們該如何著手,」蕭這麼說:「多年來,我們一直處於挨打的地位,至今猶是如此。我們從來沒有從校方拿過經費。我們之中每位成員,都曾有相當長的時間無償工作,從頭到尾皆需要慘淡經營,從無任何學術或其他的指導。」

平心而論,系方還算盡可能的容忍,甚至慫恿這件看來空洞的長期計畫。蕭的超導論文指導教授在他放棄低溫物理後,還繼續

支付薪水長達一年之久。沒有人真正下令混沌派休兵。最壞的情況下，系方也不過澆上些許的冷水。混沌派成員常被叫去表白心意。系方警告他們，就算他們跌跌爬爬拿到了博士學位，仍然無法替一門不存在的領域謀得一枝之棲。系方說這可能是一陣時髦，過後你該怎麼辦？但是，就在聖塔克魯茲山崗茂密的紅杉蔭蔽之外，混沌現象正在如火如荼的創造自己的科學王國。動力系統集團勢必要投身其中。

　　某年費恩鮑巡迴各地講學時順道來此，解說他關於普遍性的突破。一如往常，他的演講充滿抽象的數學意味，重整群理論構成凝態物理中神祕的一部分，這些學生都未學過。此外，這些人對真實系統的興趣，遠比精工雕琢的一維投射要熱烈。正值此時，法默聽說柏克萊的數學家藍佛德三世，正在探索混沌現象，於是前往會晤。藍佛德三世彬彬有禮聽完法默說話，然後注視著他說，他們沒有共通的地方。他尚在努力了解費恩鮑。

　　法默想：「真要命，這傢伙的視野落到何處？他還在鑽研這些嬌滴滴的軌道。我們已經深入資訊理論，混沌已經被拆開來看，到底是什麼讓它滴答作響，試圖將量度熵值和李雅普諾夫指數，聯繫到更統計化的測量上。」

　　藍佛德和法默交談時，並未強調普遍性，法默後來才曉得他未抓到重點。法默說：「天真的是我。普遍性的概念不止偉大而已。費恩鮑的技術，能夠讓一大群失業的臨界現象專家派上用場。」

　　「在此之前，似乎非線性系統必須按每件個案處理。我們試圖塑造一種言語，使它量化和描述它。我們看不出有任何將系統分類的方法，然後找出普遍適用的答案，就像線性系統這般。普遍性意味找出一些量化的特性，適用於同種類型的每一件個案。這種可預

測的性質，就是它真正重要的原因。」

「另外還有一項社會學因素，更加火上加油。費恩鮑用重整化的語言包裝他的成果，他使出的招數對那些臨界現象專家，皆已經滾瓜爛熟。那些傢伙正陷入窘境，因為他們本行乏善可陳。他們到處尋找可以施展武功的對象。而忽然費恩鮑出現，提供一片大好江山，馬上形成一支流派。」

無論如何，聖塔克魯茲那群學生，不約而同烙下自己的印記後，開始各自單飛。他們突擊了 1978 年仲冬，由史丹福大學和全錄帕洛奧圖研究中心（Xerox Palo Alto Research Center）的胡伯曼（Bernardo Huberman），於拉古那海灘（Laguna Beach）聯合舉行的一次凝態物理研討會，讓他們在系上的身價頗有上升趨勢。那次會議並未邀請混沌派，但他們還是照去不誤，一堆人塞進蕭那 1959 年份，喚作「奶油夢境」的福特旅行車內。為防萬一，他們也帶了一些設備，其中包括一架大型的電視顯示器和錄影帶，當一位受邀的演講人臨時取消演講，胡伯曼請蕭暫代，時機真是抓對了。當時混沌已漸漸成了氣候，但是與會的物理學家，數不出幾個人知道這字眼的涵意。因此，蕭開始向他們解釋相空間中的吸子：首先是固定不動的點（所有的事物皆靜止），再來是有限循環（所有的事物都來回擺動），然後是奇異吸子（所有剩下來的事物）。他在錄影帶上展示電腦繪圖（他說：「視聽器材讓我們占了上風，我們用影片施展催眠術。」）。他闡釋了勞倫茲吸子和水龍頭滴漏，解釋幾何學——形狀如何舒伸、摺疊，以及資訊理論的旗幟具有何種意義。最後，他還附帶加了幾句有關典範轉移的話。這次演講大為成功，聽眾中有幾位聖塔克魯茲的教授，透過他們同儕的眼光，方才第一次打量混沌是什麼。

成員四散

　　1979 年時，這集團全部參加了紐約科學院舉辦的第二次混沌研討會。這次乃是正式受邀，當時這方面的研究，亦已烽火燎原般展開。1977 年的研討會屬於勞倫茲名下，參加的專家不過數十位。這次的會議則屬於費恩鮑，來了數百位科學家。兩年前，蕭得怯生生的到處尋找打字機，以求能弄出一篇論文，塞進別人的門縫裡；現在動力系統集團，已經成為名副其實的出版社了，以聯合撰寫著名，快速生產論文。

　　然而這團體並不能一直如此下去。當他們愈進入科學的真實世界，這事實就愈加明顯。有天胡伯曼打電話找蕭，恰巧被克洛區菲接到，胡伯曼要找人合作一篇有關混沌的精簡論文，克洛區菲是這團體中最年幼者，自覺被一直視為跟班，他開始覺悟到，聖塔克魯茲物理系的教授有一點可能是正確的：每位學生總有一天要單槍匹馬的接受評判。此外，胡伯曼具備了這些學生所缺乏的專業世故，特別是他知道如何從一篇論文中，擠出最大效益。他看過混沌派的實驗室後，對他們很不放心：「全都讓人無從捉摸，你知道啦，像沙發和懶骨頭，好像踏入時光隧道，回到 1960 年代碰上嬉皮似的。」但是他需要一部類比電腦，事實上，幾個鐘頭之內，克洛區菲就設法讓他的程式跑進電腦，但集團的確面臨問題。克洛區菲有次說：「每個人都想加入，」而胡伯曼堅持不行，「這不僅有關功勞，也必須承擔批判。假如論文出了漏子，你要責怪整個團體嗎？我可不是成員。」他要的是一位合夥人，共同完成一件乾淨俐落的工作。

　　結果正如胡伯曼所願，報導物理界突破研究的頂尖刊物《物理評論通訊》，發表了第一篇混沌論文，出自胡伯曼與克洛區菲之

手。從科學政治之觀點，這可是非凡的成就。洛克區菲說：「我們自己人覺得內容毫不稀奇，但胡伯曼認為這應當造成巨大的衝擊。」這是集團解體、融入現實的起點。法默怒氣沖沖，認為克洛區菲的背叛，破壞了團隊合作的精神。

　　跨出團體之外的並不只有克洛區菲一人，法默自己和派卡德，不久也開始和卓然有成的物理學家、數學家合作，如胡伯曼、史文奈和約克。聖塔克魯茲孕育誕生的概念，形成當代動力系統研究之堅實基礎。當一位物理學家到手一大堆數據，想要探討它的維度或熵值時，適合的定義和研究方法，很可能來自那些年頭，在類比電腦上插插弄弄，示波器前不眠的時光。氣象專家爭論大氣和海洋的混沌現象，是否如傳統流力學家所預期，擁有無限多的維度，還是環繞著低維奇異吸子跳動？經濟學家分析股票市場的資料時，孜孜尋找維數 3.7 或 5.3 的吸子。維數愈低，系統愈簡單。許多數學上的特性需分類、理解。碎形維度、豪斯多夫維度、李雅普諾夫維度、資訊維度——這些混沌的量度各具巧妙，法默和約克解釋得最好。一粒吸子的維度是「描述它特性的入門知識」。掌握這性質，才能具備「在設定精確程度下，指明一點在吸子之位置所必需的知識」。聖塔克魯茲的學生，和他們年長的合作者所用的方法，將這些主意，和系統其他的重要量度結合起來：可預測性降低的速率，資訊流動率，產生混合的傾向。使用這些方法研究的科學家，常常致力於繪製數據及小方塊，清點方塊中資料的點數。然而，即使這些方法看來粗糙，但混沌系統首度納入了科學理解的範疇。

　　同時，學會了從翻飛的旗幟和嘎啦作響的測速器中，尋找奇異吸子之後，科學家刻意搜尋現有的物理文獻，企圖找到決定性混沌的蛛絲馬跡。不明原因的噪訊、奇怪的波動、規律和不規律交錯

——粒子加速器、雷射、約瑟夫森連接這些效應，從實驗家的論文中紛紛出現。混沌專家會將這些徵兆收羅旗下，告訴那些尚未皈依者，你的問題事實上就是我們的問題。一篇論文會這樣開頭：「一些有關約瑟夫森連接振盪器的實驗，顯現驚人的噪訊上升現象，無法用熱擾動來解釋。」

　　動力系統集團的成員離開聖塔克魯茲時，該系有些教授已經轉向混沌研究了。其他的科學家回顧前塵，認為聖塔克魯茲錯失了發展成全國非線性動力研究中心的絕佳機會，而這樣的中心很快就遍布各校了。動力系統集團的成員次第於 1980 年代初畢業、四散。蕭在 1980 年完成論文，法默在 1981 年，派卡德在 1982 年，克洛區菲的論文在 1983 年提出，這是一本印刷術集錦，合訂著至少十一篇在物理和數學期刊上發表過的論文。他後來轉到加州大學柏克萊分校，法默則加入羅沙拉摩斯的理論部門；派卡德和蕭前往普林斯頓高等研究院，克洛區菲研究錄影機的回饋迴路；法默鑽研「胖碎形」，模擬人類免疫系統的複雜動力系統；派卡德探索空間混沌現象和雪花之形成。只有蕭似乎不太願意落戶於主流陣營中，他自己的重要著作只有兩篇論文，一篇讓他到巴黎去了一趟，另一篇關於水龍頭滴漏，總結了他在聖塔克魯茲的所有研究，好幾次，他幾乎要完全放棄科學了。就像一位朋友所說，他在「振盪」。

|第 10 章|

內在的韻律

科學毫無意圖去闡釋什麼，甚至也不說明什麼，
它的主要任務是建立模式。
所謂模式就是指一具數學架構，連同附帶的某些文字，
說明描述觀察所得的現象。
這樣一具數學架構能否成立，端視其是否發揮效用。

—— 美國數學家馮諾伊曼

不務正業的科學家

　　胡伯曼打量聽眾席上林林總總的理論和實驗生物學家、純數學家、醫生和精神病學家，意識到正面臨溝通的難關。他在 1986 年一次非比尋常的會議上，剛剛完成了一次非比尋常的演講。這是首度以生物和醫學混沌現象為主題的大型會議，由紐約科學院、國家心理衛生研究院以及海軍研究署（Office of Naval Research）聯合舉辦。會議在華盛頓郊區的美國國家衛生研究院黑沉沉的梅瑟大禮堂（Masur Auditorium）舉行。胡伯曼看到不少熟面孔，一些風塵僕僕的混沌專家，但也瞧見了許多陌生臉孔。會議已經進行到最後一天，議程緊緊的迫近午餐時刻，老練的講者都會預感到聽眾會騷動不安。

　　胡伯曼從阿根廷移民到加州，一頭黑髮而短小精悍，不時和聖塔克魯茲那幫人廝混，所以對混沌頗有興趣。他是全錄帕洛奧圖研究中心的研究員，但偶爾會插手一些公司任務以外的研究。此刻，他置身這場生物學會議中，剛剛結束了一席「非正業」的報告，講述精神分裂症患者眼球不規律運動的模式。

　　歷代之精神科醫生皆苦心鑽研，希望能定義精神分裂症並將之歸類，但這種病的描寫幾乎和治癒一樣困難。大部分症狀出現在心智和行為上。幸好從 1908 年開始，科學家已經知道病人會呈現某種生理反應，甚至連親屬身上也有這種現象。當病人注視一件緩緩搖晃的鐘擺時，他們的眼睛無法追隨鐘擺舒緩的運動。眼睛其實是一種極度靈敏的器官。正常人眼睛能夠鎖定移動的物體，毋須意念的參與。晃動物體的影像佇留在視網膜上，如同凍結。但是，精神分裂症患者的眼球骨碌碌跳動，斷斷續續，一下子過頭，一下子又

追趕不及。踉踉蹌蹌，裏在一團七手八腳的煙霧中，沒有人知道原因。

生理學家多年來累積了大量的資料，製作成圖表，記錄眼睛不規律運動的形態。他們通常假定這種擾動，來自控制眼部肌肉的中樞神經系統，噪訊輸出意謂著噪訊輸入。或許精神分裂症病患腦海裡的游渦風浪，顯現於眼睛上。胡伯曼這位物理學家別具一套看法，弄出一座小小的模式。

他使用最簡略的方式，構想眼睛機制，寫出一條方程式。其中一項是鐘擺的振幅，一項是頻率，一項代表眼珠的慣性，一項計算耗散（或摩擦），還有幾項用來修正錯誤，讓眼睛能夠瞄準目標。

胡伯曼向聽眾解釋，方程式恰好能適用於一座相似的機械系統：放置圓球在一道弧槽裡來回滾動，相當於鐘擺的搖盪，槽壁具有修正錯誤的功能，將球推回中央。處理這種方程式已經有一套標準手法，胡伯曼將他的模式送進電腦，計算好幾個小時，變換各種參數，畫出各種動力特性，他找到了秩序和混沌。在某些區域，眼睛能流暢追蹤目標，當非線性的程度增加，眼睛運動會經歷一連串快速的週期加倍，導致混亂，這和醫學文獻記載的失常一般無二。

模式中，混沌行為和外界的訊息毫無關連，當系統中非線性累積太多，便無可避免的走上混沌之路。現場聆聽的一些醫生覺得，胡伯曼模式似乎很能印證精神分裂症的基因原型。非線性有時會穩定或干擾整個系統，端視其強弱而定，也許取決於單項遺傳特徵。一位精神科醫生將這種想法和痛風成因比較；痛風源於體內尿酸過高，引發一系列病徵。一些更熟悉臨床文獻的學者指出，精神分裂症的眼球問題無獨有偶，不少神經疾病患者都會遇到相同困境。週期性振盪、非週期性振盪，任何人重翻舊帳，都可以從資料中找到

混沌的類似行為。

　　但是，會場中固然開啟了不少人的靈機，也同時招致一些人的抗拒。胡伯曼模式的確過分簡化。當發問時間來臨，他們的不快和挫鬱傾洩而出。一位科學家質問：「請問你遵循什麼法則建立模式？為什麼要引用這些非線性動力系統的特質呢？是否預設這些分歧及混沌的答案？」

　　胡伯曼停頓了一下。「噢！行，我確實忘了要說清楚目的。這座模式很簡單。因為有些人跑來跟我說：『我們觀察到這類事情，你猜原因是什麼？』所以，我自問，最可能的解釋會是什麼呢？他們就告訴我，唯一猜想到的，是腦袋一瞬間短路。我的反應是，那好，我大概被歸類為混沌學家，而我知道一種最簡單的非線性追蹤模式，簡單到光赤赤的程度，其中細節皆無關宏旨。所以我著手這座模式，人家看了說，嗯，挺有意思，我們從未想到這可能來自系統內部的混沌現象。」

　　「這模式缺乏神經生理學證據。唯一可聲明的，只是最簡單的追蹤，包括一犯錯即修正的迴路。這是我們運用眼睛的方式，這也是天線追蹤飛機的方式。你可以把這模式推廣到任何事物。」

　　觀眾中另一位生物學家抓住麥克風，心中對胡伯曼那種寥寥數筆的勾畫仍舊悻悻然。他指出，真人眼睛必須靠四組控制肌肉的系統同時運作。他開始運用艱澀的技術性詞彙，描述心目中正確的模式，不厭其煩的說教，例如可以捨棄質量一項，因為眼球已受到過度的阻力等等。「而且，此中還有另外一樁奧妙，即是質量的多寡乃視旋轉速率而定。當眼睛移動加快時，質量會拖拖拉拉，當包膜轉動超速時，眼眶內的膠體被拋到後頭。」

　　當場，胡伯曼愣住了，不知所措。最後，會議的主辦人之一孟

岱爾（Arnold Mandell）這位對混沌保持興趣的精神病學家，從胡伯曼手中接過麥克風。

「各位，身為精神科醫生，讓我來做一番闡釋吧。各位剛剛目擊到一位研究低維巨觀系統的非線性動力學家，和另一位熟練數學的生物學家接觸了。談到系統與生俱來的普遍性，這種想法對我們都很生疏。因此，問題應該是：『精神分裂症的亞型是什麼，』『視覺運動系統有四組，』而『如何從現實來模擬？』然後問題才能切割開來。」

「情況應該如下：醫生或科學家精通五千塊零件，我們很不情願面對可能存有大一統理論的事實。偏偏胡伯曼就弄出這主意，瞧瞧他惹的禍。」

胡伯曼說：「五年前物理學界發生過同樣狀況，但是，目前已經被接受了。」

人體成了試金石

選擇如出一轍。模式可以盡善盡美，接近事實，要不然就得簡化，以便處理。只有最天真的科學家，才會相信完美的模式需要一板一眼的反映真實。這種模式的缺點簡直像一張原尺寸、維妙維肖的都市地圖，逼真描繪每一座公園、每一條街道、每一幢建築、一草一木、一坑一洞、每一位居民，以及每一張地圖。即使能實現，它鉅細靡遺的精確程度，也完全癱瘓了地圖概括、化約的正常功能。繪圖師需按照顧客吩咐，發揮這些功能。不管他們的目的為何，地圖和模式必須簡化的模仿這個世界。

在亞伯拉罕這位聖塔克魯茲數學家心目中，優良模式就像洛

夫洛克（James E. Lovelock）和馬古利斯（Lynn Margulis）創造的「雛菊天地」（daisy world）。這兩位科學家宣揚「蓋婭假說」（Gaia hypothesis），主張生命之必要條件，乃基於生命本身自力創造、自給自足的動力回饋機制。雛菊天地或許代表蓋婭假說的最簡單模式，簡化到接近孩子氣。照亞伯拉罕的說法：「只需要三樣元素，白色雛菊、黑色雛菊和未墾植的荒地。三種顏色：白色、黑色和紅色。這樣的模型如何透露有關這星球的奧祕呢？因為它說明溫度調節如何進行，以及星球氣候為什麼宜於生命。雛菊天地實在滿粗陋的，但是，它示範生物圈如何在地球上經營自己。」

白菊反射光線，使地球冷卻，黑菊吸收光線，降低反照率（albedo）或反射率，使地球溫度上升。但是白菊「需要」溫暖的天氣，這意味氣溫升高有助於白菊茂盛；黑菊則中意涼爽的天氣。這些特性由一組微分方程式描述，再輸入電腦運行。一大群初始條件皆會收斂到一粒均衡的吸子，但並不保證為靜止的均衡狀態。

「這只是一座數學化的概念模式，而這就是我們所追求的。我們不需要太逼肖的生物或社會模式。」亞伯拉罕說：「輸入一些反照率，播灑一些雛菊種子，然後靜觀億萬年之演化從眼前流逝。然後，你能教導孩子成為這顆行星上更富責任的經營者。」

人體正是複雜動力系統的典範，因此，許多科學家視之為探索迷宮的試金石。沒有別的物體能提供物理學家更好的機會，從巨觀到微觀，充斥著刺耳的不協合音：肌肉、體液、血流、纖維和細胞等各種運動。也找不出任何一種系統能沉醉於於化約主義的魔幡，每件器官皆有其顯微結構和化學反應，生理學的學生數載寒窗，僅僅為了記誦各部位的名稱，而這些部位又如此難以捉摸。大塊文章如肝臟還好，換作包羅固體與液體的血管系統，是一張空間交纏的

網路，就很教人受不了；或者如幻影般地下組織的免疫系統，包括散布全身的淋巴球和 T4 傳訊體（一種能夠辨視、解碼入侵微生物的超微型密碼機），整件事幾乎像「交通」或「民生」這類字眼那麼抽象。如果無法獲悉這些系統的解剖結構和化學性質，研究將無從下手。因此，心臟專家必須知道心肌組織的離子傳送，腦科專家要學習神經元觸動時的電子特性，眼科專家則得對每條眼部肌肉的名稱、位置和功能如數家珍。1980 年代，混沌引進的數學方法，讓科學家跳過局部細節，一舉掌握複雜系統的全貌，為生理學注入了新的活動。研究人員逐漸視人體為運動和振盪的場所。他們開發出各種技巧，傾聽它花巧的節奏。他們找出了一些凍結顯微影片和日常血液抽樣無法現形的律動。他們研究呼吸失常的混沌現象，探索控制紅、白血球的回饋機制。癌症專家揣測細胞生命史的週期和不規律性，精神科醫生嘗試抗憂鬱藥物處方的多元組合。但是，新生理學的風暴中心是心臟；心跳深富節奏性，穩定或不穩定、健康抑或病態，很精確的量度生與死之別。

心臟之混沌

惠依推敲心臟運動之混沌也會偏離正軌。「這是一座交關生死的動力系統」，他這麼寫著。

「正常的心跳是合拍的，但是許多像是心室性震顫（ventricular fibrillation）的非週期性毛病會導致靜止狀態——死亡。如果我們能建造逼真的模式，讓電腦模仿各種心臟動力狀況，醫學必定會受益匪淺。」

美國和加拿大已經有數組研究人員接受了這項挑戰。心律不

整的發現、研究、區別及分類由來古久。訓練有素的耳朵能辨認數十種不規律的節奏。老練的眼睛會從心電圖的尖峯形態，讀出蛛絲馬跡，追蹤某種錯亂節奏的來源與嚴重性。就算外行人，也能從各種心律不整的繁多名稱中，盤算出事情有多麼複雜。例如異位搏動（ectopic beat）、心電交替（electrical alternans）、多型性心室心律不整（torsades de pointes）、再加上高層次房室阻斷（high-grade block）、逸脱節律（escape rhythm）、副收縮（parasystole，又分成心房或心室、單純或綜合性）、又如魏克巴哈心律（Wenckebach rhythm，簡單型或複雜型），和心搏超速（tachycardia）。存活希望的最大威脅來自心肌震顫。針對不同的心跳狀態命名，就像替各部位掛上名牌，使醫生聊以自慰；學術診斷時能夠咕噥出一連串術語，多多少少顯得滿學術的，應付這難題。但是運用混沌理論的研究者發現，傳統的心臟醫學，對心律不整犯下大而化之的錯誤，粗心採用膚淺的分類，掩蓋住深刻的原因。

　　發現「動力學心臟」的這些人背景也不同尋常。加拿大麥吉爾大學（McGill University）的葛萊斯（Leon Glass），受的是物理和化學的訓練，後來沉迷於數字和不規律性，完成了液體中原子運動的博士論文後，轉而研究心律不整的問題。他說，通常專家在診斷各種心律不整時，只檢查一小段心電圖。「醫生視之為辨認問題的形式，前後對照教科書與臨床經驗即可。他們根本不詳細分析這些跳動的動力形態。比起按照教科書行事，心跳隨時間的變化要複雜多了。」

　　哈佛醫學院的戈伯格（Ary L. Goldberger），擔任波士頓貝斯以色列醫院（Beth Israel Hospital）心律不整研究室的主任。他相信心臟研究代表生理學家、數學家和物理學家邁向攜手合作的一道關

卡。他說:「我們正進入一門新領域,嶄新的現象在眼前展開。傳統的線性模式,很難找到分歧及行為異常突變的答案。顯然,我們需要開拓全新的模式,而物理學似乎正提供了解決之道。」戈伯格和其他的科學家,必須克服專科語言和體制分類的障礙。他感到許多生理學家對數學家的森森敵意,造成強烈的干擾。他說:「在1986年,你無法從生理學教科書中找到碎形這字眼,但到了1996年時,我猜會找不到一本生理學書籍遺漏這個名詞。」

渾然天成的非線性系統

醫生聆聽心跳,會聽到流體和流體如潮汐升降呼喚,流體拍擊固體,固體牽動固體。血液四方穿梭心房、心室,蠕動的肌肉從後壓擠,撐開四壁。纖維瓣膜怦然有聲開啟,阻擋血液回流,而肌肉脹縮本身,則受複雜的三維電流波控制。模擬心臟運動的任何部分,皆會讓一部超級電腦不勝負荷,若要模擬整套循環網路,更是根本束手無策。至於流力學家為波音公司設計機翼,或為美國航太總署設計引擎時,視為家常便飯的那種電腦模擬,對於醫技工作者,尚屬前所未聞。

嘗試與發現錯誤,才是醫技傳統的手法。例如:設計人工心臟瓣膜,使用金屬和塑膠來取代損壞的器官,藉以延長生命。先從工程觀點審視,由三塊像小降落傘的杯狀透明柔韌薄膜,組成的天然瓣膜,勢必要放在工程事典中大書特書。當血液需要流入心臟的幫浦室,瓣膜必須巧妙的收起來,清出通道。而當心臟將血液推湧出來,為了防止血液回流,瓣膜又必須在壓力下猛然關緊,如此反覆進行二、三十億次,但不至於撕裂成隙漏。這是人類工程師望塵

莫及之處。人工瓣膜則大致像鉛管匠的作品：標準設計彷彿像抽水馬桶，還經過耗資無數的動物試驗，光是為了隙漏和應力失效這些顯而易見的困難，就已經歷經艱辛了。再面對其他棘手問題，早已力不從心。人工瓣膜改變了心臟之血流方式，造成紊流區和滯流地帶，而血液滯流時會結成凝塊，凝塊一旦破裂，流入腦部，立刻引致中風。這些凝塊就是人工心臟的致命障礙。直到 1980 年代中期，紐約大學庫朗學院的數學家，採用新式電腦模擬技術，此時人工心臟瓣膜的設計才開始趕上時代。他們製作出電腦模擬的活生生心臟電影，雖然是平面的，但栩栩如生。數百顆光點代表血液顆粒，流經瓣膜，擴張心臟的彈性肌壁，造成渦流。數學家發現，心臟更加深標準流體問題的複雜性，因為任何逼真的模擬，需要將肌壁本身的彈性因素考慮進去。血液不像空氣流過機翼的堅硬表面，血液會以動力及非線性方式，讓心臟接觸面變形。

　　心律不整的問題尤其奧妙又危險。美國每年有數十萬人因心室性震顫而猝死。其中大部分病例，可以歸咎於確切而眾所周知的成因：動脈栓塞導致收縮肌肉壞死。服用古柯鹼、神經緊張、失溫，也統統都會招致心肌震顫的病變。但仍然有許多心肌震顫的成因神祕難解。醫生寧願發現一位熬過心肌震顫侵襲的存活病人，心臟有所損傷，因為病因可水落石出。一位心臟外表健康的病人，其實更可能會再次發作。

　　心肌震顫的心臟就像一袋子蠕蟲。這種心臟不能像正常心臟反覆又規律收縮、舒張、收縮、舒張，它的肌肉組織撓曲，協調失措，送血乏力。正常跳動的心臟，電訊串成和諧的電波，通過心臟的三維組織。當訊號流過，每顆細胞開始收縮，經過一段絕對不反應期，然後舒張，在這小段期間，細胞不能受刺激，太早重新運

作。心肌震顫的心臟中，電波則斷斷續續，心肌無法整體收縮或整體舒張。

心肌震顫往往顯示讓人困惑的特色，也就是心臟中許多單獨的部分皆能正常運作。通常，心律調整的節點，依然會送出規律的電子脈衝，個別的肌肉細胞也能正常反應。每顆細胞受到刺激，收縮，然後將訊號傳遞下去，於是乎舒張，等待下次訊號來臨。解剖檢驗時，往往找不出肌肉細胞受到任何損傷。基於此點，混沌理論專家相信必須採取全新的整體觀點，找出各組件健健康康，但合起來就凶險致命的原因。心肌震顫屬於複雜系統的失常現象，就像心智失常（不管是否有化學成因），同樣代表複雜系統的失常現象。

心臟無法自行消除震顫，這種混沌現象的標誌即為穩定。只有使用除顫器奮力發出電擊，也就是任何一位動力學家立刻會辨認出的一種巨量干擾，才能使心臟恢復到正常狀態。除顫器相當有效。但其設計一如人工心臟瓣膜，需借助大量猜測。一位理論生物學家溫弗瑞（Arthur T. Winfree）說：「決定這一擊的強弱和波形，一向靠經驗。毫無理論可循。現在看來，有些假設靠不太住。除顫器似乎可改頭換面，還有提高效能的極大餘地，同時可大幅提高成功率。」其他心律異常的病症嘗試過各種藥物治療，一點一滴的累積嘗試與錯誤的經驗，就像溫弗瑞形容的：「旁門左道。」對於心臟動力學，若缺乏健全的理論知識，往往對某種藥物的效果不明所以。「過去二十年來，對薄膜生理學已瞭如指掌，心臟中每一小塊零件，所有複雜的機能，我們都已經摸得一清二楚了。大部分精髓已經掌握住了，惟有一面還未經過校驗，那就是全局綜觀整體運作。」

生理學的幾何

　　溫弗瑞家從未出過大學生，他自稱缺乏適當的教育啟蒙。他父親由保險公司的基層爬起，一路晉陞到副總裁之尊，幾乎年年搬家，沿東岸遷上遷下。溫弗瑞念過十幾家中學才畢業。值此期間他萌生了一種感覺，認為世界上頂有趣的事，必定和生物及數學有關，這感覺又加上一項但書：若要有趣，這兩學門的傳統組合絕對無濟於事，他勢必要別出心裁。他進入康乃爾大學修習了五年工程物理的課程，學習應用數學，親身操作一整套實驗手法。他拿到生物學的博士學位，努力用新方法匯通實驗和理論，期望能被軍事工業體系所雇用。他從約翰霍普金斯大學開創事業，但旋即因和同事衝突而離開，轉到普林斯頓，又再次和同事衝突而離開，隨後落腳於芝加哥大學任教，這時候才遲遲獲授普林斯頓的學位。

　　溫弗瑞是生物學界罕見的思考者，為生理學注入強烈的幾何色彩。1970 年代早期，他開始鑽研生理時鐘——日變週期（circadian rhythm），從此引燃了他在生物動力學的生涯。傳統上這門領域一直奉自然觀察為圭臬：這種節奏符合這種動物，如此這般。溫弗瑞則視日變週期為數學思考的探針：「我裝滿一腦子非線性動力學；我理解這個問題可以，而且必須經過定性方式來思考。沒有人了解生理時鐘的機制。因此，你有兩項選擇，你可以等待生化學家澄清了生理時鐘機制之後，再嘗試根據這機制推廣出一些行為。或者，你可以應用複雜系統理論、非線性及拓樸動力，從而解釋生理時鐘的運作。我選擇後者。」

　　一度，他有一間堆滿了一籠一籠蚊子的實驗室。凡是露營者皆會記得，蚊子在黃昏時最為活躍。實驗室中，溫度和光線都維持

不變，沒有晝夜之別。蚊子的內在週期竟然達 23 小時，而非 24 小時。每隔 23 小時，蚊子的嗡嗡聲像雷響。至於牠們戶外的作息，係因為每天光線刺激而調整，時鐘由日光設定。

溫弗瑞拿人工光線照射蚊子，仔細安排時程。這些刺激或提早或延緩蚊子下一輪之週期，隨後將曝光時機和效果錄成圖表。然後，他從拓樸觀點切入這問題，而不去思索其生化性質。換言之，他分析資料的特質形態，而非定量細節。於是得到一項驚人結論：其幾何結構存有一顆奇異點，一顆超群拔俗的焦點。從此特異之處，他預言，某種特定精確的曝光刺激，會一舉擊潰蚊子的生理時鐘，或是任何生理時鐘。

這種預測讓人目瞪口呆，但溫弗瑞的實驗佐證了這項預測。「算準這時機，半夜你用一些光子轟擊蚊子，於是這些光線熄滅了蚊子的生理時鐘。此後牠會患上失眠症；牠會打個盹，嗡嗡嚷一陣陣，完全亂成一團。隨便你看多久，牠們就會鬧多久，或者直到你再轟擊一次為止。你於是將這批傢伙扔進永恆時差的夾縫中。」1970 年代早期，溫弗瑞用數學方法探索日變週期，並未引起多少人之興趣，而且，這種實驗技巧也很難推廣，因為其他生物很少願意乖乖在小籠子裡蹲上好幾個月。

人類的時差和失眠，依然名列生物學未解之謎前列。兩者都是江湖郎中之拿手好戲，滋生出一大堆無用的藥丸和仙丹。研究人員扎扎實實的蒐集了一些人類對象，通常找來的是學生、退休老人，或者面臨截稿大限的劇作家，願意收下幾百塊美金的酬勞，花一整個星期的時間窩進「時間隔離」密室；遮蓋陽光，停止溫差，藏起鐘，切斷電話。人類具有睡醒週期及體溫週期，兩者皆為非線性振盪，受到輕微干擾時能夠自行回復。隔離狀態下，因為無法收到每

化學混沌。一種稱為巴羅佐夫──恰伯丁斯基（Beluzov–Zhabotinsky reaction）的化學反應，受廣泛研究過，顯示混沌跡象。波形以同心圓或螺紋擴張，同樣的形態亦出現於裝著數以百萬計繁殖的阿米巴原蟲器皿。溫弗瑞將這些波形理論化。他認為心肌流過的電波，不論規則或紊亂，亦類此形態。

日回復原狀的刺激，體溫週期變成了 25 小時，沉睡時體溫下降。但是，德國研究者的實驗發現，幾週之後，睡醒週期會漸漸和體溫週期脫節，變得錯亂唐突。人們會連續清醒達二、三十個小時，而後一口氣昏睡十、二十個小時。受測者絲毫未覺察他們的白天拉長了，縱使告知也不肯相信。然而，直到 1980 年代中期，研究人員才開始採用溫弗瑞的系統化方法，應用到人類。一位老太太充任了先鋒，每天晚上面對一束強光幹針織活兒。她的週期發生明顯的變化，她覺得精神奕奕，好像坐在敞篷車裡飛馳。至於溫弗瑞，早已轉向研究心律了。

事實上，他不承認這是「轉向」，對溫弗瑞而言，根本是同一件事：化學不同，動力則一。不過，他之所以對心臟產生特別興趣，乃基於兩次目睹心臟猝死的案例；一次降臨在夏天渡假的親戚身上，另一次發生於游泳池裡的一位先生。為什麼一輩子安份守己的心臟，歷經大風大雨，週而復始的運作了二十多億次，突然會抓狂，陷入致命的失控激怒中呢？

踏著前人足跡前進

溫弗瑞提起一位早期研究者邁恩斯（George Mines）的故事。1914 年他二十八歲，在麥吉爾大學的研究室設計了一件小裝置，能夠對心臟施放精確調整後的微量電擊。

「當邁恩斯決定人體實驗的時機來臨了，他選擇了最方便的對象，就是他自己。」溫弗瑞寫道：「當晚六點鐘，一位清掃工意識到實驗室靜得出奇，於是推門一探究竟。邁恩斯橫陳實驗室長椅下，身上纏繞著一大堆扭曲的電器設備，一件打碎的機械裝置，

仍然貼近他的胸膛，附近另一件裝置還在不停的記錄蹣蹣跚跚的心跳。他死前一直未能恢復神志。」

其實很容易猜想。一次恰恰算準的微量電擊，足以讓心臟出軌，遭受心肌震顫，甚至邁恩斯臨終前即已想到了。電擊宛如日變週期之實驗，將會提早或延緩下一次的跳動。但是心臟和生理時鐘略有不同，即使簡化模式也不能視若無睹這差別：心臟占據空間，具備形狀，你可以把它置於掌上，你能夠透過立體結構追蹤電波。

然而，要做到這點，還需要一番靈巧。杜克大學醫學中心的艾德克（Raymond E. Ideker）1983 年在《科學美國人》上，瀏覽過溫弗瑞的一篇文章，他記得其中基於非線性動力學和拓樸學，提出四項觸發及消除心肌震顫的特殊預測。艾德克並未將這些預測當真。他覺得滿投機取巧的，從心臟專家的角度來看，未免太抽象了。三年之內，這四項預測一一應驗。艾德克本人，居然還主持了一項推展的計畫，蒐集更多的必要資料，供心臟動力學更上一層樓之需。誠如溫弗瑞所言：「這好比心臟研究上的迴旋加速器。」

傳統的心電圖只能提供大而化之的一堆紀錄。醫生進行開心手術，使用一根電極，沿心臟到處移動，於十分鐘內，採集五十至六十處樣本，合成全貌。但遭受心肌震顫時，這種技術完全失效。心臟扭曲、顫動得太快了。艾德克開發的技巧，極端依賴瞬時之電腦處理，使用一百二十八根電極合成網路，像襪子適足般的妥貼，套緊心臟。電極記錄下電波旋經每塊肌肉的電壓場，電腦畫出心臟圖。

艾德克發明的直接目的，不止要測試溫弗瑞的理論，還要改良消除心肌震顫的電擊設備。急救醫療隊隨身都攜帶標準的除顫器，隨時能對病人胸部施予強烈之直流電擊。心臟專家開發出一種還處

於實驗階段的小型植入裝置，可以縫入高危險群的病人胸腔內；雖然指認出這種病人絕非易事。植入式的抗顫裝置比心律調節器略大些，靜靜躺於胸腔深處，傾聽心跳安穩，等待時機，一擊解圍。艾德克開始吸收必要的物理知識，著手設計抗顫裝置，使之更符合科學，降低它得付出重大代價的猜謎成分。

孕育出全新學門

　　為什麼混沌法則能適用於心臟？是否因心臟具有特殊的組織，細胞組合成交錯的枝狀纖維，傳遞鈣、鉀、鈉離子。這問題一直困擾著麥吉爾大學和麻省理工學院的科學家。

　　麥吉爾大學的葛萊斯和同事桂瓦拉（Michael Guevara）及史萊爾（Alvin Schrier），完成了非線性動力學簡短歷史上，最具爭議的研究。他們從七天大的雞胚胎內，採集了少量的心臟細胞球，把這些細胞聚成直徑約 0.1 公釐的圓塊置於盤中搖晃，瞬時在毫無外界節拍器的影響下，細胞球以每秒一次的速率全體一致自己拍動起來。這可以透過顯微鏡清楚看見。下一步，他們加入外來的節奏。麥吉爾大學這群科學家將一根細玻璃管尖端磨得極細，插入其中一粒細胞，充為微電極。電位流經玻璃管，大小和節奏可隨意調整，刺激細胞。

　　他們在 1981 年的《科學》（Science）上發表總結：「生物振盪器經過定期干擾後，也大體浮現出，原先只出現於數學探討和物理實驗的異常動力行為。」他們發現了週期倍增，也就是節奏形態會隨刺激一再分歧。他們畫了龐卡萊映射和週期圖，研究間歇性和型態鎖定（mode locking）。葛萊斯說：「刺激和一小塊雞心間，可以開

展無窮節奏的天地。運用非線性數學，我們能充分了解不同節奏及其次序。直到目前為止，心臟專家的訓練幾乎隔絕任何數學，但現在我們探討這些問題的方式，必定有一天會成為共識。」

同時，麻省理工學院和哈佛大學合作的健康科技研究計畫下，心臟學家兼物理學家柯漢（Richard J. Cohen）對狗進行實驗，發現一長列週期分歧的序列。他使用電腦模擬，測試了一樁淺顯的情節。其中，電流波像浪花拍擊著心肌島嶼。他說：「這是費恩鮑現象的清楚例證。一種規律現象會在某種情況下轉變成混亂，從很多方面來看，心臟的電流活動非常類似其他出現混亂的系統。」

麥吉爾大學的科學家，也回顧過去蒐集的各種異常心跳資料。有一種熟悉的癥狀，其中正常心竇跳動間隔著不正常的異位跳動。葛萊斯他們端詳心跳的各式形態，計算異位心跳間心竇跳動的次數。有些人會發現不確定的數目，但不知何故，總是奇數：3、5 或 7。又有些人正常心跳的次數總會按照 2、5、8、11……序列中之一部分。

葛萊斯說：「人們已經觀察到這些古怪的數字，但個中奧祕並不容易解決。這些數字通常帶有某種規律性，同時也穿插著極大的不規律性。就如這行業的切口一般，亂中有序。」

傳統上，心肌震顫的學說分為兩支。古典的看法是第二階節奏的訊號，發自心肌失常中心，和主要之訊號牴觸。這些小小的異位中心不按拍子發射電波，又刺耳又嘈雜，完全破壞了收縮波的和諧。麥吉爾大學的科學家證明這種說法部分屬實，外部的脈衝和心肌本身的節奏合唱，能夠引發一連串動力異常現象。但是，為什麼第二組節奏中心會產生，依然無法解釋。

另外一支思路，重點不在於電波的來源，而著重電波沿心臟曲

折傳播的通路；哈佛及麻省理工學院的研究工作者，一直傾向這路線。他們發現，電波蘊含著反常波，急轉兜回，造成「重入」，以致一些地區太早心跳，因而心臟無法暫歇，失去維持協調的收縮必要間隔。

　　這兩支研究皆強調非線性動力的方法，並且都能充分體會：一項參數的小小變化，例如時機的拿捏或電傳導，能夠將健康的系統推離分歧點外萬劫不復的新狀態。他們同時著手，針對心臟的整體尋找共同基礎，將原先認為互不相關的失常現象串連起來。此外溫弗瑞相信，雖然兩派的焦點不同，但是異位心跳學派和重入學派皆正確。他的拓樸研究顯示，這兩種看法很可能殊途同歸。

　　溫弗瑞說：「動力學那套東西往往會違逆直覺，心臟亦不例外。」心臟專家希望這些研究能夠發展出新的科學方法，辨認那些易患心肌震顫的高風險群，設計抗顫設備，以及對症下藥。溫弗瑞也憧憬這些問題能放入整體的、數學的觀照，在美國孕育出前所未有的新學門——理論生物學。

微觀與巨觀的互動

　　目前，一些生理學家開始嘰咕動力疾病了。系統失常，協調或控制崩潰，照制式說法是：「正常週期的系統，停止振盪，開始改頭換面，或者本來安靜的系統開始搖晃起來」。這些症狀包括呼吸異常：喘氣、哮喘、陳施氏呼吸（Cheyne–Stokes respiration），和一種與嬰兒瘁死併發症有關的嬰兒窒息（Infant apnea）。再加上動力血液異常，包括某種血癌，紅、白血球和血小板及淋巴球的比例受到干擾而改變。有些科學家猜測精神分裂症可能亦屬此類，以及一

些憂鬱症。

　　但是，談到健康，生理學家也開始將混沌算進一環。長久以來，大家早已確認，回饋過程之非線性現象，具有調適與導正的功能。簡言之，線性過程受到輕輕干擾，就會一路略微出軌下去。而非線性過程受到同樣的輕擊，卻會恢復原狀。十七世紀荷蘭的物理學家惠更斯，曾經插手鐘擺時鐘和古典力學的創造，就碰上了這種調適的著名範例，至少大家都一本正經的如此流傳。惠更斯有一天注意到牆上懸掛的一排時鐘，居然像大合唱般同步搖擺，絲毫不差。他知道時鐘不可能這麼準確的。當時，所有關於鐘擺的數學皆無法解釋，這種鐘擺之間神祕的靈犀相通。惠更斯正確的揣測：振動透過木板傳遞，而使鐘擺協調一致。當一種頻率控制了另一種頻率時，這種現象稱為頻率鎖結（entrainment），或型態鎖定。型態鎖定能解釋月亮為什麼以同側朝向地球，或推廣到為何人造衛星皆以軌道週期的整數比自我旋轉，如 1：1 或 2：1 或 3：2。當比值接近整數時，衛星之重力吸引的非線性特質，便會將衛星鎖定。電子學中也充滿了型態鎖定的現象，例如無線電接收器能夠鎖定訊號，縱使頻率有些小小跳動亦無關緊要。型態鎖定被視為一些振盪器的功能，包括生物性振盪器，像需同步運作的心臟細胞和神經細胞。大自然更有一件奇景，當南亞螢火蟲的求偶季節來臨，成千上萬的蟲兒聚成火樹，不約而同的一眨一眨，閃爍著眩惑無比的和諧。

　　這類控制現象的關鍵就是可靠程度：系統如何承受小小的干擾？生物系統面臨另一項靈活程度的挑戰：系統如何因應不同的頻率而運作？鎖住單一型態可能帶來束縛，使系統無法應變。生物體必須適應各種不測風雲；心跳和呼吸節奏絕不能釘死在最單純物理模型的刻板週期上；其他器官更微妙的韻律亦然。包括哈佛醫學院

的戈伯格在內，有不少研究者都認為，健康的動力系統必須貼上碎形的標誌，像肺部的支氣管網路或心臟的傳導纖維，能夠包容七嘴八舌的節奏；參考蕭的論點，戈伯格指出：「尺度化，是頻率繁多的碎形過程，先天即『訊息豐富』。反之，週期狀態則反映頻率狹窄，局限於單調重複的原地踏步，資訊內涵十足貧乏。」處理這類的混亂現象，戈伯格和一些生理學家建議，必須要考慮系統的頻率容量能否擴張，以及容忍各類律動而不至於鎖入單一週期的溝渠。

聖地牙哥的精神科醫生兼動力學家孟岱爾，曾經為胡伯曼的精神分裂症患者眼球運動理論挺身辯護；對於混沌於生理學之角色，提出更深入的看法：「數學上看似病態的，亦即混沌，有無可能反而是健康的？而數學上看似健康，可以預測及可以微分的結構，才是病態？」孟岱爾早於 1977 年即致力混沌研究，當時他發現腦部某些酵素的「特異行為」，只能用非線性數學的新方法才能解釋。他同時鼓勵有關蛋白質分子的三維振盪糾結之研究。他強調，生物學家應該將這類分子視作動力系統，能夠進行相變，而不僅僅描述靜態結構。他自稱是狂熱份子；他最專注的興趣就是所有器官中最混亂者。他說：「生物學上，假如你抵達平衡狀態，你就是完蛋了。假如我問你的腦袋是不是一座平衡系統，我只需要請你數分鐘內不可以想到大象，你就會曉得它不可能是平衡的系統。」

孟岱爾認為混沌之發現，勢必改變精神失常病症的臨床治療方式。從客觀衡量，現代所謂的「精神藥物學」（psychopharmacology）──投以藥石，治療上至焦慮、失眠、下至精神分裂無所不容的病症，結果則一敗塗地，難得有幾位病人能夠痊癒。藥物的確可以控制精神疾病最凶險的症狀，但是天曉得長期的後遺症是什麼。孟岱爾對一些最流行的藥物，提出令人毛骨悚然的評估。常用於治療

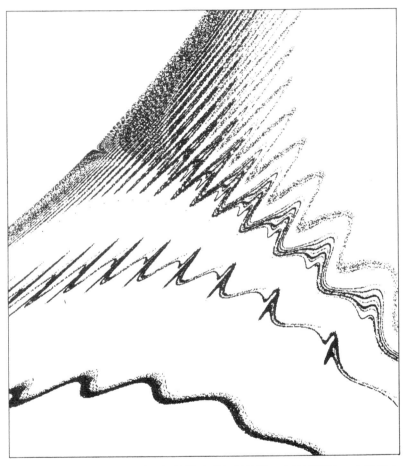

混沌和諧。不同節奏的共鳴，無線電波或行星軌道，交互成混沌，上圖及右頁圖皆由電腦綜合三種節奏而成。

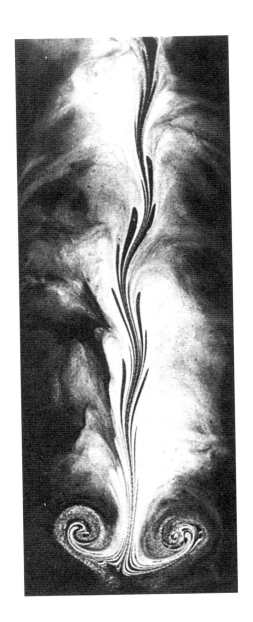

混沌流。用棍子攪動黏滯流
體,造成簡單波狀的圖案,
再攪混數次,圖形愈來愈複
雜。

精神分裂症患者的酚噻嗪（phenothiazine），導致原始的失常現象更
加惡化。三環抗鬱劑（tricyclic antidepessant），會加快情緒起伏的次
數，愈來愈增加躁鬱期之發作。依此類推。孟岱爾說，只有鋰鹽還
算真正有療效，但也只限於某些病症。

　　孟岱爾認為癥結在於觀念。傳統治療這種「最不穩定、最變化
多端、高深莫測的機器」所用手法，一直沿續線性、化約的路線。
「基本典範如下：基因 決定 胜肽 決定 酵素（蛋白質）決定 神經傳
導物質 決定 傳導物質受體 決定 動物行為 決定 臨床症狀 決定 藥物
決定 臨床評估表。所有精神藥物學的研究、治療幾乎如法炮製。
腦袋包括超過五十種傳導體，數千種細胞類型，複雜的電磁現象，
從蛋白質到腦波，不同程度的自主活動，造成毫無間斷的不穩定
——然而仍然有人將腦子視作一種排列整齊的化學交換機。」凡是
經過非線性動力學洗禮過的人來看，只能反應：好天真哦！孟岱爾
呼籲同儕去了解，複雜系統如心智賴以生存的動態幾何學。

　　還有許多科學家開始將混沌架構，應用到人工智慧研究。例
如，系統游動於不同的吸力谷之間，這種動力形成，很適合模擬記
憶與符號間的連繫。物理學家把「念頭」設想成邊界模糊的區域，
各自獨立又有重疊之處，像磁鐵互相吸引，又各行其是，自然而然
會向相空間吸力谷的景象吸取靈感。這樣的模式似乎很對勁：穩定
點混雜不穩定點，活動式疆界。它們的碎形結構，容許無窮無盡的
自我運作方式，這種特質正適合腦部如泉湧出的主意、決定、情
緒，以及形形色色意識的面向。不論是否考慮混沌，嚴肅的認知科
學家，不能夠再將人腦模擬成靜態結構。他們體認到一種尺度化的
架構，從神經元上推，提供微觀和巨觀間互動的機會，這恰好是紊
流和其他複雜動力過程獨具的特色。

　　自無定形中誕生形態：這是生物學最初的美感和最深處的神祕。生命從無常大海擷取秩序。四十年前，薛丁格（Erwin Schrödinger）這位量子啟蒙者和罕有的物理學家，以非專家身分插足生物學探索，曾如此宣稱：「活生生的生物，擁有一種驚人的天賦，能夠在自身匯聚一條『秩序之流』，因而逃脫了墮入原子洪荒的宿命。」薛丁格以物理學家的角度觀察，生物之結構和他同儕研究的對象南轅北轍。生命的基本元素——那時還未稱之 DNA，是一種「非週期性的晶體」。「物理學迄今只會處理週期性晶體。從物理學家謙卑的心目中，週期晶體已經是非常有趣又複雜的東西，構成萬分迷人，極為繁複的物質結構，這是無生命的自然，誘使人們殫精竭智的謎題。然而，比起非週期性晶體，就會顯得呆板平凡了。」其天淵之別有若壁紙和繡帷相比：規律、重複的圖案比擬藝術家揮灑之豐盛、諧和的幻境。物理學家只懂得壁紙，難怪他們對生物學的貢獻微乎其微。

　　薛丁格的看法不流凡俗。生命有序有亂，已為至理，但將非週期性視為這種特質的來源，近乎玄祕邊緣。薛丁格在世時，數學和物理皆不足以印證這想法，缺乏分析生命要素不規律性的工具，現在這工具出現了。

第11章

混沌及超越

搜尋混沌的宗譜,四顧茫茫。

——美國小說家梅爾維爾(Herman Melville)
《白鯨記》(*Moby-Dick*)

局面全盤改觀

　　二十年前，勞倫茲沉思大氣，漢諾放眼星辰，梅伊憂慮大自然的平衡，曼德博只是名不見經傳的 IBM 數學家，費恩鮑正在就讀紐約市立學院，法默成長於新墨西哥州。那時代大部分的科學工作者對於複雜性心意一致。他們對之篤信，毋須形諸言語。直到後來，這些信念才能展露天日，並且加以檢驗。

　　簡單系統以簡單方式運作。一具精巧的機械例如鐘擺、小型電子線路或是池塘中理想化的魚群數目，只要這些系統能夠化約成幾條簡單明瞭、完全決定論式的定律，其後長遠的行為會穩定而可預測。

　　複雜行為意味複雜的成因。一具機械裝置、一圈電子線路、一種野生族群、一道流體、一個生物器官、一條粒子束、一次大氣風暴、一國的經濟──一座一座顯然不穩定、不可預測或不能控制的系統，必然得歸咎於多樣嘈雜的獨立成分，或受制於隨機敲打的外在影響。

　　不同系統的行為自然毫不相關。一位神經生物學家，終其一生研究人類神經元的化學性質，但對記憶和認知視若無睹；一位飛機設計師，利用風洞解決空氣動力學的問題，但不了解紊流的數學性質；一位經濟學家，深諳購買決策的心理背景，但對於大規模趨勢的預測卻束手無策。像這樣的科學家，精微專一，不輕易涉越雷池。又據此揣測複雜系統包含千萬因子，亦應該各具殊異。

　　現在整個局面天翻地覆。二十年彈指歲月中，物理學家、數學家、生物學家以及天文學家，已經創造出另外一套新思維。簡單系統深藏著複雜行為。複雜系統則呈現單一準則。最重要的是，駕馭

繁雜的原則放諸四海皆準，完全獨立於各個系統的特殊細節。

雖然，對於大多數站在第一線的科學工作者，如粒子物理學家、神經生物學家甚至數學家而言，這種變化尚未帶來立即的衝擊。他依然按部就班在本身領域內埋首研究。但是，多多少少，混沌的風聲已經外洩。大家皆知道有些複雜的現象已經能澄清，而另外一些現象則突然需要重新審視。科學家無論是研究化學反應、進行三年追蹤昆蟲族群的田野研究，或是模擬海洋溫度變化等，再也無法用傳統方法處理突如其來的波動或振盪——亦即，對其視若無睹。對有些人，則代表麻煩臨頭。另外，若從實惠觀點來看，他們知道聯邦政府及民間研究機構提供豐沛的資源，研究這種略帶數學色彩的學問。愈來愈多人知道混沌理論通往一條嶄新的金光大道，讓他們從抽屜中挖出行為詭異的舊資料，化腐朽為神奇。更有愈來愈多人覺悟到閉門造車的狹隘之處。那種從整體抽離一部分之研究，往往知其一不知其二。他們覺得混沌是科學中化約路線的終站。

不解、抗拒、憤怒、接受。推動混沌的老手，全都跋涉過這些心路歷程。喬治亞理工學院的福特記得，1970 年代一次對熱力學專家的演講中，提起大芬方程式（Duffing equation）發現某種混亂行為，而大芬方程式是大家耳熟能詳的、教科書明文記載的一種簡單摩擦振盪的模型。福特眼中，從大芬方程式找到混沌現象，叫人驚喜又難以置信。然而必須要等待數年之久，這篇論文才能出現於《物理評論通訊》上。相形之下，他倒不如向一群古生物學家宣告恐龍布滿羽毛，也許反應會好一些。

「當我提起這些，情況如何？老天爺，舉座嘩然。他們都說，『我爸爸處理過大芬方程式，爺爺也露過兩手，沒有人見過你說的

這個樣子。」你預料到大家會排斥自然的複雜性。但這種暴民，簡直叫人弄不懂。」

沐浴於落日餘暉，福特篤篤定定的坐在他亞特蘭大之研究室，啜飲著一大杯蘇打水，杯上刻劃著鮮豔的「CHAOS」。他一位較年輕的同事福克斯（Ronald Fox）訴說他自己投奔混沌的因緣，即是當他為兒子買了一部蘋果二號（Apple II）電腦後不久。對一位稍有自尊的物理學家而言，這種電腦絕不至於派上公務用場。福克斯聽說費恩鮑發現了主導回饋函數行為的普適法則，決定丟進一個小程式，看看蘋果電腦會如何運作。電腦螢幕上出現了活龍活現的混沌現象——叉狀分歧，穩定狀態分裂為二，分裂為四，分裂為八，最後一片混沌，然後上場令人驚訝的幾何規律性。福克斯問：「幾天之內，你可以重複所有費恩鮑的研究。」經由電腦教化和自我改造，使得他和其他人從此皈依混沌門下，這可不是三言兩語所能奏功的。

有些科學家玩一玩這些程式就擺平了，有些則徹底改觀。福克斯歸屬於那些科學家；他們內心有數，標準的線性科學已走入死胡同，他知道，習慣上困難的非線性問題往往被扔到角落。物理學家最後總會說：「這問題要逼我回頭查看特殊函數大全，這可要我老命，而且，我又鐵定不會請教機器去解決它，我絕不至於呆瓜到這地步。」

福克斯說：「非線性性質的全貌吸引了許多注意力——一開始慢慢吞吞，然後步伐加快，每位投注心思的工作者，皆會大有收穫。現在不管你學什麼，都必須回去重新思考你以前做過的問題。以前只要問題伸入非線性領域，大家就熄燈回家。現在你知道該如何下手了。又是一番新天地。」

福特說：「新領域如果開發，必定因為一些人而大有斬獲——換言之，他們覺得若修正路線，將會豐收纍纍。就我而言，混沌宛如美夢成真。它打開宮殿之門，假如你登堂入室，你會面對雲蒸霞蔚的寶藏。」

混沌的一體多面

不過，大家對混沌的形容仍然莫衷一是。

霍姆斯（Philip Holmes）這位從牛津到康乃爾的白鬚數學家兼詩人如此說：「某種動力系統（通常是低維的）錯綜、非週期性的軌跡。」

中國物理學家郝柏林曾經蒐錄過一本混沌現象的歷史文獻，述之如下：「一種缺乏週期性的秩序。又：一門擴展迅速的研究領域，其中數學家、物理學家、流力學家、生態學家以及各類學者通力合作，貢獻非凡。又說：一種新近被接納而無所不在的自然現象。」

長島的布魯克赫文國家研究所（Brookhaven National Laboratory）的應用數學家斯圖亞特（H. Bruce Stewart）說：「一種簡單的決定性系統中（如鐘錶機械），明顯、雜亂的反覆行為。」

耶魯大學另一位探索量子混沌現象的理論物理學家簡森（Roderick V. Jensen）說：「決定性、非線性的動力系統陳示，不規律、不可預測的行為。」

聖塔克魯茲幫的克洛區菲說：「一種正值、有限計量熵值的動力體系。用數學的說法是：能夠產生資訊，細微之不確定性，會擴張成全然不可預測的行為。」

　　而福特這位自命為混沌傳教士的人物說：「終於從秩序和可預測性的桎梏中，解放出來的動力體系……得以隨意探索其種種可能的動力系統……令人振奮的花樣、多采多姿、蘊含豐盛的機會。」

　　赫巴漫遊反覆函數和曼德博集合之廣大碎形曠野，認為混沌這個稱呼並不恰當，因為這字眼隱含漫無章法的意思。他從研究中接獲的訊息清楚嘹亮，卻是大自然能夠按照簡單規則，鋪陳出迷宮般複雜，毫無隨機之處。非線性和回饋過程，足以解錄符碼而綽綽有餘，就像人腦一般多才多藝。

　　其他如溫弗瑞這類的科學家認為，以摸索生物系統的巨觀拓樸結構而言，混沌是個太狹隘的名詞。它意味簡單系統，如費恩鮑一維投射，以及惠依二、三（及碎形）維度的奇異吸子。溫弗瑞覺得低維混沌現象應為特例。他感到興趣的是多維複雜性中之真理——而他深信這種規則存在。無垠的宇宙遠遠超越了低維混沌。

　　《自然》期刊曾連續刊載了，有關地球氣候循奇異吸子進行的辯論。經濟學家從股票市場的趨勢，尋找奇異吸子痕跡，迄今一無所獲。動力學家應用混沌發展成熟的紊流。目前任教於芝加哥大學的李契伯，則將他優雅的實驗風格轉向紊流研究，製造出一件比1977年迷你胞大上好幾千倍的液態氦箱子。這樣的實驗，將流體經過空間與時間的紊亂盡情揭露，是否能找到奇異吸子，尚為未定之天。就如物理學家胡伯曼所說的：「假如你把一根探針放進激流中，然後說：『看，這裡有低維的奇異吸子。』我們全都會脫帽而肅然瞻視。」

　　混沌這件事情讓所有的科學家聯絡一氣。不論是物理學家、生物學家或數學家，全部都相信簡單的決定性系統會產生複雜的後果。傳統數學家望之生畏的複雜系統，其實遵循了簡單的法則。而

不管來自何方，他們的使命就是解決複雜性。

條條大路通混沌

　　蓋婭（生物地球一體）假說的作者洛夫洛克寫道：「讓我們再回顧一次熱力學定律！乍看之下，它們宛如但丁（Dante）地獄門的宣示。」然而……

　　來自熱力學的第二定律要算是技術上的壞消息之一，已經散布非科學文化界牢牢扎入腦海了。這定律說，任何事物都會趨向混亂。任何一種能量轉換皆會耗損熱量。百分之百的效率絕無可能。宇宙沿著一條單行道前進。其間熵值不停的增加，任何假設中獨立的系統亦如此。不管第二定律套換什麼說法，看起來都無討價還價的餘地。熱力學中自然如此。但是，第二定律跑到與科學不相干的學術界，彷彿脫胎換骨，承擔了社會解體、經濟衰退、人倫崩壞，以及五花八門各種頹敗現象的責任。這種加諸第二定律身上之隱喻功能，現在看來牽強附會。世界裡充滿各種複雜現象，那些想透過科學了解自然運作的人們，最好從混沌著手才是。

　　畢竟，當宇宙朝向極大熵值，慘淡空無之最終結局時，衰亡途徑，勢將歷遍一番柳暗花明的奇境。雖然從事熱力學工作的科學家會納悶，這個問題多麼令人困擾，「為什麼這道漫無目的能量之流，會將生命和意識沖刷進世間。」讓這問題作繭自縛的，則是熵值這充滿曖昧的觀念。熵值用熱量和溫度界定，在熱力學很站得住腳，但當作測量混亂的標準，則難以捉摸。物理學家量度水之秩序程度已經來不及了，尤其當結晶構造形成冰塊，能量潺潺釋出時更是手忙腳亂。而熱力熵值面臨量化「形」及「無定形」的改變程

度，例如產生胺基酸、微生物、行自體繁殖的動物或植物，或像頭腦這種複雜之資訊系統時，完全束手無策。這些自成天地的秩序小島，當然還需要遵守第二定律。但是，更關鍵的定律——創造的定律，則杳然未見蹤影。

自然塑造形態。有些在空間上排列井然，但隨時崩散；有些在時間上秩序森嚴，但隨地亂置。有些形態是碎形的，大小尺度皆具備自我模仿的結構。有些則會趨向穩定或振盪狀態。形態構成已成為物理學和材料學的一支流派，科學家從事粒子聚集、電流釋放的碎形傳播，以及冰與合金的晶體生長模擬。動力學幾乎是泉源——形狀隨時空變化，終於找到了合手的工具。目前，可以理直氣壯的詢問物理學家：「到底，雪花各自相異是怎麼一回事？」

冰晶誕生於翻滾激盪的空氣中，展現了卓著的結合對稱與隨機形成，帶來變化無常的六角形所傳達之特殊美感。當冰凍結，晶體先迸出一些突角，而後突角增長，邊緣開始不穩定，噴濺出新的突角。雪花遵循無窮微妙的數學法則生長，根本不能精確預測尖角外伸的速率有多快，會有多銳利，會在什麼時候分叉。歷代的科學家描繪、記錄雪花的諸般形態：板狀、柱狀、結晶狀、多重結晶狀、針狀、樹枝狀。討論晶體構成的事典僅供分類之用，別無他途。

現在已確知這種尖角、枝枒歸屬高度非線性、不穩定之自由邊界層問題，意即模式必須動態的不停追蹤起伏皺褶的邊緣。當結晶由外向內，結晶速度受到容器抽熱能力所控制，例如冰盤邊緣一般都能保持穩定和平滑。但是，當結晶由內而外時——例如雪花，飄落過溼潤的空氣，聚攏水分子，這過程便不穩定了。邊緣中若有任何部分突出，即將招引更多的水分子，因此增長超快，也就是「避雷針效應」（lightning-rod effect）。新的分歧增裂，如枝叢生。

冰晶雖小，混沌俱全

　　癥結在於決定其牽涉的諸多物理力量，何者為優先，何者可以略而不論。科學家長久以來即熟知，水凝結時熱量釋放的擴散最關緊要。但其中的物理性質，並不能完美解釋顯微鏡下看到的，或實驗室培養的雪花結構。最近，科學家研究出一種方法，加入另一種考慮：表面張力。最新出場的雪花模型，即緊緊抓住混沌的精髓：穩定和不穩定間，精微的平衡，細如原子，大至日常生活的尺寸，皆和諧共鳴。

　　熱量擴散，形成不穩定，表面張力則予安定。表面張力的拉扯作用，燙平邊界，如同肥皂泡膜。製造粗糙的表面必須使力。這些衝突之平衡，端視結晶體大小而定。擴散主要是一種大尺度的巨觀程序，表面張力則加諸微觀尺度，最具威力。

　　傳統上由於表面張力的效果甚微，研究者以為從實際計算，可以忽視勿論。實則不然。最小的尺度足以扭轉乾坤；表面效應對於凝體的分子結構極端敏感。以冰為例，根據天然的分子對稱形態，自然會傾向六角的增長結構。結果大出科學家意料之外，穩定和不穩定穿插，恰好放大了這種微觀傾向，形成近乎碎形的蕾絲鑲邊，雪花降生。這種數學並非大氣科學家的手筆，而是來自理論物理學家，加上別具用心的冶金學家。金屬中的分子對稱不太相同，晶體特性亦異，合金的強度由此決定。但其中的數學方法完全一致：形態構成的定律深具普遍性。

　　對初始條件的敏感依賴，肇生萬物，而非毀滅。當雪花冉冉飄降，佇留風中長達一小時之久，每一瞬間，結晶的根鬚皆靈敏隨溫度、溼度、雜質而變換形狀。每一片雪花，舒伸六角，占據了約一

公釐的空間，承受相同的溫度，受到純屬決定性的定律管轄，形狀維持近乎完美的對稱。但是，空氣蘊含紊流的特質，沒有兩片雪花能走過相同的軌跡。最終的雪花記錄下所有的滄桑往事，其經歷可能包羅萬象。

　　物理學家喜歡說，雪花是一種非平衡現象，搖搖晃晃的產物，自然之能量從此端流向彼端。沿邊界奇峯突起，尖角又衍生枝椏，分歧再組合成空前絕後的複雜結構。科學家發現了這類不穩定性，仍舊遵循混沌的普遍原則，於焉如法炮製，解決了一大堆物理及化學問題；自然而然的開始動起生物學的腦筋。當他們凝視電腦模擬的冰晶繁殖時，他們腦海深處，正浮現著藻類、細胞壁、生物體不斷抽長、分枝的圖象。

　　從微觀粒子到日常生活的複雜現象，條條大路皆已通向羅馬。數學物理的領域裡，費恩鮑及其同儕發展出來的分歧理論已風行歐美，遙遙呼應理論物理的抽象極限。科學家正開發新穎的問題，例如量子混沌這些逗人心癢的問題：量子力學能否容許古典力學的混沌現象？李契伯研究流體時，建造了一具龐大的液態氦箱子，何漢柏格和亞勒士研究對流中奇形怪狀的行波。在天文學上，混沌專家引用難以思議的重力不穩定現象，解釋隕石這種超越火星深處、突如其來迸散的小行星，其來源玄奧難解的現象。科學家從動力系統學習到物理性質，研究人類的免疫系統，分析其中數十億的單元，以及其學習、記憶、形態辨認的能力；寄望能解開適應的普遍機制。從事模擬的科學家，很快就體會到結構體複製自身、通過競爭，天擇驅動的演化過程。

　　福特說：「演化是裝備了回饋的混沌現象。」不錯，宇宙充滿了紊亂、耗散。但是，這隨機之流遵循一定的方向，導致層出不窮

分枝與叢生。受到碎形數學的刺激,形態研究的進展一日千里,包括如閃電軌跡的自然放電現象,及模擬粒子隨機聚集的葉形(小圖)。

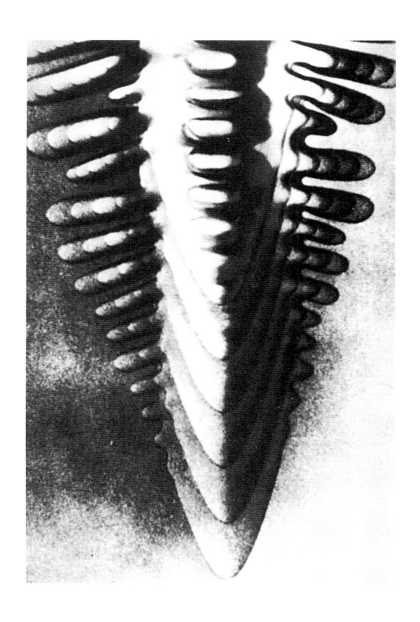

穩定與不穩定之平衡。當液體結晶,尖端逐漸外延,邊緣將趨向不穩定,濺出飛枝(見左頁多次曝光之照片)。上圖則是以電腦模擬形成精緻雪花的熱力學過程。

的複雜現象。就像勞倫茲許久以前所發現的，耗散就是秩序的媒
介。

「上帝確實和宇宙玩骰子，」這是福特對愛因斯坦所提著名問
題的回應。「但這些骰子被動過手腳。物理學目前最主要的目標就
是發覺個人玄虛是什麼，以及如何藉此取得上風。」

宿命

這些看法推動科學界的整體大軍前進。仍然，任何哲學、任何
證據或任何實驗，皆不足以動搖那些研究者，他們相信科學必須拿
出一套執行方法。實驗室裡的一些傳統方式開始露出破綻，就像孔
恩所說，常態科學走入迷途。某些零件似乎讓人失望，「許多科學
家不見棺材不掉淚，這項學門不能再規避矛盾了。」

每一個領域都有其範例。譬如說，生態學中有謝佛（William
M. Schaffer），謝佛是 1950 至 1960 年代的大師麥克亞瑟（Robert
MacArthur）的關門弟子。麥克亞瑟建立了一套自然的理念，扎根
於「天然平衡」的想法上。他的模型假設平衡狀態會存在，而動、
植物的族群數量很接近平衡狀態。從麥克亞瑟觀點來看，自然界的
平衡幾乎帶有道德意味。他模式之平衡狀態鼓勵食物的最佳運用，
消除浪費。自然，若順其自然，自然會溫良篤實的。

二十年後，麥克亞瑟最後一位學生發現，以平衡為基礎的生
態學，注定會走上絕路。傳統模式受限於線性之偏執，錯誤百出。
自然其實複雜多了。謝佛眼中呈現的混沌：「讓人雀躍萬分，又心
驚肉跳。」他告訴同行，混沌可能摧毀了生態學中最古老的假設。
「好像暴風雨前籠罩的濃霧，掀開後藏著一場非線性風暴浩劫。」

謝佛運用奇異吸子探討例如麻疹、水痘等兒童疾病的傳染病學。他蒐集資料，從紐約市和巴爾的摩，以及蘇格蘭的亞伯丁、全英格蘭和威爾斯。他建立起一座動力模式，像一具受到阻力的鐘擺。這些疾病由每年返校學童間之感染驅動，被天然抗力壓抑。謝佛模式預測出這些疾病天南地北的行為。水痘會有週期性的變化，麻疹則類似混沌，而這些資料完全印證了謝佛之預測。傳統的流行病學家，曾經對每年的麻疹疫情困惑難解——任性又突兀。謝佛運用相空間重建的技術，顯示麻疹疫情環繞奇異吸子變動，碎形維度大約 2.5。

謝佛計算了李雅普諾夫指數，並且畫出龐卡萊映射。謝佛說：「正中要害了，假如你注視那些圖形，那顆吸子會蹦出來，讓你呼喊：『老天！這就是同樣的東西。』」雖然吸子四周是一片混沌，依照模式的因果性質，可以冀望一定程度的可預測性。經過某年的麻疹盛行之後，會跟著一年低潮，一年中度的傳染流行後，下一年只會大同小異，如果一年平平安安度過，來年將會無所捉摸。謝佛的模式也預測了施行集體預防接種的後果，就如將動力系統注入阻力。這種效果絕非正統流行病學所能預測的。

不論以集體規模或以個人為單位觀之，混沌的概念都經過百花齊放，一片錦簇。像謝佛及一些同夥，從傳統科學轉移到混沌現象，要算是非策畫性的改變。他曾經是梅伊於 1975 年努力傳道的對象，但他讀過梅伊的文章後便束之高閣了。他覺得這些數學花樣跟一位真刀真槍的生態學家相形之下，太像打高空了。奇怪的是，就因為他太熟稔生態學，以致於無法接受梅伊的論點。他覺得這些是一維投射，對生生不息的系統又有何干呢？因此，當一位同行告訴他：「讀勞倫茲的文章吧！」他記在一張小紙頭上，然後完全丟

到腦後了。

　　歲月如梭，謝佛已定居於亞歷桑納州土桑（Tucson）城郊的沙漠。夏天他會隱遁至聖卡塔里納（Santa Catalina）山脈北邊的矮橡林深處避暑；那時候，沙漠業已滾燙生煙，山中依然涼爽。那時節介於春天的花季和夏日雨季之間，謝佛帶著研究生，漫遊在 6、7 月的灌木叢中，追蹤各種花卉和蜜蜂。這座生態系統雖然年年變換面目，但很容易記錄。謝佛計算每條根莖上的蜜蜂數目，用吸管採集花粉，然後加以數學分析。熊蜂和蜜蜂爭霸，蜜蜂和木匠蜂互別苗頭，謝佛依此建造了很牢靠的模式，一五一十描述族群盛衰之狀況。

　　到了 1980 年，他直覺有些事不太對勁。他的模式開始頻頻出錯。他發現其中忽略了一種關鍵性動物──螞蟻。有些同行懷疑異常的冬季天氣作祟，有些人歸咎於神經兮兮的夏季天氣。但謝佛決定加入一些變數，使模式稍微複雜一些。但他深感沮喪。研究生間蜚短流長，夏天和謝佛爬到一千五百公尺的高山幹活，讓人筋疲力盡。突然，每件事情開始改觀了。

　　他正巧讀到一篇關於化學混沌的文章，談及一項複雜的實驗。他發現作者碰上相同的瓶頸，無法處理試管內幾十種活蹦亂跳的反應物，即如他無法處理亞歷桑納州山區的數十種生物一般。然而，最後文章作者成功了，而他潰敗。他開始閱讀相空間重建的文章，最後他挖出勞倫茲、約克和其他人的文獻。亞歷桑納大學舉辦了一系列題為「混沌中之秩序」的演講，史文奈也光臨了。史文奈善於宣揚實驗，當他解釋化學混沌時，展示了一顆奇異吸子的投影片，指出：「這來自實測資料。」頓時謝佛的脊椎骨透過一股寒意。

　　謝佛說：「猛然間，我覺得這就是我的宿命。」下一年，他輪空休假。他撤回了原來向國家科學基金會申請的計畫，轉而向古根

漢獎（Guggenheim Fellowship）求助。倘佯高山之上，他確知螞蟻
隨季節輪迴，蜜蜂紛紛擾擾，亂中含序。雲朵輕輕擦拭天空。他再
也無法沿襲舊規了。

圖片來源

p. 30: Edward N. Lorenz / Adolph E. Brotman

p. 39: Adolph E. Brotman

p. 42: Adolph E. Brotman

p. 43: James P. Crutchfield / Adolph E. Brotman

p. 64: Irving R. Epstein（上圖）

p. 64: H. Bruce Stewart and J. M. Thompson.〈Nonlinear Dynamics and Chaos〉（Chichester; Wiley, 1986）（下圖）

p. 77: Adolph E. Brotman

p. 85: James P. Crutchfield / Adolph E. Brotman

p. 88, 89: James P. Crutchfield / Nancy Sterngold

p. 92: Robert May

p. 105: Benoit Mandelbrot,《*The Fractal Geometry of Nature*》（New York: Freeman, 1977）

p. 110: Richard F. Voss

p. 113: Benoit Mandelbrot

p. 115: Benoit Mandelbrot

p. 142: Jerry Gollub, Harry Swinney

p. 148: Adolph E. Brotman

p. 151: Adolph E. Brotman

p. 155: Edward N. Lorenz

p. 157: James P. Crutchfield / Adolph E. Brotman

p. 161: Michel Hénon

p. 165: James P. Crutchfield

p. 190: H. Bruce Stewart and J. M. Thompson / Nancy Sterngold

p. 206: Albert Libchaber

p. 211, 212: John Milnor Endpapers art courtesy of James A. Yorke

p. 214: Theodor Schwenk, 《Sensitive Chaos》, Copyright © 1965 by Rudolf Steiner Press. By permission of Schocken Books Inc.

p. 216: D'Arcy Wentworth Thompson, 《On Growth and Form》（Cambridge University Press, 1961）

p. 222: Predrag Cvitanovi / Adolph E. Brotman

p. 224: Albert Libchaber

p. 235: Heinz-Otto Peitgen, Peter H. Richter

p. 237: Heinz-Otto Peitgen, Peter H. Richter, 《The Beauty of Fractals》（Berlin: Springer-Verlag, 1986）

p. 240, 241: Benoit Mandelbrot

p. 248: James A. Yorke

p. 253: Michael Barsley

p. 268: Julio M. Ottino

p. 300: Arthur Winfree

p. 308, 309: James A. Yorke

p. 310, 311: Theodor Schwenk, 《Sensitive Chaos》, Copyright © 1965 by Rudolf Steiner Press. By permission of Schocken Books Inc.

p. 325: Oscar Kapp, inset: Shoudon Liang

p. 326, 327: Martin Glicksman / Fereydoon Family, Daniel Platt, Támas Vicsek

彩色圖片來源

勞倫茲吸子：Heinz-Otto Peitgen

卡區曲線：Benoit Mandelbrot,《*The Fractal Geometry of Nature*》（New
York: Freeman, 1977）

曼德博集合：Heinz-Otto Peitgen, Peter H. Richter,《*The Beauty of
Fractals*》（Berlin: Springer-Verlag, 1986）

牛頓法的複雜邊界：Scott Burns, Harold E. Benzinger, Julian Palmore

碎形叢：Richard F. Voss

木星大紅斑：NASA

模擬大紅斑：Philip Marcus

科學文化 A01A

混沌
不測風雲的背後

Chaos

Making a New Science

國家圖書館出版品預行編目(CIP)資料

混沌：不測風雲的背後 / 葛雷易克 (James
　Gleick) 著；林和譯. -- 第三版. -- 臺北市：
　遠見天下文化, 2016.02
　面；　公分. -- (科學文化；A01)

譯自：Chaos : making a new science

ISBN 978-986-320-923-2 (平裝)

1.科學哲學 2.混沌理論

301　　　　　　　　　　　　　105000001

原著 —— 葛雷易克（James Gleick）
譯者 —— 林和
科學文化叢書策劃群 —— 林和（總策劃）、牟中原、李國偉、周成功

總 編 輯 —— 吳佩穎
編輯顧問 —— 林榮崧
責任編輯 —— 鄭懷超；林榮崧；林柏安
封面設計 —— 張議文
版型設計 —— 江儀玲

出版者 —— 遠見天下文化出版股份有限公司
創辦人 —— 高希均、王力行
遠見・天下文化 事業群榮譽董事長 —— 高希均
遠見・天下文化 事業群董事長 —— 王力行
天下文化社長 —— 王力行
天下文化總經理 —— 鄧瑋羚
國際事務開發部兼版權中心總監 —— 潘欣
法律顧問 —— 理律法律事務所陳長文律師
著作權顧問 —— 魏啟翔律師
社址 —— 台北市 104 松江路 93 巷 1 號 2 樓
讀者服務專線 —— 02-2662-0012 | 傳真 —— 02-2662-0007, 02-2662-0009
電子郵件信箱 —— cwpc@cwgv.com.tw
直接郵撥帳號 —— 1326703-6 號　遠見天下文化出版股份有限公司

電腦排版 —— 極翔企業有限公司
製版廠 —— 中原造像股份有限公司
印刷廠 —— 中原造像股份有限公司
裝訂廠 —— 中原造像股份有限公司
登記證 —— 局版台業字第 2517 號
總經銷 —— 大和書報圖書股份有限公司　電話／(02)8990-2588
出版日期 —— 2016 年 2 月 5 日第三版第 1 次印行
出版日期 —— 2024 年 5 月 20 日第四版第 1 次印行

定價 —— NT450 元
4713510944660
書號 —— BCSA01A
天下文化管網 —— bookzone.cwgv.com.tw

天下·文化
BELIEVE IN READING